理念与经验
中国网络综合治理体系研究

本书编写组　著

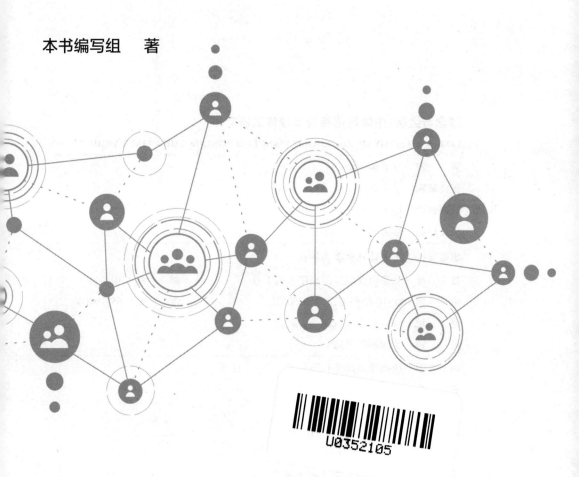

U0352105

中国传媒大学出版社
·北京·

图书在版编目(CIP)数据

理念与经验:中国网络综合治理体系研究/本书编写组著.--北京:中国传媒大学出版社,2024.9.

ISBN 978-7-5657-3790-9

Ⅰ.TP393.4

中国国家版本馆 CIP 数据核字第 2024EW6853 号

理念与经验:中国网络综合治理体系研究

LINIAN YU JINGYAN:ZHONGGUO WANGLUO ZONGHE ZHILI TIXI YANJIU

著　　者	本书编写组	
责任编辑	于水莲	
封面设计	运平设计	
责任印制	李志鹏	
出版发行	中国传媒大学出版社	
社　　址	北京市朝阳区定福庄东街 1 号	**邮　编** 100024
电　　话	86-10-65450528　65450532	**传　真** 65779405
网　　址	http://cucp.cuc.edu.cn	
经　　销	全国新华书店	
印　　刷	唐山玺诚印务有限公司	
开　　本	710mm×1000mm　1/16	
印　　张	19.75	
字　　数	284 千字	
版　　次	2024 年 9 月第 1 版	
印　　次	2024 年 9 月第 1 次印刷	
书　　号	ISBN 978-7-5657-3790-9/TP·3790	**定　价** 98.00 元

本社法律顾问:北京嘉润律师事务所　郭建平

目 录

>>>> CONTENTS

绪 论

1994 年 4 月 20 日,中国通过一条 64K 的国际专线,全功能接入国际互联网,这一事件成为中国互联网时代的起点。近三十年,我国准确把握信息化变革带来的机遇与挑战,建网、用网、治网的能力和水平不断提升。

随着中国特色社会主义进入新时代,我国网络治理开始步入正轨,治理的广度和深度都不断拓展。2017 年 10 月,党的十九大报告指出"加强互联网内容建设,建立网络综合治理体系,营造清朗的网络空间"①。2018 年 4 月,习近平总书记在全国网络安全和信息化工作会议上指出,要提高网络综合治理能力,形成党委领导、政府管理、企业履责、社会监督、网民自律等多主体参与,经济、法律、技术等多种手段相结合的综合治网格局。② 2019 年 10 月,党的十九届四中全会强调,建立健全网络综合治理体系,加强和创新互联网内容建设,落实互联网企业信息管理主体责任,全面提高网络治理能力,营造清朗的网络空间。③ 从提出要求到形成格局,再到建立体系,我国在不断探索中国特色的网络综合治理之路。

---

① 习近平. 习近平谈治国理政:第三卷[M]. 北京:外文出版社,2020:33.
② 中央网络安全和信息化委员会办公室. 习近平:自主创新推进网络强国建设[EB/OL]. (2018-04-21)[2022-05-07]. http://www.cac.gov.cn/2018-04/21/c_1122719824.htm.
③ 本书编写组.《中共中央关于坚持和完善中国特色社会主义制度、推进国家治理体系和治理能力现代化若干重大问题的决定》辅导读本[M]. 北京:人民出版社,2019:26.

第一节　加强网络治理的时代背景

建设网络综合治理体系是一项宏大的社会系统工程，在全球网络治理形势纷繁复杂、国内网络治理现实需求凸显的当下和未来，如何建构科学、高效且契合中国国情的网络治理路径，是关系到我国网络强国、数字中国建设的重大现实问题，亦是本研究开展的时代背景。

一、百年未有之大变局下的中国与世界

当今世界正处于百年未有之大变局，世界格局和体系正处于风云流变的无尽变化之中，信息洪流不断冲击着国际格局，改变着既有的世界局势，信息技术日益成为变化之中的关键要素。如今，网络空间在信息传播、生产生活、发展经济等方面都扮演着重要角色，[①]而现实世界面临的挑战和存在的问题也正在向这一新空间延伸。

我们可以看到，互联网信息技术推动着全球生产力与生产关系的变革，改变着整个世界的交流与发展模式，尤其是在新冠疫情之下，网络媒介进一步嵌入生产生活等核心场域，深刻影响着人类社会的组织形式、经济结构与文化形态。需要指出的是，网络空间是一个兼具复杂性和动态性的虚拟现实空间，它对全球社会产生积极影响的同时，引发了层出不穷的社会问题。当前，全球网络空间乱象频发，面临着利益失衡、规则滞后、风险交织等难题，亟待重构新的治理秩序。

首先，当前的网络空间利益分配不平衡。尽管网络技术将世界各国联系在一起，但受经济发展程度、技术发展水平等因素的影响，发达国家、发展中国家和欠发达国家依旧存在信息资源不对等的情况。这表现为互联网根服务器分配不均、各国网络普及率差异明显、不同地区网络基础设施

---

① 支振锋.网络空间命运共同体的全球共识与中国智慧[N].光明日报，2019-10-25(11).

水平参差不齐,这样的不平衡性深刻影响着全球网络治理的进程。一方面,发达国家意图长期占有网络空间资源使用的优先权;另一方面,发展中国家希望逐渐提升自身的网络空间权益。① 鉴于此,需要对网络空间资源进行综合考量,让不同国家和地区都能更好地享受网络空间发展的便利。

其次,当前的网络立法滞后于网络技术的发展,且全球网络技术发展的不平衡性加大了网络空间的强调法治化治理的难度。美国拥有世界领先的网络技术,也牢牢掌握全球网络空间秩序建构的话语权,而包括中国在内的广大发展中国家则面临网络治理落后和话语权不足等问题。近年来,我国加快了网络空间法治化进程,但相关配套的法律法规体系的构建才刚刚开始,亟待解决的问题包括但不限于关键信息基础设施保护、个人信息保护、国际合作等②。广大新兴国家和发展中国家在网络立法上也面临类似的问题。全球各地的网络立法进程和水平参差不齐、相关标准和原则不一,增加了网络空间的协调难度。

最后,当前的网络治理风险不断增大且复杂交织。网络空间具备主权性质和技术属性,且处在不断演变的过程中,国际格局的深刻变化,以及5G、大数据、区块链等新兴技术的兴起,带来了新问题、新挑战。例如,在新冠疫情防控期间,新兴技术平台既给疫情防控和生产生活带来了便利,也引发了公众对个人信息、数据安全等的担忧。随着网络技术的发展,网络安全、网络经济、网络内容等领域的各种问题将不断凸显,网络空间的监管和治理需求也更加强烈。

身处复杂多元的网络空间,中国坚持统筹国内、国际两个大局,提出了建设网络强国的战略目标,持续探索网络空间治理的中国方案。在国内方面,我国逐步完善了网络治理的管理机构、职责功能和法律法规,并通过顶层设计明确了网络综合治理的路径选择,在坚持党管网络的前提下,倡导治

---

① 徐坚,凌胜利.全球网络空间治理的中国作为[J].中国网信,2022(1):44—47.
② 郭美蓉.网络空间安全治理的法治化研究[J].人民法治,2019(3):7—10.

理主体的多元协同,努力将互联网空间这一最大变量变为促进我国经济社会发展的最大增量。在国际方面,习近平主席于 2015 年举办的第二届世界互联网大会上,首次提出共同构建网络空间命运共同体,倡导在尊重各国自主选择网络发展道路、网络管理模式以及互联网公共政策的前提下,进行多边交流与合作治理。①

二、国家治理现代化的战略选择

为了缓和日益复杂的社会事务与相对集中的公共权力之间的矛盾,从 20 世纪 80 年代开始,世界上许多国家和地区开始尝试通过重新调整公共权力的配置方式,来提高国家管理的弹性与韧性。②

与此同时,中国持续探索符合自身国情的治理制度。党的十八大以来,习近平总书记在治国理政的实践中,对国家治理体系和治理能力现代化的总体目标和实践路径进行了创造性的阐述。在党的十八届三中全会上,"国家治理体系和治理能力现代化"等重要概念被首次提及,党的十九届四中全会做出了"坚持和完善中国特色社会主义制度、推进国家治理体系和治理能力现代化"的重大战略部署。

"治理"是公或私的个人和机构管理公共事务的诸多方式的总和,是使相互冲突或不同的利益得以调和并且采取联合行动的持续过程,③强调"治理"而非"管理"意味着我们国家政治理念发生了深刻变化。从政治学视角来看,治理的主体是多元的,治理的性质更多是协商的,治理包括强制性的法律和非强制性的契约,治理的权力运行向度可以是自上而下的,也可以是平行的。国家治理的理想状态是善治,即政府与多元主体对社会政治事务进行协同治理,从而实现公共利益的最大化,要想达到善治的理想目标,就

---

① 习近平.在第二届世界互联网大会开幕式上的讲话[N].人民日报,2015-12-17(002).

② 郑言,李猛.推进国家治理体系与国家治理能力现代化[J].吉林大学社会科学学报,2014,54(2):5-12,171.

③ 全球治理委员会.我们的全球伙伴关系[M].伦敦:牛津大学出版社,1995:4-7.

必须建立更加成熟、稳固的国家制度体系,并以此为基础,强化制度执行力。[①] 因此,要想推进国家治理体系与治理能力现代化,需要推动多元治理主体的深度协作,以治理体系的完善和治理能力的提高展现国家治理现代化的成果,向世界传递中国国家治理的经验和效能。

当前,中国社会的主要矛盾发生了深刻变化,需要不断推进中国国家治理体系和治理能力现代化,尤其是随着信息技术的飞速发展,网络空间呈现形势复杂的特点,这使国家治理现代化面临新的挑战。新形势下,网络治理已成为国家治理在网络空间的重要组成部分以及治国理政的重要方面,面对网络空间不断涌现的新现象和新事件,提高网络空间的治理能力已成为时代的必然。网络强国建设的思想体系是我国网络空间治理现代化的重点内容,它包含多类主体参与、多种手段相结合的综合治网观,捍卫网络主权安全、信息基础设施安全、公民个人信息安全的网络安全观,以及构建全球网络治理体系的网络空间治理观。这一思想体系为我国网络空间治理现代化提供了思想引领和行动指南。

三、新时代的中国网络治理体系建设

如前文所述,随着中国互联网行业的蓬勃发展,在我国的国家治理和社会治理领域,互联网扮演着越来越重要的角色、日益发挥着不可替代的作用。截至 2021 年 12 月,中国网民规模为 10.32 亿人,互联网普及率达 73%。互联网已经深度渗透到我国民众生产生活的多元场景中,在信息流动、产业发展、文化建设和社会治理等方面产生与发挥愈加重要的影响和作用。在我国国家治理现代化的任务背景之下,网络的综合治理、治理模式与体系的创新等已成重要课题。

党的十八大以来,我国在网络技术标准制定、网络基础设施建设、促进信息化产业发展、加强网络内容管理、加强网络舆论引导、构建网上网下同

---

① 俞可平.推进国家治理体系和治理能力现代化[J].前线,2014(1):5-8,13.

心圆、维护国家网络安全等多个领域，取得了历史性的成就，这些显著的治理成效体现了我国网络治理理念和政策、举措的不断革新。

在治理理念方面，我国逐渐形成了具有中国特色的网络空间治理思路。一是坚持党对网络空间治理的领导，通过统筹协调和决策部署牢牢把握信息社会和信息革命的主动权；二是坚持以人民为中心的群众路线，始终围绕广大人民群众在网络空间的行为展开治理；三是坚持守正创新，摒弃传统的治理理念，以互联网思维进行网络空间治理实践；四是坚持弘扬先进网络文化与依法治网相结合，以全面、丰富的网络安全法律法规服务网络空间治理，营造风清气朗的网络法治环境。①

在组织领导方面，我国于2013年和2018年先后成立网络安全和信息化的中央管理部门，各省市亦建立了相关机构，以及时解决网络安全治理中出现的各类新矛盾和新问题。中央网信办具体负责协调和组织国家互联网治理各项工作，改变了过去网络治理中政府各职能部门各自为战的局面，从"九龙治水"向"全国一盘棋"转变。

在制度建设方面，围绕网络治理的现实需求，我国以早期的《互联网信息服务管理办法》等文件为基础，相继出台《网络信息内容生态治理规定》《互联网信息内容管理行政执法程序规定》《互联网直播服务管理规定》等一系列规定，以及《信息网络传播权保护条例》《互联网上网服务营业场所管理条例》《计算机软件保护条例》《计算机信息网络国际联网安全保护管理办法》等一系列法规，既包括位阶较高的部门规章，也包括具体信息服务领域的专门性、细致性规定，形成了层次较为合理、功能较为完善、覆盖领域较广、兼具实体与程序的制度体系。

在服务和监管机制方面，我国先后建立了一系列机制或平台，以推进网络服务与监管的常态化，如信息无障碍服务体系、网站信息生态体系、国家信息安全漏洞共享平台、国家互联网金融风险分析技术平台等。此类机

---

① 任贤良.扎实推动网络空间治理体系和治理能力现代化[J].中国发展观察,2019(24):8-11.

制或平台的建立,不仅为有关部门的网站信息数量、质量及问题的监管提供了支撑,还有利于有关部门及时掌握网络基础资源的发展现状,维护互联网安全平稳运行。此外,此类机制或平台还通过全国范围内信息共享平台和联合惩戒机制的强化,进一步促进了信息在社会层面的公开与流动。

在专项整治行动方面,我国自 2014 年起开展了一系列网络专项整治行动,涉及网站安全防护、网络信息内容生态治理、个人信息隐私保护等多个领域。这些专项整治行动也在网络不断普及、生态模式持续优化的大趋势下持续深入,并逐渐成为我国网络治理领域常态化、制度化的一项内容。

网络技术正在全面融入社会生活的各个领域,这让中国的网络治理成为一个常议常新的主题。我们需要持续探索具有中国特色的网络治理路径,为新时代背景下"中国之治"提供有力支撑。

第二节　网络综合治理的本质内涵与基本要素

近年来,在互联网技术与应用持续更新迭代的大背景下,我国网络治理的风险与挑战不断涌现,相对应地,我国网络治理的手段和方式也在不断革新。在相关政策方针的引导下,我国网络治理的体系改革逐步从分散走向综合,"网络综合治理"成为契合我国时代特征的路径选择。

一、网络综合治理的本质内涵

"综合治理"概念出现于社会治安领域,最早可追溯至 20 世纪 60 年代毛泽东批示的"枫桥经验",主要内容是发动和依靠群众,坚持就地解决问题。[①] 1981 年,"综合治理"方针被正式提出,该方针强调:各有关部门应在各级党委、政府的统一领导下,协调一致、齐抓共管,依靠广大人民群众,并

---

① 王丛虎.中国"综合治理"的演进与创新[J].北京行政学院学报,2015(2):42-46.

运用多种手段完善社会管理、保障社会稳定。① 在对社会治安进行综合治理的过程中，核心任务是要将社会各层面的不同主体调动起来，利用好各方面的资源、手段与力量，多方合力，共同保障社会治安的平稳有序。

随着时代发展，综合治理的内涵和外延也发生了变化，逐渐延展到社会生活的各个领域。2011 年，针对加强并创新社会管理的相关问题，中央政治局召开会议专题并提出要"形成党委领导、政府负责、社会协同、公众参与的社会管理格局"②，这意味着综合治理已经从社会治安领域开始转变为更为广泛的社会治理理念。在此基础上，党的十八届三中全会提出，要继续优化现有的社会治理方式，采取系统化的方式，同时鼓励社会多主体力量的参与。这一转变意味着，综合治理已经成为我国国家治理现代化的一项基本方针。

网络社会是互联网技术应用的产物，其虚拟化、多元化、去中心化和数字化等的特征，使得网络空间中产生了诸多问题与隐患，不仅使治理变得敏感且复杂，还在一定程度上提升了治理难度。为更好地解决网络治理中面临的诸多难题，综合治理方针被逐渐引入网络治理领域。

"网络综合治理"在党的十九大报告中被首次提出。2018 年 4 月，全国网络安全和信息化工作会议进一步阐明了"网络综合治理"，同时明确了我国网络治理实践的未来方向。相应地，在中央和地方的大力推动下，个人信息保护、网络违法犯罪治理、网络服务提升等方面进展显著。

对于"网络综合治理"的内涵，基于党和政府的重要文献表述，以及相关学者的理论观点，可以得出：网络综合治理是在各级党委领导下，由政府承担管理主导责任，各有关部门充分发挥职能作用，依靠企业、社会以及网民的自律与他律，融合经济、技术等多重手段，化解矛盾、完善管理，切实维护

---

① 中央社会治安综合治理委员会办公室.社会治安综合治理工作读本[M].北京：中国长安出版社，2009：8.
② 胡锦涛主持中共中央政治局会议研究加强和创新社会管理问题[N].人民日报，2011-05-31.

网络空间清朗,保障各行为主体的合法权益。①

二、网络综合治理的五大基本要素

网络综合治理的实践需要具体的条件,需要各个主体、不同手段之间的整合与联动,从而围绕网络空间中的公共事务开展集体行动。具体而言,网络综合治理涵盖以下五大基本要素。

其一,治理主体。互联网正逐渐成为当代社会的基础设施,深刻地塑造了社会组织的生产方式和公众的生活,网络空间已经成为亿万名民众共同的精神家园。一方面,互联网的开放性和连接性让不同组织和个体都可以接触网络并享受网络服务,这也意味着多元社会主体都有责任和义务维护网络空间;另一方面,互联网具有匿名性、去中心化和多元交互的特征,这使传统的集中化管理难以应对网络空间的复杂形势,急需引入新的治理资源。因此,网络综合治理需要不同的社会主体参与这一过程,需要承认网络综合治理的行为主体具有多元化的特点,并处理好不同行为主体的利益、特点和需要,只有这样才能更好地发挥多种治理资源的效能。

其二,治理手段。网络综合治理,即对网络空间的主体行为、内容等进行监督管理与把关调控,涉及政务服务、经济利益、文化发展、信息技术、伦理道德等多个领域,面向公民个体、社会组织、相关企业以及党和政府部门等多元网络行动者,因而需要采用差异化的手段进行治理。各个手段既可以单独执行也可以综合使用,平衡好突击整治与日常管理,可兼具刚与柔,可兼备自上而下的纵向管制与平行的监督管理和协同。

其三,治理权责。发挥综合治理合力,要明确不同治理主体所具有的权责边界,这样才能保证治理体系的良好运行。不同治理主体的权责定位,意味着他们在治理体系中的位置与相互关系,也意味着他们彼此之间的合作方式。治理主体在网络综合治理体系中的差异意味着资源和能力的差异,

---

① 韩志明,刘文龙.从分散到综合:网络综合治理的机制及其限度[J].理论探讨,2019(6):30-38.

因此需要根据自身特性开展治理行动,清晰的权责有助于廓清不同主体的治理优势、不足与限度,从而达到综合治理的目的。

其四,治理过程。治理的关键在于不同主体之间的调和与协商,否则难以形成综合治理合力,甚至会造成主体之间的摩擦和资源的损耗。互联网时代的信息具有传播速度快、传播范围广的特点,再加上网络空间与现实空间的关系紧密,使治理情景格外复杂,因此需要不同专业、领域、地域的主体之间展开协作,既包括党和政府部门之间的协作,也包含党和政府与互联网企业、社会组织、网民个体之间的协作。

其五,治理资源。在网络综合治理领域,没有一个主体拥有解决复杂问题的全部资源、能量、知识和信息,因此必须要依靠多元主体间的治理资源共享。① 可见,网络综合治理需要超越单一主体的限度,让多元主体间的治理资源可以链接、交互和共享,多向度提升网络治理效能。

总之,在我国国家治理现代化进程中,网络综合治理已成必然选择,这也意味着我国只有动员多元治理主体、丰富治理手段、明晰治理权责边界、协同治理过程、共享治理资源,才能不断提高网络综合治理的效能。

第三节 建立健全网络综合治理体系的必要性

网络综合治理的基本方针确立以来,从中央到地方都大力实施网络综合治理,持续探索符合国情、契合实际、顺应时代发展的实践道路,并取得了一系列成效。但网络综合治理的体系建构依然面临一系列障碍,需要在具体建设中进行多维度推进,持续完善与国家治理能力现代化相匹配、相适应的网络综合治理体系,弥补和超越相关的短板与限度。

---

① 李超民.新时代网络综合治理体系与治理能力建设探索[J].人民论坛·学术前沿,2018(18):86-89.

一、网络综合治理体系亟待破解的重点与难点

网络空间具有联动性与整体性的特点,网络综合治理体系的建立与健全,需要全面整合、协调各个领域的资源和力量,并动态应对各类新兴技术的挑战,不断拓展与提高网络综合治理的范围和效度。面对高度复杂的网络社会,我国在落实网络综合治理的愿景和要求过程中,依旧存在亟待破解的重点与难点。

(一)不同主体的治理效能较低

此前,我国的网络治理模式主要以政府为中心,对于网络空间中的违法违规行为,更多的是政府指令性和任务性治理措施,而忽视了其他社会主体力量的调动。随着网络综合治理理念的提出,多元主体越来越深度参与网络治理。

近几年我国颁布的相关法律法规和政策性文件,都明确要求多元主体参与网络治理,并明晰了自律机制、管理责任、公众投诉等治理主张。各地也纷纷建立了互联网行业组织,畅通公众参与治理的渠道,并不断加大社会监督力度。

然而,尽管多元主体参与的理念在顶层设计层面得以确立,但由于体制机制尚未完全理顺、不同主体参与治理的程度存在很大的差异,多元主体参与的理念并没有发挥最佳效能。其中,党政机关虽然具备管好互联网的动力和意愿,但无法全面掌握一切治理资源、解决一切治理难题;互联网企业具备平台和技术优势,但更多作为被动的参与者,很难真正参与常态化的网络治理;社会组织和网民群体大多缺乏强烈的治理意愿和较高的治理能力、素质,很难深度参与治理过程。事实上,多元主体参与的网络综合治理必须建立在其皆有意愿和能力的基础上,否则将无法实现有效的资源整合与协同治理。

(二)协同合作的治理流程尚未常态化建立

有学者认为,治理有别于传统的统治,要求治理主体充分重视并发挥多

元治理主体的合作之力，建立深刻而广泛的协作关系。① 然而，我国网络综合治理长期存在的突出问题就是治理手段碎片化和治理主体间协同性不够，进而造成多头管理、职能交叉、权责模糊、效率较低。

对此，中央及地方成立网络安全和信息化领导小组，制定和完善相关法律法规，并统筹协调各职能部门和治理主体开展行动。但从现有的协同实践来看，我国网络综合治理尚未形成常态化的长效机制，治理主体之间的互动方式停留在局部性和浅层次的协同合作。

一方面，网络综合治理相关的制度法规还需要积极调整和进行整体设计，一些前瞻性、标准化、有针对性的法规政策仍然需要进一步落地细化；另一方面，网络综合治理的环节和标准较为复杂，当前不同网络治理主体的权责归属仍不够清晰，在整体协作和融会贯通上还有完善空间。此外，治理主体之间的协同合作往往需要彼此的资源交换和多向共赢，从而形成协同合作的良好激励。然而，在我国当前的网络综合治理体系中，互联网空间的基础资源和技术资源的非均衡分布，不同管理部门、治理主体之间具有的非对称资源结构，导致面对问题，很难通过平行方向的协同治理来解决，更多地依赖于自上而下的治理力量来解决。

(三)综合治理的前瞻性和系统性较弱

在国家治理现代化的总体趋势下，网络综合治理意味着在多主体、多手段的协同合作下，网络社会秩序及其生态持续改进和优化的过程，网络综合治理体系的建构则为这一过程提供了基本框架与规则。

纵观我国的网络综合治理实践，运动式治理依旧是较为常见的实践形态，通过专项整治行动对特定违法行为或问题乱象采取集中措施，可以快速、高效地实现治理目标。② 例如，近年来我国对网络谣言、网络色情、网络

---

① SALAMON L M，ELLIOTT O V . The tools of government action：a guide to the new governance[M]. Oxford University Press, 2002.

② 王丽娜. 互联网运动式治理的法治化转型研究[D].长沙：湖南师范大学,2020.

直播、短视频、自媒体等领域的乱象采取了一系列整治行动,并发起了"剑网"专项行动、"护苗"专项行动、"净网"专项行动等,这类行动覆盖面广、针对性强,往往效果可以立竿见影,对网络秩序、网络风气和网络犯罪进行及时纠偏,并引导相关产业步入良性发展的轨道。

然而,运动式治理并不应该是网络综合治理的主要实践形态。首先,专项整治行动目标明确、集中性强,容易用力过度造成"误伤";其次,大规模的专项整治行动尽管能产生即时效果,但也需要日常监管措施的后续跟进,才能保证治理成果的维持与巩固;最后,短周期的专项整治行动很难积累制度化的成果,不利于网络综合治理体系的健全和发展。因此,网络综合治理体系的建构要防止形成运动式治理的惯习,避免将专项治理等同于综合治理,尽可能探索常态化的治理体制机制,令网络综合治理更系统,更具前瞻性、主动性。

二、网络综合治理体系的运行机制与建设方向

面对上述亟待破解的重点与难点,我国亟待建立健全网络综合治理体系,进一步分析网络综合治理体系的构建维度、优化网络综合治理体系的运行机制,在理论和实践层面回应我国持续变化的治理需求。

(一)打造基于五大主体的治理结构

建立健全网络综合治理体系,要进一步调动各主体的积极性,推动多元主体之间建立"共建共治共享"的合作关系,切实提升网络综合治理成效。习近平总书记明确指出,要形成党委领导、政府管理、企业履责、社会监督、网民自律等多主体参与的综合治网格局。[①] 这也为多主体协同合作治理奠定了重要的结构基础。

党委是网络综合治理主体格局的核心要素,党中央负责对网络综合治

---

① 中央网络安全和信息化委员会办公室. 习近平:自主创新推进网络强国建设 [EB/OL]. (2018-04-21) [2022-05-07]. http://www.cac.gov.cn/2018/04/21/c_1122719824.htm.

理进行重大决策部署，各级党委则要将中央的理念与决策贯彻落实。具体而言，党中央要做好网络综合治理的顶层部署，制定战略、明晰理念，划分网络行动的合理边界。在党中央的统一领导下，各级党委应积极整合相关力量，逐步完善网络综合治理的协同联动机制等，并持续加强党员干部对网络发展规律与网络传播规律的把握，切实保障网络综合治理体系建设。

政府在网络综合治理体系中扮演管理者的角色，不仅负责颁布和实施相关政策举措，还需要推进相关体制机制的建设与优化升级。其一，政府要树立全局意识，培育协作观念，创新治理结构，明确各部门工作的主要职责，调动多元主体的治理效能，实现网络综合治理从单一管理向统筹管理转变。其二，政府要不断探索与技术发展相匹配的治理方式，善于运用现代化的技术手段处理复杂的网络议题，并能根据网络技术的动态变化持续更新治理手段，提高治理效率和治理能力。其三，政府要进一步完善、细化网络综合治理的相关规定，明确责任制度、更新治理程序，构建"合理分工、过程调适、齐抓共管、优势互补"的网络综合治理运行机制。

企业具有治理主体与治理对象的双重属性，要在网络综合治理中落实主体责任、承担社会责任，成为网络空间中的积极行动者。一方面，互联网企业要树立共治共享理念，发挥自身的技术创新能力，积极将技术资源嵌入治理场域，与政府部门形成合作治理；另一方面，互联网企业要不断规范企业行为，做好自身的内部治理以及网络空间管理，对企业的内容、产品和平台运作方式进行严格筛选和过滤，制止不合法不合规的产品、内容或服务进入互联网市场。

社会主体具有多样化的特点，包含如行业协会、社会组织等参与网络治理的各类社会力量。社会主体虽不具备强制管理能力，但可以通过建言献策、社会教育、监督评价等不同方式积极参与网络综合治理。首先，要建立完备的社会监督管理条例；其次，要建立通畅的意见反馈渠道，确保相关建议、评价和监督信息能够快速、精准地反馈和传递；最后，要积极吸纳高校、科研院所、民间团体等社会各界力量，推进治理工作的交流合作，共同打造更健康、活跃的网络治理秩序。

网民是网络空间中最直接的参与主体,也是网络综合治理体系建构的主力军,他们既受惠于网络的便捷,影响网络空间的发展,也通常是网络违法违规行为的最终受害者和最早发现者。如今,我国的网民规模达到 10.32亿人,结构更加复杂、诉求逐渐多元,给实现群体性网民自律带来了极大挑战。培育网民自律,既需要对内提升网民素养、建设积极的网络文明,也需要强化网络空间的正向激励、健全网络空间的监督体系,从而不断激励和引导网民为网络综合治理贡献力量。

(二)探索形式多样的治理手段

手段是治理的基本抓手。一方面,针对变幻莫测的网络空间,必须运用各种各样的治理手段,以提高治理效率;另一方面,在多元主体参与互联网治理的格局下,主体之间的参与方式与权责差异急需配以多样化的治理手段。具体而言,网络治理手段包括法律、市场、技术、教育等多个方面。

作为各种行为必须遵循的章法和规矩,法律与其他治理手段相比,更具基础性、根本性、权威性、稳定性。[①] 因此,网络综合治理需要以法律来约束和规范网络行为主体的各种行为。基于此,需要进一步完善相关法律体系,明确总体定位和阶段目标,细化、明晰相关法律的使用范围、行使主体、责任对象、权利义务与惩罚机制等,做到政府部门治理有法可依、社会组织监管有法可依、企业和网民个体自律有法可循,以为网络空间的平稳运转提供可靠的框架体系。

市场是社会资源配置的基础性决定因素,网络综合治理需要遵循市场经济运行规律,以经济手段调控网络利益。网络谣言、网络色情、隐私泄露等网络安全问题的出现,背后都隐藏着相应的经济利益关系,因此解决这些

---

① 陈廷.中国特色的网络综合治理体系研究:建构逻辑与完善进路[J].国家治理现代化研究,2019
(2):39-60,243-244.

问题的根本办法是利用经济手段进行调控。① 要利用经济手段调动各类主体特别是互联网企业主动参与、主动合规的积极性,努力营造"可信利用方得高质量数据,安全利用方能长远发展"的市场氛围,通过建立"良币逐劣币"的机制,有效抵制各种形式的网络寻租,实现网络治理生态的自我净化。

技术是网络空间形成和发展的基础,技术手段是全球网络治理实践中最早采取的治理方式。技术自身的逻辑结构是所有技术形式的治理依据,因此网络综合治理的技术手段需要和网络空间的技术发展水平相适应。一方面,国家要加大信息技术的投入,为自主信息产品的研发提供各项支持,以维护我国的网络安全;另一方面,要完善网络信息的监管系统,使其能够对违法违规内容进行精准有效的预判预警,切实维护我国网络空间的正常秩序。

教育是网络综合治理的长期治本之策,是维护网络空间秩序的战略性方式,具有内在的和长远的价值。一方面,要加强正向的宣传教育,以通俗易懂、网民信任、切实可行的经验知识凝聚共识、团结网民;另一方面,要通过教育提升网民素养,引导其自觉遵循各类网络规范,增强网民的安全意识和自我保护能力,打造平稳有序的网络环境。

(三) 加强系统性谋划、综合性推进

除了在治理主体和治理手段层面坚持多元协同外,还要加强网络治理的系统性谋划和综合性推进。网络综合治理体系的优势在综合,难点也在综合,要想有效解决网络空间存在的问题,需要在治理目标、思维、策略等维度均遵循综合化的理念。

其一,治理目标的综合化。建设网络强国是我国网络综合治理的总体目标,这一总体目标又可以分解为一系列子目标。按照从宏观到微观的逻辑顺序,这一系列子目标包括:在国家安全层面,确保网络空间的政治安全

---

① 张卓.网络综合治理的"五大主体"与"三种手段":新时代网络治理综合格局的意义阐释[J].人民论坛,2018(13):34-35.

和国家主权;在社会发展层面,协调网络空间中的社会关系,疏解网络空间中的社会冲突和矛盾,营造健康有序的社会氛围;在网络主体层面,维护企业、社会组织和公民个体的合法权益,平衡各方的权利义务和责任归属,并不断培养网络主体的职责意识和自觉自律,进一步巩固网络主体的行为理性。

其二,治理思维的综合化。首先,互联网是不断发展的事业,对于互联网的治理要具备前瞻性,将网络综合治理的手段定位在协调而非遏制上。其次,随着网络业务的融会贯通,网络空间已经从点对点的信息连接转向全局皆通的网络整体,因此要意识到网络综合治理的动态性和全局性,从网络整体的大局观出发去解决治理问题,以战略管理提高治理效益。再次,在治理主体多元化和治理手段多样化的建构原则下,网络综合治理要进一步打破单一控制的思维习惯,用开放的观念进一步提升网络综合治理的参与性和协同性。最后,网络系统纷繁复杂,需要树立细化思维,结合不同领域的问题特征与发展阶段,采取差异化的治理手段,不断提高网络综合治理的精细化水平。

其三,治理策略的综合化。网络综合治理需要针对不同问题和时机,进行不同工作策略的组合。对于严重的违法违规活动,可以采取打击策略,开展集中专项整治行动,确保治理的权威效果。在日常的网络空间运转过程中,要采取防范策略,通过巡查巡防和预警预报及时阻断危险因素,防止负面事件发生。在充满不确定性的风险社会时代,唯有建立健全特殊情况下的网络综合治理应急策略、提升工作人员的应急处理能力,才能以牢固的防线确保网络安全、国家安定。

总之,在信息网络技术快速发展的当下,网络综合治理体系的建立健全,既是整体优化国家治理体系的必然要求,也是推进国家网络治理能力全面跃升的必然要求。我们要结合互联网的发展实际,从全局视角思考如何在组织体制、法治体系、协作机制和社会参与等多层面综合施力,加快形成多方协作、整体共进的网络空间治理格局。

第一章 网络社会的发展特征与治理需求

习近平总书记指出："当今世界,信息技术革命日新月异,对国际政治、经济、文化、社会、军事等领域发展产生了深刻影响。信息化和经济全球化相互促进,互联网已经融入社会生活方方面面,深刻改变了人们的生产和生活方式。我国正处在这个大潮之中,受到的影响越来越深。"①

在传统的农业社会和工业社会中,社会生产围绕着土地和机器展开,社会的生产方式、组织方式是确定的。而随着互联网在中国的普及,社会生活的基本要素发生了变化,人际交往、群体认同、社会权力都经历了重构。网络不仅是一种新技术或新的媒介平台,还建构了一种全新的社会形态。正如卡斯特所指出的:"作为一种历史趋势,信息时代支配性功能与过程日益以网络组织起来。网络建构了我们社会的新社会形态,而网络化逻辑的扩散实质性地改变了生产、经验、权力与文化过程中的操作和结果。"②

可见,与传统社会相比,网络社会是以数字信息和通信技术为技术基础、以互联网技术为核心发展起来的社会结构,它不断进行自我发展与演变,并影响现实社会的政治、经济、文化及人类生活。网络社会的发展使当代世界和中国社会发生了深刻的变迁,也对网络治理提出了新的要求。

---

① 总体布局统筹各方创新发展 努力把我国建设成为网络强国[EB/OL].(2014-02-28)[2023-11-22].http://cpc.people.com.cn/n/2014/0228/c87228-24487568.html.

② 卡斯特.网络社会的崛起[M].夏铸九,王志弘,等译.北京:社会科学文献出版社,2003:214.

第一节　网络社会的基本特征

网络社会在发展演变的过程中,呈现交往空间的无边界化、网络群体的圈层化及信息权力的显性化这三大基本特征。网络社会中,虚拟空间带来的网络交往空间不仅打破了距离和亲疏关系的界限,还印证了互联网大连接的本质;网络群体在聚合和分化的过程中转化为特定网络社群,实现了圈层化的转向;信息权力逐渐从传统的社会权力中抽离出来,发挥了更加显性的思想价值塑造功能。无论是哪一特征,都映射着互联网及其背后身为主体的"人"的转变。

一、交往空间的无边界化

网络社会最基本的变化之一就是虚拟空间的出现,它延展了传统社会所依赖的现实空间,让人与人的交往空间打破了边界、距离的隔阂。传统社会的交往空间大多依赖于个体在现实空间中所建立的地缘关系,距离的远近在很大程度上决定了交往关系的亲疏。网络社会的到来拓展了人际交往的现实空间,打破了传统社会中"点对点、面对面"的在场社交模式,个体在虚拟空间中能够同时以"一对多、多对一"的方式与网络节点中的其他个体形成缺场连接,建立独属于自我的虚拟交往空间。

在网络社会的虚拟空间中,身处异地的亲朋好友可以凭借网络的连接相聚云端,陌生人之间的距离感也在无边界的网络空间中进一步消弭。用户将各具特色的头像和账号 ID 作为网络社交的通行证,对虚拟空间中的其他用户进行自我暴露,并根据自己的社交需求与来自不同地方的用户在无边界的交往空间中建立新的联系。信息流通的便捷让个体得以与"地球村"中任意一个未曾谋面的陌生人展开"对话",也许是出于某一共同的兴趣爱好,也许是基于某种学习或工作需要,无边界化的网络社会让人与人之间的连接变得前所未有的容易。交往空间的无边界化既改变了社交关系中的亲疏远近,也增强了社交关系的流动性。人与人之间交往的速度在持续加快,而关系之间的解散与崩溃也在日益加速。这种高度的流动性与不稳定性成为无边界化的虚拟交往空间的重要特质。

网络交往空间作为一个典型的信息系统,用技术规则规定了信息传播的规则,进而重构了各种投射现实的社会场景,并影响了人们的交往模式。[1]它所带来的新型交往空间与现实交往空间并不是完全割裂的,网络交往空间既是现实交往空间的投射,也在一定程度上重塑着我们所处的现实交往空间。微信、微博等社交媒体的兴起是现实社交关系的投射,它们以一种舞台展演的方式复刻了现实空间的交往模式,让现实社交关系延展到网络社会。与此同时,来自虚拟交往空间中的陌生化关系促成了社交媒体的新连接,让陌生关系与已有关系之间形成新的互动,加速推进交往关系的彼此转化。

无论是对距离边界的拓展,还是对亲疏关系边界的拓展,网络社会中交往空间的无边界化都重构了传统社会的现实交往空间,让社会交往具备了许多新的可能性,也让"连接"成为互联网生态组建的本质规律。互联网的本质在于连接,连接是交往空间无边界化的底层逻辑。从 Web1.0 时代的内容连接到 Web2.0 时代的人的连接,再到 Web3.0 时代的内容连接与终端连接的质变,物联网的出现正在改变整个互联网移动终端的性质,可穿戴设备的兴起与自然物体的终端化正在推动互联网一轮又一轮新的进化。[2]当无边界化的连接成为日常生活的常态,所有的个体都会在与其他的人和物组建连接的过程中,成为一个个小的节点,在庞大的关系网络组建中发挥自己的功能价值。

––––––––––––––

① 吴文汐.网络交往空间形态的演变逻辑及趋势展望[J].现代传播(中国传媒大学学报),2012,34(5):115-119.

② 彭兰."连接"的演进:互联网进化的基本逻辑[J].国际新闻界,2013,35(12):6-19.

二、网络群体的圈层化

网络社会的出现打破了现实空间对人际交往的区隔,不同地区、领域的人都能够凭借共同的兴趣爱好等聚集形成统一的网络群体,并进行自我表达、意见交换等。他们以特定的沟通语言和交往方式形成不稳定的群体规约,并以超越传统社会中特定组织结构的方式,重构着网络群体的纪律性与规范性。以一定的思想、价值或观点为核心,网络群体的出现将虚拟空间中一个个分散孤立的节点汇集到了同一端口,并让其彼此之间产生内部连接,不断推动群体规模的壮大与外部形态的演变。网络群体规模的壮大是人类数字化生存的必然产物,也是网络社会自身衍变发展的内在规律。从某种程度上说,网络群体是现实社会群体在网络虚拟空间的投射和延伸,但它又具备诸多现实社会群体所不具备的特征。超越时空的虚拟互动是网络群体最大的特征之一,以信息连接为纽带,网络社会实现了实时交互与延时互动并存、近距离接触与远距离社交相伴的多样态互动,让人与人之间的沟通和连接打破了时空的壁垒。在数字化生存的网络空间中,网络群体的符号化互动也是其不同于现实社会群体的显著特征之一,以各类网络语言、表情包为媒介,符号化的交流方式成为网络社会的必然趋势,这也在一定程度上增强了群体成员的身份多样性。

如果说网络群体的出现还是 Web2.0 时代信息连接与整合能力的初体现,那么网络社群的出现与壮大则是这种连接与整合能力进一步强化的表现。广义的网络社群就是以互联网为媒介进行网络互动,形成具有共同目标和网络群体意识的相对稳定的人群,它的构成少不了网络空间、网络角色或网名、网络群体目标及网络群体中的规范这四个要素①。作为一种"自组织"行为,网络社群的形成和解散具有很强的随意性,其开放式的进入与退出机制也增强了网络社群的不稳定性。但与现实生活中的交往模式相比,

---

① 王琪.网络社群:特征、构成要素及类型[J].前沿,2011(1):166-169.

网络社群的秩序建构具有扁平化和多中心的特征。现实生活中的人际互动总会受到社会规范、风俗习惯等因素的制约，但互联网的匿名性却消解了这些现实的社会秩序对自我表达的约束，赋予了网络社群的交流更多的平等性与自主性。以往社会组织中等级森严的层次结构在网络社群中不复存在，虚拟的人际沟通使交往者处在了更加平等的地位，他们可以自主选择加入交流或退出交流，具备高度的自主性。网络社群实现了在基于网络连接的人际互动基础上的信息传播，增强了大众虚拟身份的社会归属感，实现了弱关系连接基础上的新型社会关系的建立。

随着网络社群的演变和分化，"社群化"逐渐被"圈层化"取代。一方面，圈层化可能来自现实生活中的亲戚关系、同学关系等，即现实社交圈的延伸；另一方面，区别于网络社群中"单一化"的演变结构，圈层化的聚合与分化过程带有更明显的分层意识，他们在聚合与分化的摇摆过程中，形成了独一无二的"圈层文化""圈层话语"等，完成了意见领袖的确定与成员的分工，也有了圈层内的活跃人员与潜水人员的区分。关于自我的身份认同和建构也正是在长期的圈层演进中形成的，且这种自我的身份认同与多元身份塑造交织在一起，让大众扮演着不同的角色，实现了日常频繁的"身份转换"。基于圈层内部的符号互动与社交规则的重建，新型交往实践、生产方式和认知模式在此诞生，圈层内部与外部的贯通性和流动性进一步强化，圈层与圈层之间产生互动融合等新的发展迹象，进一步重组了网络社会的分层结构。

三、信息权力的显性化

信息是网络社会中的基础资源，也是最重要的资源，掌握了信息控制权的人往往就拥有了网络社会的主导权。作为一种新兴社会资源，信息成为打破传统社会的权力结构、重塑新型社会关系的重要因素。

作为战略性资源的信息，并不是随着网络社会的诞生才出现的。在传统社会中，信息是当权者专有和独享的资源，他们常常独占信息的发布和传播权，各种信息媒介也在他们的权力掌控范围之内，他们始终处于信息资源的"上游"位置,而其他人则基本处于"下游"位置。信息的不对称削弱了传统社会中普通人的信息意识,以己为中心的"差序格局"让大众只对那些在现实生活中与自己产生联系的信息付诸注意力。网络社会的到来则彻底改变了传统社会对信息资源不重视的局面,信息的广泛性和普遍性让人们愈加认识到关注自己所处的信息环境是多么重要,信息权力也在此时由隐性转为显性。身处信息化快速发展的时代,人们愈加认识到在网络空间中掌握信息权力能对现实生活产生很大影响。从小处来看,拥有丰富的信息资源和强大的信息检索能力能够帮助我们解决学习和工作中的许多难题;从大处来看,掌握信息传播的主导权和信息资源的分发权可以直接影响一些国家和国际的政府性事务,对现实生活产生不可估量的影响。

网络社会中信息权力的显性化不仅体现在信息资源的重要性逐渐显现,还体现在依托于信息权力的思想与观念价值的共享正在成为网络社会中的常见现象。网络社会的信息权力作为非物质化的精神与思想观念,通过网络符号的方式呈现给外界,并在社会价值和情感认同等因素之下放大网络效应。对于广大普通社会成员来说,网络社会的去中心化在一定程度上瓦解了传统社会中信息资源的不平等和不对称关系,改变了信息自上而下的单向传播方式,更多的普通社会成员开始拥有信息权力,能够在网络社会中发表自己的观点、共享自己的思想观念,对网络中的其他人产生影响,甚至影响现实生活中某些事情的进展。网络社会中信息权力的重构也正是基于广大普通社会成员的积极参与,实现了不同利益群体的重新分配,它充分提高了广大普通社会成员对信息资源和信息权力的重视程度,让"信息"这一概念下沉到所有卷入网络空间的个体。在网络社会中,每个成员都可以凭借自己的信息权力,通过便捷的网络发布和分享自己的思想观念与价值追求,不同的看法也能够在网络空间中碰撞出一束又一束的思想火花。信息权力的相对平等性让人与人之间的"对话"能够打破传统社会中的交往樊篱,来自不同领域、地区的社会成员可以在信息权力的实践中共同感受思想和观念的社会价值,共同促进信息权力的显性化。

第二节 网络社会的治理难题

交往空间的变化、网络群体的形成、信息权力的出现，让网络社会不断流动与更新形态。一方面，它激发了社会发展的活力，进一步提高了社会生产和生活的效率；另一方面，它对传统的政治、经济和思想文化力量产生了极大的冲击和挑战，重组了社会的权力结构，这样的变化给当今社会带来了诸多新的治理难题。

一、信息传播的动态变化与难以预知

网络空间中的海量信息无时无刻不进行着传播、扩散、增长和更新，这样的信息流动构成了当今社会发展的主要动力，并渗透到社会生活的各个层面，同时信息生产和传播的动态变化，会引起社会生产、社会交往和社会生活的一系列变化，预测网络社会中将要发生的各类事情也将变得愈加困难，这对传统社会生活的确定性及稳定的社会秩序都产生了一定冲击。

首先，信息传播的过程与方式不可预见。在网络社会出现之前，信息传播的主要载体是传统媒体，传播模式是集中统一的、自上而下的单向舆论传播，相关主管部门充当信息把关人的角色，对信息内容进行筛选过滤，并把持舆论走向。而网络空间中信息话语权的下放和去中心化，让公众从被动的信息接收者变为主动的内容生产者，信息传播不再是传统媒体时代单一的线性传播，而是成为一种大众传播与人际传播相结合的非线性传播形式，传统的媒介议程设置在互联网时代受到冲击与降解。① 繁杂的信息往往以网状辐射结构涉及多个领域，尤其是在媒介融合的大趋势下，信息通过"传播源—激发层—裂变层"这一系列核链式反应，使传播源呈多元化发展，使激发层和裂变层拓展了信息扩散的深度与广度，让信息传播能够在短时间

---

① 郭子辉,谢安琪.信息"疫情"的扩散特点与网络治理研究[J].传媒观察,2020(8):30-34.

内爆发出巨大能量,引起更加迅速和剧烈的反应。

其次,问题要素的演变转化速度加快。随着技术的发展,网络空间与现实空间不断交互影响,将信息、人、物理世界精妙地编织在一起,这导致网络空间中某个问题的产生本身就藏着其他问题,不同问题之间边界模糊,甚至弄不清究竟是什么问题,也无从知晓究竟是谁转化成了对方。① 传统社会中的各种问题之间存在明显的时间间隔与空间间隔,而在网络社会中,这种问题的联动和转化往往是同时段同步进行的,一触即发的问题能够在与现实空间瞬时的反馈中轻松解决。这样的复杂局面加大了网络治理的难度,也让网络治理的边界越来越难以划分和界定。

最后,问题的影响评估和疏导控制更加不易。如前文所述,网络社会中很多问题的界限模糊,难以准确划分,不同问题彼此还会交织纠缠并快速转化。随着大数据技术的更新迭代,各个网络平台开始根据用户行为偏好进行精准地传播推送,增强了信息定向扩散的影响力,网民个体更倾向于和符合自身需求的信息不断进行心理共振,这也让舆情风暴的形成更快、强度更大,舆情疏导控制的难度也不断增加。

二、网络群体的能量聚集与行动效应

麦克卢汉认为,对社会真正有意义、有价值的讯息不是各个时代的媒体所传播的内容,而是这个时代所使用的传播工具的性质、它所开创的可能性以及带来的社会变革,因为媒介最重要的作用就是影响我们理解和思考的习惯。② 在开放、交互的网络空间中,社会成员的交往行为不再受到具体环境的限制,人与人之间更加容易形成共享性的信念和价值观。③ 当人们的思想观念、价值追求与归属认同发生分化的时候,圈层化的网络群体便开始

---

① 孟天广.政治科学视角下的大数据方法与因果推论[J].政治学研究,2018(3):29-38,126.

② 麦克卢汉. 理解媒介:论人的延伸[M]. 何道宽,译. 北京:商务印书馆, 2000:129.

③ BARGH J A, MCKENNA K. The internet and social life [J]. Annual review of psychology, 2004, 55 (1):573-590.

出现。

　　然而在网络社会中，社会成员因共同的利益诉求与价值取向而凝聚在一起，有可能形成一种独特的力量，让内部成员彼此影响与相互动员，积累为集体兴奋。这不仅可能引发虚拟网络空间中的"能量爆燃"，还可能联动现实空间，使社会成员采取现实行动，引发一系列蝴蝶效应，呈现强大的社会影响力和社会行动力。①

　　这种行动效应的出现，主要包括以下几大原因：首先，互联网提供了不同群体交往实践的共在场域，让人们可以摆脱物理时空的限制自由交往，使人们更容易实现聚合与连接；其次，随着互联网技术在社会生活中的渗透，社会成员通过互联网进行交流与共享的渠道更加广泛，这使不同的思想观念、价值取向和生活方式在网络空间的并存、冲突与融合更加频繁；最后，当前的网络交往是以间接联系为主的，网络成员在现实社会中的身份特征在一定程度上被隐去，网络空间中的交往行为也因此呈现匿名特征，更容易激发网络成员的交流意愿。

　　网络群体的交往与聚合，可以让个体成员享受多元文化与价值观的发展红利，并在汇聚民意、表达诉求、疏导情绪、促进民主政治方面发挥着积极效应。首先，网络空间为网民群体提供了表达渠道和交流场域，网络社会为网民个体提供了相对平等的表达机会，更容易汇聚不同群体的意见，扩大了公众表达范围，也让更多个体可以跨越时空界限形成聚合。其次，在社会转型时期，利益格局的变化必然导致部分公众在心理上累积不满情绪，而适度的情绪宣泄可以发挥"安全阀"的作用，避免长期积累的能量集中爆发，有利于维护社会稳定。② 网民群体出于相似的心理诉求进行聚合与表达，在一定程度上有利于情绪的疏导和释放。最后，网络社会的发展扩大了监督主体的规模，网民群体的监督门槛更低、监督效率更高，针对某些特殊议题，网民

① 翟岩.正确认识和应对网络社会变迁中的不确定性[J].学习与探索,2021(10):45-50.
② 科塞. 社会冲突的功能[M].孙立平,等译.北京:华夏出版社,1989:133-134.

群体的集中发声和行动有助于促进信息公开与问题解决。

网民群体不加规制的聚合与行动也容易滋生偏离社会正常交往规范的思想观念,影响正常的社会秩序。在庞杂的网络社会中,网民往往在不同的平台和渠道中不停地切换,以满足自己的情感需要,而开放的平台使得信息生产的权力不再被传统媒体独有,大量吸睛、猎奇的消息被批量产出,满足"新闻游猎者"的需要,这就造成非理性、情绪化的虚假信息不断出现,进而造成一定程度上的社会混乱。此外,在中国社会转型过程中,不同群体间的一些利益冲突转移到了网络空间,一些网民群体一味选择情绪的宣泄和输出,不相信官方话语和权威意见,反过来会放大现实空间中的社会矛盾。

三、社会权力结构的发展与变迁

网络社会的信息资源呈现多源性与无限性的特征,并转化成了能量巨大的信息权力。网络社会的出现,让掌握信息的主体发生了变化,信息权力嵌入传统社会权力结构中,打破了传统社会中意识形态和政治权力控制者的垄断地位。信息权力也不再是自上而下的单一运行,而是出现了自下而上、无限扩散的运行机制,信息资源的影响力开始辐射整个社会。可见,在网络社会中,每个社会成员都有了为他人提供信息、思想、观念、情感和精神的可能,都可能成为信息权力的拥有者或支配者。这使普通社会成员更倾向于为自己的利益发声,从而加快了社会权力结构的变迁,改变了传统社会自上而下的权力结构。①

网络社会权力结构的变迁,是一种新的信息权力嵌入原有的传统权力结构中,并打破原有权力结构的平衡与稳定的过程。信息权力的扩张如同社会"长"出了无数新的"眼睛",审视并监督原有的权力,对原有的政治权力、经济权力和文化权力的合法性与权威性造成冲击。与此同时,作为一种

---

① 翟岩.网络化时代社会权力结构的变迁与重构[J].福建师范大学学报(哲学社会科学版),2020
(3):111-116.

具备社会性和人民性的权力，信息权力所产生的社会能量难以被准确估量和预知，它可以通过网络"助燃"的蝴蝶效应迅速放大，并产生强大的社会压力，影响现实社会。

社会权力的变革与发展，也意味着不同群体利益的重新分配。一方面，当信息权力不断下放、信息资源的拥有主体不断增多，不同主体能获取的信息资源也与日俱增，这让网络群体的出现形式和行为模式更加难以预知和确定，所产生的社会能量和社会影响更加难以控制。另一方面，作为一种稀缺性资源，权力也在经历争夺和占有，任何组织、机构和个人都希望拥有更多权力，因此，新兴的信息权力必然会与传统权力进行利益博弈与再平衡。当传统权力能顺应民心、符合民意、回应社会成员的真实诉求与情感意愿的时候，社会成员就会使用信息权力来维护自身的正当利益。相反的是，广大社会成员也可以聚集成强大的社会力量，对传统权力提出质疑，并进一步影响公权力的正当性与合法性。

对于当前的中国社会来讲，网络社会的出现让信息权力不断扩张，这尽管带来了一系列挑战，但也有可能成为促进中国社会善治的有效途径。信息权力是一种人民化和大众化的力量，具备参与、互动、检查等一系列功能，可以有效监督并制衡传统权力。党委作为网络治理多元主体中的领导力量，要正视信息权力的各种作用，更好地做到依靠群众、联系群众、服务群众。

第三节　网络社会的发展趋势与治理需求

回顾网络社会的基本特征与产生的影响，我们可以清晰地感受到，不确定性是网络社会发展的重要趋势。随着信息不断生产、流动、更新、演变，信息权力持续扩张并下放到每个个体，社会成员时时刻刻在网络空间中进行互动与连接，这些特征让不确定性成为网络社会的必然发展趋势。网络社会的崛起既给人类社会带来了更多的新兴变化，也让人类面临了更多的不确定性,使社会空间、社会生活及社会行动呈现复杂的、难以捉摸的样态。①

我们应当正确认识网络社会不确定性的本质及其产生的根源。首先,如前文所述,网络空间中信息海量生产和更新变化的本质是网络社会不确定性的重要根源之一。其次,我们必须要认识到,不确定性不仅存在于网络空间和现实空间,还储存在人们的思想观念里,是客观现实和主观认知相互作用的产物,这让网络空间也具备了人为的不确定性。最后,以往的治理理念通常集中在控制和化解不确定性,希望能采取更为精细的措施,用传统社会中的认知、管理、政策制度和运行机制来应对不确定性,但实质上,过去的技术和知识往往无法适用于不确定性不断增强且没有边界的网络社会,甚至会导致更严重的不确定性。

尤其是在可预见的历史进程中,以人工智能、大数据分析、物联网、核心算法、虚拟现实等为基础的互联网技术将进一步连接现实空间与网络空间,使人类进入万物互联的新型网络社会。在更加智能化的社会场域中,海量的数据将使种问题进一步相互交织并相互转化,网络群体的集聚、交互、博弈将嵌套存在,各种问题要素将相互牵扯、相互蕴含、相互触发,更加难以判断、分析和解决,为网络社会持续增添新的不确定性。

对于这样的发展趋向,我们不能使用传统的思维方式和固有观念去看待不确定性,而要从辩证的角度出发,意识到它并非仅是一种可以带来风险的消极因素,还是网络社会的旺盛活力所在。网络社会的发展运行必然伴随长期的不确定性,我们可以用引导和梳理的方式减少不确定性的影响与冲击,但不能用根植于传统社会的治理目标、原则和手段去对待网络社会。

面对不断发展的网络社会,我们要适应整个社会从"固态"到"液态"的转变,摒弃传统社会中的惯习,避免以传统的方法压制和消除不确定性,不断更新治理理念、优化治理手段、完善治理体系。这要求网络社会治理要立

---

① BARGH J A, MCKENNA K. The internet and social life [J]. Annual review of psychology, 2004, 55 (1):573-590.

足网络社会的技术发展特征制定战略规划,从治理的实际需求出发,持续推进技术研发,有序引导网络基础设施建设,提高网络空间内解决复杂议题的水平和能力,增强风险监测机制,在源头和过程中降低网络风险事件发生的可能性。

总之,在正确认识网络社会不确定性发展趋势的前提下,各大网络治理主体应以不断发展的眼光看待网络治理,不断建立健全与网络社会发展相适应的治理体系,充分处理好社会空间、网络空间、思想观念之间的关系,进而建构和谐有序的现代社会。

第二章 中国网络治理的历史变迁与政策演进

互联网提升了信息交互方式的效率,减少了空间距离、时间隔阂导致的交流阻碍,极大地促进了人与人之间的沟通,信息分享与经济合作变得更为便捷,对我国经济社会的发展产生诸多正面效果。但与此同时,逐渐出现了一些负面效应。网络治理实践是中国社会在现代化道路上面临的一项全新课题。面对时代挑战,我国政府把互联网技术的兴起视为国家发展的重大机遇,积极出台相关政策,努力推动互联网快速发展。

第一节 网络治理的探索起步阶段(1994—2003 年)

互联网能够为中国走向世界搭建沟通的桥梁,世界互联网的发展也需要中国这一重要成员的参与。继 1993 年美国提出建设"信息高速公路"计划之后,我国在同年启动国民经济信息化的起步工程——"三金工程",旨在建设中国的"信息准高速国道",服务经济社会发展。这是我国网络基础设施建设的开端,这一工程也明确了我国对互联网基本功能的定位,即服务于信息化建设,重在发展而非管控,这为互联网进入中国前十年的快速发展营造了有利环境。1994 年 4 月 20 日,中关村首次接入并开通国际互联网专线,这标志着中国的互联网时代正式到来。

一、治理主体:中央协调,多头管理

就治理主体而言,在初步接入互联网后的一段时间里,中国网络治理的

主体虽为政府，但并非由某个单一政府部门统一管理，而是经历了一段由多部门共同管理、中央组织协调的多头管理时期。

具体而言，20 世纪 90 年代初，我国互联网呈现多头管理的特征。这种联合管理体制的设计初衷是发挥不同部门的专业优势，但不可避免地带来了职能重叠问题，在运行过程中也显现出一定的影响行政效率的弊端。因此，需要有一个更高层级的机构，来协调和解决互联网治理领域的重大问题，党中央也在不断加强对互联网管理的协调领导。

1993 年 12 月，国务院批准成立国家经济信息化联席会议，统一领导和组织协调政府、经济领域信息化建设工作，但这只是一个非正式的协调机构。1996 年 4 月，国务院信息化工作领导小组成立，1999 年 12 月，国家信息化工作领导小组成立，主要负责组织协调和国家计算机网络与信息安全管理有关的重大问题，以及组织协调跨部门、跨行业的重大信息技术开发问题。相较于之前的领导小组，该小组组长继续由国务院副总理出任，但副组长的人数由七人减至一人，由信息产业部部长担任，此举强调了新组建的信息产业部在互联网治理方面的作用。① 2001 年 8 月，国家信息化领导小组获批重组。新组建的领导小组规格更高，体现了中央对信息化建设的重视达到了新高度。同时，党中央、国务院批准成立国家信息化专家咨询委员会，负责就我国信息化发展中的重大问题向国家信息化领导小组提出建议。经过多年的组织结构调整与创新，"国家信息化领导小组—国务院信息化工作办公室—国家信息化专家咨询委员会"的网络治理领导格局已然形成。

在这种管理模式之下，以 2001 年中国互联网协会的成立为标志，中国网络治理主体迎来了又一大变化——社会力量走上网络治理的舞台，在我国互联网产业管理格局中开始扮演重要角色。2001 年 5 月，中国互联网协会正式成立。行业协会能够在政府的管理手段难以施展或效果欠佳之处发挥

---

① 汪玉凯：中央网络安全与信息化领导小组的由来及其影响［EB/OL］．（2014-03-03）［2022-06-01］．http://theory.people.com.cn/n/2014/0303/c40531-24510897.html.

独特作用,并在行业道德建设等方面发挥自我约束与互相监督的积极作用。经过不断的完善,我国互联网治理逐步形成了以政府为主导、多方共同参与的局面,治理手段日渐多元化,从最初的以立法为主发展到行业自律、社会监督等多种手段并举,为我国初期的互联网发展营造了有利环境。

二、政策法规:积极发展,给予空间

这一时期的网络治理宏观政策总体态度较为积极,为我国互联网的发展预留了较大空间。

1995 年,党的十四届五中全会发出了"加快国民经济信息化进程"的号召,吹响了加快国家信息化发展步伐的号角,中国互联网蓬勃发展的大幕拉开。当时,不断完善的通信和交通基础设施、良好的社会治安环境、庞大的人口基数、持续高速增长的经济总量等,让中国互联网有了理想的发育土壤,也推动了互联网创业大潮的到来。1997 年 10 月,中国互联网的四大主干网——中国科技网、中国教育和科研计算机网、中国公用计算机互联网以及中国金桥信息网实现互联互通①,我国互联网基础设施不断完善,促进了互联网的普及和应用。1999 年起,新浪、搜狐、网易等门户网站开始涉足新闻传播领域,同年 10 月,《中央宣传部、中央对外宣传办公室关于加强国际互联网络新闻宣传工作的意见》发布,对网上新闻信息发布提出了一系列规范原则。2001 年 7 月,中央提出互联网管理要坚持"积极发展、加强管理、趋利避害、为我所用"的 16 字方针②,由此可以看出当时我国领导人对于互联网发展与管理二者关系的见解便已十分深刻——发展是首要任务,而管理是必要保障,这反映我国政府对互联网治理发展方向的科学定位与深谋远虑。

在法律法规方面,互联网最初引入中国是以促进经济发展、加快电子政

① 刘璐,潘玉.中国互联网二十年发展历程回顾[J].新媒体与社会,2015(2):13-26.
② 江泽民.论中国信息技术产业发展[M].上海:上海交通大学出版社,北京:中央文献出版社,2009:271.

务建设为主要目的的。这一时期,国家陆续颁布了保护联网计算机的物理系统与网络运行环境、加强网络联网管理与规范用户上网行为等方面的法律规章。1994 年 2 月 18 日,《中华人民共和国计算机信息系统安全保护条例》颁布,这是我国第一部涉及互联网管理的行政法规,也是首次对国际联网管理作出的法律规定。在随后的 1996 年、1997 年、1998 年,我国针对国际联网管理集中出台了《中华人民共和国计算机信息网络国际联网管理暂行规定》等三部法规政策。

互联网技术与产业不断升级迭代,发展态势日益突破了最初的预设,网络治理的政策方向也相应地进行了调整。自 1998 年起,互联网公司开始探索网络新闻业务,传统媒体也开始涉猎互联网领域。这一变化也推动了网络治理法律法规的方向转变,最初的政策规制以注重互联网安全为核心,随着互联网媒体属性变得越来越突出,法律法规更加关注对互联网在舆论导向方面的管理。这一时期,我国对网络新闻、网络论坛、网络视频以及实体网吧等相关领域加强了管理,出台了多项法律法规,并引入了一些管理传统媒体的方式,如对网站的创建进行限制、引入许可或备案制度。同时,主流媒体不断拓展网络版图,体现国家对网络空间舆论引导的重视。

由此观之,在网络治理的探索起步阶段,网络治理领域的立法是稍微滞后于互联网发展的步伐的,这也和当时发展为先的指导方针有一定关系,较为宽松的管理环境为下一阶段互联网产业经济的迅速腾飞创造了条件。

三、主要特征:包容探索,发展为先

中国网络治理的探索起步阶段在一定程度上反映了互联网发展之初的状态,并折射出国家改革开放全程之复杂与艰辛,发展之路并非一帆风顺,而是充满风险与未知的抉择,政府、企业与社会多方力量和利益交织其中,在摸索中总结经验、不断前行。

从这一时期互联网的用户基础与管理依据来看,20 世纪 90 年代的互联网用户数量非常少,并且以各类大学、科研院所等机构为主,大多数用户仅

限于使用网络邮箱、BBS 论坛等服务,用户群体与使用范围较为单一和狭窄,面对互联网这一新生事物,政府没有充足的管理参考依据,这样的背景在客观上给予了我国早期互联网较为宽松的发展大环境。从政治经济大背景来看,2001 年中国加入 WTO,促进行政体制改革。2001 年 7 月,国家领导人参与了"运用法律手段保障和促进信息网络健康发展"法制讲座,提出了前文提及的互联网管理 16 字方针,明确了网络治理应以发展为首要任务,管理是促进发展的保障,应利用科学合理的管理手段,使互联网产生更多的积极影响,将负面影响降到最低。从这一思想的指导下可以看出,在网络治理的探索起步阶段,我国对互联网的发展是十分支持的,管理方式也是较为包容宽松的。在基础设施建设层面,中国电信、中国网通、中国联通等国有企业从 2001 年开始大规模建设宽带网络。到 2001 年 8 月,仅中国电信就建成了"八纵八横"的全国网络干线,总长度达 20 万公里。

由此可以看出,我国在互联网发展之初秉持着实事求是的方针,认识到了互联网作为高新科学技术的重要性,将发展包括互联网技术在内的先进科学技术作为实现国家现代化的重要途径,给予了互联网充分的发展空间。在这一阶段,我国政府更多的只是在技术上将基础的网络接入安全作为不可逾越的红线,而在治理上并没有过多限制,因此为互联网提供了较为良好的发展环境。

第二节　网络治理的深入发展阶段(2004—2013 年)

信息技术进入高速发展时期,网络安全及网络治理随即需要应对诸多挑战。针对网络治理中存在的突出问题,自 2004 年起,我国相继颁布了一系列法律法规,如《中华人民共和国电子签名法》(2004 年)、《中国互联网络域名管理办法》(2004 年) 等,以问题为导向,开启了网络治理的深入发展阶段。

这一时期我国互联网产业方兴未艾,网民数量不断攀升,2008 年 6 月,我国网民数量达到 2.53 亿人,首次跃居世界第一位①,互联网正在成为中国社会进步的动力源泉。此阶段的互联网有两个特征。一是博客等社交媒体兴起,我国公民个体取得了前所未有的自主话语权,网络平台内容逐渐成为人们获取信息的重要来源。二是互联网产业多元化趋势更加明显。从最初简单的网络邮箱、BBS 论坛扩展至搜索引擎、娱乐通信、视听传播等更为丰富的领域。在这样的背景之下,网络空间内的一系列变化引起了政府重视,我国网络治理开始进入深入发展阶段。

一、治理主体:整合职能,形成合力

在治理主体上,原有的多头管理模式得到调整,宣传部门在互联网治理中的地位开始凸显,我国网络治理体制逐渐走上发展正轨。

早在 2000 年 11 月,国新办作为网络新闻传播的行政主管部门,便和信息产业部共同发布了《互联网站从事登载新闻业务管理暂行规定》,五年后,国新办对该规定进行了修订,这意味着其成为我国网络治理新核心。为进一步理顺各部门在网络治理领域的职责,2006 年 2 月,信息产业部联合其他十五部委共同发布《互联网站管理协调工作方案》,该方案规划了全国互联网站管理工作协调小组的架构,以期统筹十六个部门的分工。可惜的是,多头管理的现状并未得到有效改善。2006 年 10 月,党的十六届六中全会提出要理顺互联网的管理体制。2008 年,国家进行大部制改革,整合信息产业部和国务院信息化工作办公室的职能,不过其定位更倾向于基础设施层面,对于互联网的信息内容还缺乏有效监管。

随着互联网业态的不断更新迭代,微传播、移动互联网产品开始涌现,加之原有的门户网站、论坛等多样网络平台不断发展,网络空间内的信息爆炸、日益多样的用户群体与现实社会互相交织、互相影响,互联网与现实社会深度融合的时代正在到来,网络治理能力的提升与演进也到了关键阶段。

---

① 中国网络空间研究院.中国互联网 20 年发展报告[M].北京:人民出版社,2017:151.

为了应对新环境带来的网络治理新挑战,2010 年,国新办设立网络新闻协调局,2011 年,国家互联网信息办公室,即国家网信办组建,与国新办合署办公。国家网信办的成立是加强网络治理在体制机制上的保证,它在一定程度上改善了过往多主体管理导致的职能重叠、总体规划不足等弊端,提高了各部门间协同工作的水平,有助于建立"中央—地方"垂直高效的管理体系,各地互联网管理机构不统一的问题得到解决。可以说,此举是加强对互联网信息事务协调管理的又一重要举措,也是基于原有多头管理模式的提升与优化。

总体而言,这一时期的网络治理主体主要包含"三驾马车":国家网信办主要负责对网络空间内的信息内容进行管理;工信部(2008 年前为"信息产业部")负责互联网行业和产业的管理;公安部则重点防范和打击网络违法犯罪活动。这一调整解决了前一阶段存在的职能交叉甚至冲突的问题,在一定程度上改变了以前齐抓共管却难以专精的局面。国家网信办在网络治理监管全局中处于牵头和协调地位,在做好互联网信息内容管理的同时,负责协调行业监管与公共安全管理部门,以期在最大限度上形成合力。

此外,在这一阶段,中国网络社会组织逐渐增多,在网络治理中的自治功能逐渐增强,在网络治理中的主体作用也日益显现。

二、政策法规:问题导向,加强管理

随着网络的普及与发展,兼具开放性与匿名性的网络空间中的舆论内容日趋多元,与此同时,历史虚无主义、民粹主义等一些极端思潮和错误观念借助互联网快速传播,不利于我国主流意识形态的稳固,网络意识形态斗争形势日渐严峻,成为这一时期网络治理工作需要解决的一大难题。对此,我国坚持问题意识与问题导向,把加强网络内容生态管理、强化网络舆论引导作为这一时期网络治理的核心工作与主要任务。

2004 年,党的十六届四中全会要求"加强互联网宣传队伍建设,形成网上正面舆论的强势",体现出党中央对网络治理中舆论宣传工作的重视。

2007 年,党的十六届六中全会提出"和谐社会"的概念,相关文件强调要通过互联网拓宽社情民意表达渠道,搭建快速广泛的沟通平台,政府建立社会舆情汇集和分析机制,引导社会热点、疏导公众情绪、搞好舆论监督。① 同年,中共中央政治局进行第三十八次集体学习,主题为"世界网络技术发展和我国网络文化建设与管理",中央提出"大力发展和传播健康向上的网络文化,切实把互联网建设好、利用好、管理好"②的新要求,强调了加强网络文化建设和管理的重要意义。在随后召开的党的十七大会议上,"加强网络文化建设和管理,营造良好网络环境"被写入党的十七大报告。2008 年,胡锦涛在人民日报社考察时指出:"要充分认识以互联网为代表的新兴媒体的社会影响力,高度重视互联网的建设、运用、管理。"③2011 年,党的十七届六中全会强调要"加强和改进网络文化建设和管理,加强网上舆论引导,唱响网上思想文化主旋律",为此提出了实施网络内容建设工程、支持重点新闻网站建设等具体要求。

在国家大政方针的指引下,不断细化的政策条例与法律法规相继出台,反映了这一时期的网络治理的演进趋势。

第一,加强对网民行为的管理。2005 年,《非经营性互联网信息服务备案管理办法》发布,我国开始推行网站备案制。2011 年 12 月,北京和广东等地发布微博管理规定,加强对用户账号的实名制管理,没有进行身份认证的微博用户只能使用浏览功能,不能发布与转发信息,微博实名制的推行体现了政府对网民的管理举措不断加强。实名制通过建立网络主体在网络空间与现实社会的身份映射关系,发挥监管部门的管理作用与实现行为责任的可追溯。

第二,加强对网络发布内容的监管。2007 年 12 月,国家广电总局和信

---

① 中共中央关于构建社会主义和谐社会若干重大问题的决定[N]. 人民日报,2006-10-19(001).

② 以创新的精神加强网络文化建设和管理满足人民群众日益增长的精神文化需要[N]. 人民日报,2007-01-25(001).

③ 加强主流网站建设　形成舆论引导新格局[N].人民日报,2008-12-12.

息产业部联合发布的《互联网视听节目服务管理规定》，在行业内部影响很大。依据此规定，国家广电总局加大了对互联网视听节目内容的监管力度，定时公布抽查情况，并对违规网站给予警告处罚。

第三，加强对个人信息安全的保护。2012 年 12 月 28 日，十一届全国人大常委会第三十次会议审议通过了《全国人民代表大会常务委员会关于加强网络信息保护的决定》，这是继 2000 年后又一部由全国人大颁布的有关互联网管理的法律。该决定致力于保护公民的隐私权和个人信息安全，维护国家安全和社会公共利益。此后，工信部颁布了关于互联网领域个人信息保护的规章条例，进一步探索运用行政手段保护个人信息。

第四，拓展网络治理的领域范围。对市场竞争的监管成为网络治理的应有之义。互联网产业不断发展壮大，市场竞争日益激烈，不正当竞争行为层出不穷，比较典型的案例有"3Q 大战"——大型互联网公司奇虎 360 和腾讯互相指责对方不正当竞争的纠纷。对此，工信部出台《规范互联网信息服务市场秩序若干规定》，第一次对互联网行业内的市场竞争活动划定界限。与此同时，电子商务、网络支付等互联网经济问题随之浮出水面，网络治理的触角向更为宽广的领域不断延伸，央行、税务部门以及工商管理部门相继发文规范互联网市场主体的行为，为互联网行业建立初步的经济监管框架。

三、主要特征：管促结合，范围拓展

随着我国互联网产业朝着多元化的方向不断发展，加之网民积极通过网络组织线上和线下的社群，各类社会思潮不断涌现与传播，互联网正在广泛而深刻地影响着人们的认知，改变着人们的生活模式，中国社会的多元化与互联网的发展亦步亦趋、相辅相成。为了适应这样的现实，党中央对互联网的态度亦发生转变：一方面继续坚持发展，提升互联网的经济价值；另一方面不断努力加大对互联网的治理力度，以保持中国政治与社会的稳定。这种开放与管控相结合的动态平衡，成为中国网络治理的鲜明特色之一，中国网络治理进入主题为以管促平衡、动态拓展的加速发展阶段。具体而言，

这一阶段的治理逻辑主要有以下两个方面的变化。

第一，从"先发展后管理"的宽松模式转变为"边发展边管理"的管促结合模式。

一方面，提高了网络服务提供者与用户的准入门槛。2005 年 3 月 20 日，《非经营性互联网信息服务备案管理办法》开始施行，随后许多高校的网络论坛以"系统维护"的名义进入半关闭状态，即对外关闭，内部实名。在我国互联网发展之初，开放的高校网络论坛曾是网络文化的重要发源地，自此之后日渐沉寂。网站备案制的实施，使得网络域名的申请数量明显减少，伴随 Web2.0 时代而火爆一时的个人网站也受到影响。2006 年，关于"博客实名制"的讨论不断发酵，导致关于网络实名制的争议成为一个历久弥新的长期话题。

另一方面，网络治理执法力度进一步加大。随着互联网这把双刃剑带来的问题逐渐增多，这一时期网络治理涉及的领域范围不断扩大，关注的议题也越来越细致、深入，包括医疗卫生、网络出版、知识产权、互联网地图、网络文化、网络游戏、音视频传播、电子商务、电子支付、网络税务、网络纠纷等在内的议题逐渐被纳入治理范畴。为了打击不良网络文化、营造健康的网络环境，监管部门开展了一系列专项执法行动。这些专项执法行动具有目标明确、执法力度大的特点，对营造良好的网络环境起到了积极作用。

第二，这一阶段网络治理的另一大重要主题是从重视规制技术向重视意识形态塑造与舆论引导延展。

这一时期，互联网的发展与媒体的市场化改革进一步相结合。同时，以博客的兴起为代表的 Web2.0 时代的到来，使得一部分活跃在互联网的用户成为第一批意见领袖。从公民权利角度来看，这是一次"技术赋权"，为人们提供了多元化的发声渠道；从媒体角度来看，这是一次方兴未艾的转型升级；从国家治理体系来看，机遇与挑战并存。网络技术的发展为公众打造了一个巨大的线上公共空间，在这里，信息可以方便快捷地被复制、传播与共享，在人人都有麦克风的时代，互联网传播裂变成为常态，舆情应对风险增加,成为网络治理的一大难题。

互联网内容发布形式的迭代升级,使公众的知情权与发言权在网络空间得到更大程度的激活,逐渐形成新型网络传播模式——"事件发生—意见领袖发现与传播—公众围观讨论—形成舆情—政府回应"。面对频繁发生且民意汹涌的网络舆情事件,政府往往难以及时监测、捕捉与回应,加之对互联网传播的特点把握不够准确,有时甚至会激化矛盾形成二次舆情,导致工作经常陷入被动,不利于维护政府公信力与社会和谐稳定。

为了摆脱这种困境,中国政府主要做了两个方面的努力:一方面,积极开展电子政务,运用现代信息网络技术进行政务发布与社会治理,公众也可以在网上直接反映诉求,畅通政民沟通渠道;另一方面,进一步注重网络舆论引导,完善内容监管机制,明确界定了信息的违法边界,完善了内容监管的程序,规定了违法行为的惩处措施。

第三节　网络治理的健全完善阶段(2014 年至今)

2014 年 2 月,中央网络安全和信息化领导小组成立,同年,国务院对国家互联网信息办公室作出职能授权,以此为节点,我国网络治理迈入了新阶段。在机遇和挑战并存的时代背景下,以习近平同志为核心的党中央科学研判,我国网络治理进入了健全完善阶段,呈现全新格局。

一、治理主体:统一领导,多元参与

在党的十八届三中全会上,习近平总书记明确指出了网络治理主体存在的问题,即"面对互联网技术和应用飞速发展,现行管理体制存在明显弊端,主要是多头管理、职能交叉、权责不一、效率不高"①。在这一阶段,我国

---

① 中华人民共和国国家互联网信息办公室.习近平的"网络治理观"[EB/OL].(2017-09-15)[2023-11-27].https://www.cac.gov.cn/2017-09/15/c_1121667775.htm?from=singlemessage.

网络治理的主体结构得到了明显优化。

首先，党中央加强了对互联网和信息技术关键问题的集中统一领导。针对以往多边分散的治理弊端，习近平总书记多次强调要完善互联网领导体制。2014 年 2 月，中央网络安全和信息化领导小组成立，从国家安全和长远发展的角度组织协调国家网络发展关键问题，习近平亲任组长主持工作，成员来自党政军等系统，协同工作的能力得到提升，极大促进了国家网信工作的整体规划、协调发展与安全保障，同时确立了党中央对网络治理工作的集中统一领导，拉开了国家互联网治理体系和治理能力现代化建设的序幕。2018 年 3 月，中央网络安全和信息化领导小组改为中央网络安全和信息化委员会，成为中共中央直属议事协调机构。至此，网信部门作为网络安全与信息化工作统筹领导核心的地位得以确立，我国网络治理形成了以中央网络安全和信息化委员会为统一领导、以国家网信办为具体管理机构，与其他监管部门共同配合的领导主体格局。

其次，社会参与的网络共治格局初步形成。随着我国互联网进入高速发展阶段，新业态、新模式层出不穷，网络治理的体量呈爆发式增长，同时治理难度显著增加。在此种背景下，单一的政府主体在治理上具有局限性，行业协会、互联网信息服务提供主体、社会公众在网络治理中的重要性日渐显现，多利益相关方协同治理的模式更为明显，并取得了一定效果。随着自身力量的壮大，互联网公司更多地参与社会事务，积极履行企业社会责任，在审核网络信息、处理平台不良内容等问题上发挥的作用越来越大，行业组织发展迅速，更为重要的是，越来越多的网民的权利意识与责任意识不断增强，积极进行民主监督，参与各类网络治理活动。

国家各个领域的发展都离不开正确、科学的领导决策，领导主体的重要性不言而喻，网络治理也不例外。从 1993 年国家经济信息化联席会议到 2018 年中央网络安全和信息化委员会，我国网络治理主体在调整中逐渐优化，在宏观上保障了互联网领域重大工作的顶层设计、组织协调与执法监督。在党中央和政府的统一领导下，我国网络治理的重心也逐渐向网络内容、网络安全和日益涌现的新型网络服务转移,推动国家互联网治理体系和治理能力的现代化进程。

二、政策法规:依法治网,共治共享

在政策理念方面,这一时期的网络治理以网络安全和国际共治为主题。

第一,明确这一时期的互联网发展目标,即建设网络强国。我国互联网发展进步巨大,但与国际顶尖水平还有较大差距。习近平总书记深刻分析我国互联网的发展现状,提出建设网络强国的战略目标,并指出"建设网络强国的战略部署要与'两个一百年'奋斗目标同步推进"①,此后,我国网络治理的发展有了明确的方向指引。2016 年 4 月 19 日,习近平总书记在网络安全和信息化工作座谈会上强调:"安全是发展的前提,发展是安全的保障,安全和发展要同步推进。"同时提出"要加快网络立法进程,完善依法监管措施,化解网络风险"②。这加快了构建网络安全法律体系的步伐,拓宽了建设网络强国的发展路径。2018 年 4 月 20 日,习近平总书记出席全国网络安全和信息化工作会议,就当今世界信息化发展大势,提出了网络强国战略思想"五个明确"的丰富内涵,揭示了信息化变革给我国经济社会带来的历史机遇和挑战,深刻回答了当前和今后一个时期,我国网信事业发展的一系列方向性、全局性、根本性、战略性问题,成为建设网络强国、数字中国、智慧社会的行动指南。

第二,将网络安全的重要性提至新高度,以维护国家安全。互联网与国家经济、政治、社会民生各领域关系愈加密切,网络安全不单是互联网内部的安全,更关乎社会运行的方方面面,事关国家发展全局。对于网络安全,习近平总书记指出,"网络和信息安全牵涉到国家安全和社会稳定,是我们

---

① 总体布局统筹各方创新发展 努力把我国建设成为网络强国[N]. 人民日报,2014-02-28(001).
② 中华人民共和国国家互联网信息办公室.习近平:安全和发展要同步推进[EB/OL].(2016-04-20)[2023-11-22].https://www.cac.gov.cn/2016/04/20/c_1118679422.htm? from=timeline.

面临的新的综合性挑战"①。这是中国共产党对于不断演变的互联网环境的深刻认识，也体现出党对网络安全问题的高度重视。同时，这一时期的网络空间治理政策进一步细化，既发布了基于网络空间全球治理角度的《国家网络空间安全战略》，也出台了预防突发网络安全事故的《公共互联网网络安全突发事件应急预案》，以及应对网络安全威胁的《公共互联网网络安全威胁监测与处置办法》等。由此可以看出，此阶段的网络治理政策体系凸显了网络安全的重要地位。

第三，提出网络空间命运共同体理念。由于历史因素，国际互联网治理体系有许多不公平之处，中国致力于为各国搭建平等交流的平台，积极参与国际互联网规则的制定，切实推动全球互联网共治共享，在实践中体现大国担当。2015 年，习近平主席出席第二届世界互联网大会，第一次提出"构建网络空间命运共同体"重要理念和"五点主张"，在此后的几届大会中又相继提出"推动网络空间实现平等尊重、创新发展、开放共享、安全有序的目标""做到发展共同推进、安全共同维护、治理共同参与、成果共同分享"等重要论述。② 网络空间命运共同体理念的提出意义重大，体现了中国共产党与时代同频共振，把握信息时代新特征，洞悉互联网发展新规律，网络空间命运共同体理念成为具有中国特色的网络治理指导思想，也总结出全球网络治理的共性规律，有助于加强网络治理的国际合作。

第四，加强内容建设。随着移动互联网的普及与网络信息内容的爆发式增长，互联网日益成为意识形态斗争的主战场与最前沿，解决网络内容建设问题刻不容缓。2017 年，党的十九大报告中明确提出要"加强互联网内容建设""营造清朗的网络空间"，网络内容建设的重要性凸显。2019 年 10 月，党中央发布《中共中央关于坚持和完善中国特色社会主义制度　推进国家

---

① 中国共产党中央文献研究室. 十八大以来重要文献选编（上）［M］. 北京：中央文献出版社，2014：506.

② 王四新.网络空间命运共同体理念的价值分析［J］.人民论坛，2022（4）：38-40.

治理体系和治理能力现代化若干重大问题的决定》,再次强调"加强和创新互联网内容建设",网络内容建设日益成为推进国家治理体系和治理能力现代化的重要组成部分。

在推进网络治理法治化层面,党中央在依法治国的总体部署之下,确立了依法治网的总体路径和要求,相关法律法规先后出台,网络治理的法治化进程稳步向前,依法治网的格局日渐明朗。

随着互联网全面接入经济生活的方方面面,利用网络信息技术实施攻击行为、数据窃取和网络勒索的现象时有发生,给国家带来了不可忽视的安全隐患。2014 年,党的十八届四中全会提出要"加强互联网领域立法,完善网络信息服务、网络安全保护、网络社会管理等方面的法律法规"。2015 年 7 月,新修订的《中华人民共和国国家安全法》实施,其中明确规定了维护网络与信息安全的相关条款,并且作为上位法,为后续一系列网络安全法律法规的制定和出台提供了方向和指引。此后,2016 年 11 月颁布的《中华人民共和国网络安全法》是我国网络治理立法的标志性成果,其作为我国首部用于规范网络空间秩序的基础性法律有着重要的历史意义,标志着我国互联网法律体系进一步完善。到 2021 年,我国涉及网络安全的法律法规体系基本建立并不断健全。在网络安全方面,《关键信息基础设施安全保护条例》《中华人民共和国反电信网络诈骗法(草案)》等法律法规相继出台,夯实了网络安全的制度基础。在数据安全方面,中国出台《中华人民共和国数据安全法》《中华人民共和国个人信息保护法》等法律法规,以规范个人信息收集、数据存储、数据分析和使用等行为,为保护国家数据安全筑牢了法律基础。

网络的传播特性使其成为当今文化传播的重要载体,同时对信息内容治理提出了挑战,一系列法律法规文件的出台对网络生态治理作出了更为细化的规定。如 2014 年出台的《即时通信工具公众信息服务发展管理暂行规定》、2016 年出台的《互联网直播服务管理规定》、2017 年出台的《互联网新闻信息服务管理规定》以及 2019 年出台的《网络音视频信息服务管理规定》《网络信息内容生态治理规定》等,有效规范了各类主体在互联网的行为,推动建立健全网络综合治理体系,营造风清气正的网络空间和网络生态。2021 年,《互联网用户公众账号信息服务管理规定》《网络直播营销管理办法(试行)》等行政法规的相继发布,把握了公众账号、网络直播等网络新业态治理的痛点难点,从内容安全、社会管理、市场秩序等多维度进一步加强对网络生态的规范引导。

同时,我国高度关注未成年人、老年人等弱势群体的权益,相继出台《中华人民共和国未成年人保护法》《国家新闻出版署关于进一步严格管理切实防止未成年人沉迷网络游戏的通知》《互联网应用适老化及无障碍改造专项行动方案》等法律法规,改进未成年人保护工作,推动解决老年人上网难的问题。

此外,中央还领导部署开展了一系列网络治理行动。针对电信诈骗、网络暴力等互联网乱象,国家网信办联合多部门一道加大监管力度,从维护网络意识形态安全、打击和防范网络犯罪、加强网络治理能力建设等方面入手,惩处了一批问题企业和违法犯罪分子,保障网络空间的清朗、健康发展。

三、主要特征:统筹内外,融合创新

在这段时期内,伴随中国互联网的发展与国际地位的提升,统筹把握国内国际两个大局成为我国网络治理的主要特征之一。

一方面,持续推动国内网络治理进程,关注制度化建设。在国内层面,我国着眼于进一步打造和完善网络治理的制度框架。推动中国网络安全与信息化事业的领导体系和治理架构的系统性改革,实现了机构和职能的双重优化。中央网络安全和信息化委员会的成立,既表明了国家对网信工作的重视程度进一步提升,也为未来网信工作的顶层设计布局和统筹全面推进夯实了组织基础。在此期间,我国逐步建立和完善了中央、省、市三级网信管理工作体系,解决了以往网络治理工作中存在的职能交叉、权责不清等问题。

另一方面,秉持全球视野,关注并参与国际网络空间治理。网络空间命运共同体的理念提出后,我国分别于 2016 年、2017 年发布了《国家网络空间安全战略》《网络空间国际合作战略》两份重要战略文件,指导中国网络治理的国内布局和国际合作工作。这两份文件都明确指出要推动构建网络空间命运共同体,将建设和平、安全、开放、合作、有序的网络空间作为战略目标,这表明了中国网络治理战略的全球视野,也为人类和平利用网络空间提供了中国方案。这一时期,我国积极参与全球网络空间治理的秩序塑造进程,为国内的网络治理工作提供了较为良好的国际环境保障。

此外,在这一时期,网络治理从过往相对粗放的阶段进入更加注重精耕细作的阶段,主要体现为在网络治理各类子领域加强政策规划,重视在互联网发展过程中衍生的各类新业态、新问题,综合应对互联网发展给国家治理带来的机遇与挑战,趋利避害,向融合创新迈进。

一方面,以问题为导向,利用技术创新解决网络治理面临的新问题。当前,互联网技术向纵深发展,新的挑战随之而来,算法黑箱、数据安全、数字鸿沟等问题凸显,受到人们的广泛关注。我国加快构建能够适应新形势的治理机制,积极吸纳高精尖技术人才,依托人工智能、大数据实时研判监测网络风险,筑牢安全屏障,不断增强治理措施的前瞻性、及时性和针对性,提升治理成效。

另一方面,以发展为导向,通过技术赋能与融合协作,创新网络治理机制。首先,积极运用新兴技术,丰富网络治理手段。近年来,包括网络治理在内的社会治理正经历数字化、智能化转型,我国在人工智能、云计算、大数据等新兴技术领域的研发应用方面具有优势,政府与高新技术企业开展合作,将新技术有机嵌入和应用于网络治理之中,以用促治,有力推动了治理手段的创新与治理效能的优化。其次,提升网民数字素养,夯实网络治理基础。我国民众的数字素养不断提高,激活了全民参与网络治理的主动性和创造性,为网络治理工作的有效开展提供了群众基础与集体智慧。

第四节 我国网络治理的演进逻辑

通过前文的梳理可以看出,我国的网络治理进程与互联网的发展是相辅相成的,随着互联网技术不断迭代升级,互联网市场持续动态变化,我国网络治理的政策与手段也与时俱进,始终以积极的面貌发现问题、解决问题。在治理政策的演进过程中,相关部门不断总结经验、吸取教训,网络治理理念、方式和手段在变革中创新、在发展中完善,逐渐形成了一套适应中国互联网发展需要的治理体系,体现出实事求是、锐意进取的精神。

一、协同治理:主体多元化

治理主体是网络治理体系中十分重要的一部分。在传统的管理思维中,党和政府处于支配地位,往往是通过一元决策或中央与地方的协同配合来推进网络治理的。然而,这种模式与如今互联网所具备的开放平等、多元参与、自由对话的特征并不适配。因此,纵观我国网络治理二十余年的历程,包括党委、政府、企业、社会和网民等在内的各类治理主体都扮演着相当重要的角色,主体多元化是我国网络治理发展过程中一个十分明显的演进趋势。以党中央决策部署为领导核心,各主体之间通过互动与合作逐渐形成一个协同有效的治理共同体,各类治理主体的多元参与也促进了我国互联网经济与市场的快速发展。

第一,治理主体构成更为多元化,结构更为科学。如前文所述,网络治理的主体是政党、政府、社会和市场多主体的整合。正如习近平总书记强调的"企业要承担企业的责任,党和政府要承担党和政府的责任,哪一边都不能放弃自己的责任"[①]。在网络治理中,党委肩负主要领导职责,始终以互联网市场发展实际为决策依据,走出一条以人民为中心的治理之路;政府的治

---

① 习近平.在网络安全和信息化工作座谈会上的讲话[M].北京:人民出版社,2016:20.

网心态不断开放,不再将"万能政府"作为治理的唯一选择,从积极进行政务公开到转变舆情应对方式,提高民众对政府治理的认可度;行业协会通过确立行业准则进行内部监督,如中国互联网协会发布的《网络数据和用户个人信息收集、使用自律公约》《电信和互联网行业网络数据安全自律公约》等;互联网企业积极配合,承担主体责任,如2020年7月,阿里巴巴等20家国内主要互联网平台企业签署了《互联网平台企业关于维护良好市场秩序 促进行业健康发展的承诺》;网民从"旁观者"转向"建设者",畅通的信息反馈渠道为其进行舆论监督和维权提供了便利条件,进一步发挥了主体主动性。

第二,建立稳定有效的领导机制,协调、共同治理能力不断增强。现代社会中,不同领域界限模糊且相互嵌入,对经济、政治、社会、文化的治理牵一发而动全身,需要多部门协同联动,网络治理工作亦是如此。但是,在发展早期,我国网络治理缺乏制度性协作机制,出现了种种信息未共享、资源未统筹、工作协调不够等问题,而建立一个统筹全局且管理有效的"领导小组",则成为解决问题的核心。通过前文对多年来治理主体变迁的梳理可以看出,我国一直在尝试设置各种形式的领导小组,以解决部门之间的协调配合问题。自1993年的国家经济信息化联席会议起,领导小组的调整与变革从未停歇,但常常无法真正起到协调各方的作用。2014年,中央网络安全和信息化领导小组成立,习近平总书记亲自挂帅担任组长,随后困难局面得到扭转。它摆脱了过去领导小组的弊端,设立了中央网信办作为日常常设机构,拥有单独编制和机制,而非临时性和变通性的机制,使稳定性有了保障。此外,中央网信办还具有很强的独立性,不依附于政府的某个具体部门,直接受领导小组领导,真正使协调机制由虚变实、由弱变强,促进决策权与执行权有效结合,提高了决策的执行力。

在多元主体协同治理的视野下,我国网络治理能力与治理水平显著提升,监管、履责、监督、自律的治理格局逐渐形成。从内部角度来看,各主体内部的构成要素不断统筹协调和优化,有力推动了各主体以最佳动力输出参与网络治理;从外部角度来看,各主体间通过有机交互实现资源共享和优势互补，形成合力，网络治理的新模式、新方案也不断涌现。

二、综合治理：格局立体化

互联网不同于实体空间，其具有开放性、广泛性和虚拟性等特质，因此，对于互联网这一新兴事物，我国的治理格局不断转换过去单一的管理思维，综合把握国内与国际、线上与线下、发展与治理这三大坐标轴线，逐步建立了一套立体、全面的综合治理体系。

第一，统筹国内与国际。立足国情实际，放眼世界格局，坚持网络治理的开放性与自主性相统一。

网络的本质在于互联，信息的价值在于互通。随着中国与世界经济、政治格局联系的日益加深，网络治理效能也深受国际和国内治理互动合作的影响。因此，我国网络治理的发展离不开与国际网络治理体系的交流合作。在加强国内网络治理制度建设的同时，我国积极倡导变革既有的由美国主导的全球网络治理体系。长期以来，全球的网络资源权力，如根服务器、IP地址和域名以及技术标准等由以美国为主导的西方发达国家掌握，近年来，我国不断推动全球网络治理秩序和关系的改革，促进建立公平、民主和透明的网络治理体系，为我国网络治理提供良好的外部环境，保障自主权。在已有治理体系之外，我国另辟蹊径，组织召开世界互联网大会，提升自身在全球网络治理体系中的话语权和影响力。党的十八大以后，中国提出构建网络命运共同体等一系列关于网络治理的新理念、新政策，赢得国际社会的一致好评。与国际网络治理体系的交流合作，有利于为我国国内网络综合治理体系构建获得较好的外部条件，在内容管制、机构设置、安全合作等方面获得外部支持、政策互鉴和合作协调提供可能。

第二，协调线上与线下。衔接虚实空间，黏合两个场域，构筑网上网下"同心圆"。

有效进行网络治理的最大难题之一是治理对象的不明确性，这是由网络的虚拟性特点所决定的。互联网从发展之初便呈现高度自由化、匿名化、虚拟化的特征,导致网络行为主体的虚化、网民身份不明确、企业的管理归属不明确、对网络空间的监管在很长一段时间里处于无序状态,这在一定程度上消解了人们对原有线下行为规范的敬畏,引发各种网络乱象,对我国网络治理能力提出挑战。实际上,网络空间是虚实共在的空间,"在世"(人在现实世界中的存在)是"在线"之根。① 虽然网民可以创造多个不同的"在线"身份,甚至实现数字化生存,但这些虚拟身份必然要与一个确定的现实身份相对应,现实世界中的公民仍是网络空间中"在线"身份的本体,将"在线"与"在世"建立对应关系②,就有实现规范线上行为的可能,这也是我国网络治理思维中一个重要的原则,即虚实对应、引虚向实,将网络账号与其背后的现实身份建立连接,将虚拟实体化、实名化,具体体现为近年来不断加快对网民的实名制管理以及对网络组织的属地化管理的步伐,为有效的网络治理提供支持。在此基础之上,我国网络治理的发展进程呈现对线上线下舆论及价值观念的引导趋势,即从精神角度凝聚线上线下共识,以社会主义核心价值观为"圆心",引导线上舆论与线下思政工作相互促进,弥合网络文化断层,将凝聚共识作为衔接线上线下的稳定器,将网络治理的触手不断向纵深推进。

第三,兼顾发展与安全。坚持趋利避害,保持合理平衡,让互联网在发展中最大限度发挥积极效应。

互联网如一把双刃剑,既是造福社会的资源宝库,也带来了各类新的安全风险。面对发展与安全的平衡问题,"没有网络安全就没有国家安全,没有信息化就没有现代化"③高度概括了二者之间的关系,也是我国网络治理在发展中探索出的宝贵经验。一方面,网络安全是我国建设有序网络空间、

① 何明升,白淑英.论"在线"与"在世"的关系[J].哲学研究,2005(12):95-99.

② 黄旭.十八大以来我国网络综合治理体系构建的逻辑起点、实践目标和路径选择[J].电子政务,2019(1):48-57.

③ 习近平:把我国从网络大国建设成为网络强国[EB/OL].(2014-02-27)[2022-06-01].http://www.xinhuanet.com//politics/2014-02/27/c_119538788.htm.

发展互联网的重要保障。从技术层面来看，滥用网络技术产生网络诈骗、网络暴力、隐私泄露等问题，面对这些问题，我国从立法和政策等方面出发，不断规范网络企业、个人用户的行为；从更深层面来看，滥用网络技术对意识形态安全产生的后果则更为严重，信息在网络空间中的流动速度加快，传播方向与渠道更为灵活，网络的去中心化和自由表达特性在一定程度上对我国主流价值观和意识形态造成了冲击，特别是在我国网络文化发展比发达国家相对落后的情况下，意识形态安全问题显得更为严峻。从互联网发展早期对网络技术接入与应用的管理，到如今对网络内容与意识形态的重视，体现出我国对网络安全的认知与把握日渐深刻。另一方面，网络治理的最终目的是实现网络的有序发展。从信息化关系到国家经济、网络经济、大数据、云计算、智慧城市、社会治理等建设，我国通过促进互联网发展，在信息技术革命中占据先机，为网络安全与实现国家"弯道超车"创造有利条件。"网络安全和信息化是一体之两翼、驱动之双轮，必须统一谋划、统一部署、统一推进、统一实施。"①我国网络治理强调网络安全和信息化发展的双重目标，在发展的过程中发现并解决问题，同时在解决问题中进一步推动发展，多年来取得的成绩表明，这一做法是正确的。

三、有效治理：手段多样化

有效进行网络治理需要依靠多样化的手段来推进，经过多年的探索与总结，我国综合运用多种网络治理手段，包括政策、法律、技术、人才、宣教、国际合作等，不断提升网络治理能力，增强网络治理的精准性。网络治理不同于传统社会治理，互联网生态环境复杂，众声喧哗，传播的隐匿性很强，加上新技术不断催生新业态，互联网的应用范围不断扩大，给治理工作带来极大挑战。越是复杂的问题，就越需要多样化的解决策略。因此，治理手段随

---

① 习近平：把我国从网络大国建设成为网络强国［EB/OL］.（2014－02－27）［2022－06－01］. http://www.xinhuanet.com//politics/2014－02/27/c_119538788.htm.

着网络技术及业态的迭代更新不断拓展、动态变化,是我国网络治理发展过程中又一大演进逻辑。

在行政手段层面,主要由党政机关出台治理政策,政府执行监管措施,以维护正常的网络空间秩序。例如,政府开展网络治理专项整治行动,能够集中力量、目标明确、追责严厉、见效迅速,从早期的网吧专项治理到专项治理的常态化、持续化,如针对网络侵权盗版的"剑网专项"行动、打击淫秽色情信息的"净网专项"行动,以及集中整治各类网络乱象的"清朗"专项行动等。行政手段以其权威性、强制性、直接性等特性,成为网络治理的常规手段。但是,行政手段的强制性与互联网的开放性、对话性、去中心化等特征易产生矛盾,容易使治理效果打折扣。在网络治理的演进过程中,党和政府要着重抓好顶层设计,扮演好领导者和引领者的角色,做好发展战略的制定、基础设施的部署以及制度体系的建设。同时,积极探索创新行政执法方式,转变话语体系,以更加人性化的方式推动我国网络治理理念和政策"飞入寻常百姓家",促使治理效果落地、落实,更加持久。

在法律手段层面,谋求治理的法治化是实现有效治理的重要手段和保障。坚持依法治网、依法办网、依法上网,让互联网在法治轨道上健康运行,是党领导网络治理工作的指导原则。针对网络公共空间的新秩序,要更为强调法治的作用。从1994年《中华人民共和国计算机信息系统安全保护条例》的出台,到近年来不断加快的网络治理法律法规的制定步伐,特别是中央网络安全和信息化领导小组成立以来,一系列法律规章文件密集出台,对伴随互联网发展而新出现的各类网络违法行为及管理措施进行了及时、细致、全面的界定,法律体系的完善为有序开展网络治理提供法理依据。

但需要注意的是,法律手段要通过调适,不断适应动态变化的互联网发展实际。就法律手段而言,使用法律手段必须以完备的立法为前提,我国互联网在短短二十余年内便经历了从 Web1.0 到 Web3.0 的跨越式发展,新情况、新问题层出不穷,而问题从产生到积累,再到以法律进行规制,需要经历严格的程序和漫长的过程,因此网络治理的立法常常存在滞后于实践的问题，其间难免面临"远水救不了近火"的"法律真空"时期。此外，行政手段的治理也存在诸多不足，如专项整治行动虽短期内效果明显，但持续性较差、人们的接受程度较低，难以保障长期治理效果。因此，丰富治理手段成为我国网络治理演进发展的题中之义。

在技术手段层面，信息技术的优化升级大大提升了网络治理效能。当前，我国网络治理模式已表现出较强的专业化趋势，特别是在动员、组织和反馈能力方面，呈现智能化、数字化、信息化等特征。例如，政府与互联网企业开展合作建设电子政务平台，促进城市建设智慧化，民众可在平台内便捷地反馈需求，经人工智能和大数据分析便可得出最契合人们诉求的政策建议，在网络治理过程中，通过技术手段"化堵为疏"，促成民意有序表达，减少矛盾的生成。我国先后建立了信息无障碍服务体系、网站信息生态体系、信息安全漏洞共享平台、国家互联网金融风险分析技术平台等一系列常态化网络服务及监管机制或平台①，为有效监督与管理网络信息资源、提升网络安全水平提供了强有力的技术支撑。

在宣传教育层面，通过创新舆论引导方式，营造风清气正的网络内容生态。在网络内容信息的生产环节，随着内容生产的门槛大大降低，网络谣言、负面舆情等问题也随之而来，我国出台了各类政策条例，从生产源头加强对网络信息内容质量的管理。同时，积极推进媒体融合，扩大主流媒体的网络影响力，坚持正面宣传为主。一方面，创作通俗易懂、贴近群众兴趣的新媒体作品；另一方面，做好舆情监测与回应，利用主流媒体的新媒体矩阵，及时辟谣，抵御不良信息，坚持正确的舆论导向，提高网民的媒介素养，为网络治理营造良好的舆论环境。

总而言之，网络治理涉及的范围广、管理难度大，其中既有互联网本身的技术问题，也有市场主体、互联网用户的道德问题，还与国家政治体制、经

---

① 温志彦,谢婷.中国特色网络治理体系的发展脉络:从理念到实践[J].中共四川省委党校学报,2021(1):75-80.

济发展水平、文化根基息息相关。单一的治理手段各有局限,随着党和政府对互联网规律认识的不断深化,我国以系统化的思维指导网络治理实践,综合运用各种治理手段,刚柔并济、长短并重、多管齐下、多主体多手段并用,治理效能日益提升。

从上述历程追溯中可以看出,虽然互联网的发展给党和政府的管理带来了极大挑战,也引发了一系列社会问题,但中国对互联网发展的积极态度是一以贯之的。事实证明,我国网络治理体系的发展,是一个与时俱进、不断变化的过程,并且已经成为推进国家治理体系与治理能力现代化的重要环节,在治理主体、治理格局与治理手段方面不断完善,形成了具有中国特色的网络治理模式。

第三章　网络综合治理的主体与功能

党的十八大以来,中国共产党坚持以建设网络强国为目标,增强国家信息化发展能力,以信息化驱动现代化,优化信息化发展环境,不断巩固增强我国体制机制的优势,走出了一条具有中国特色的网络综合治理的发展道路。

2017年10月,党的十九大报告首次正式提出"网络综合治理"命题,明确提出要"加强互联网内容建设,建立网络综合治理体系,营造清朗的网络空间"。2018年4月,全国网络安全和信息化工作会议召开,习近平总书记首次提出网络综合治理的5个手段,"形成党委领导、政府管理、企业履责、社会监督、网民自律等多主体参与,经济、法律、技术等多种手段相结合的综合治网格局"①。2021年3月5日,在第十三届全国人民代表大会第四次会议上,李克强总理在《政府工作报告》中提出"加强互联网内容建设和管理,发展积极健康的网络文化"②,这也是《政府工作报告》中首次明确指出要加强对互联网内容的建设和管理工作。

在上述政策指引下,我国已经初步形成了多元主体的网络综合治理结构,并在领导管理、网络法治、技术治网方面有了一定的实践基础。习近平总书记指出,"企业要承担企业的责任,党和政府要承担党和政府的责任,哪

---

① 中央网络安全和信息化委员会办公室. 习近平:自主创新推进网络强国建设[EB/OL]. (2018-04-21)[2022-05-07]. http://www.cac.gov.cn/2018-04/21/c_1122719824.htm.

② 李克强总理作政府工作报告(文字摘要)[EB/OL]. (2021-03-05)[2023-11-22]. http://www.gov.cn/premier/2021-03/05/content_5590492.htm.

一边都不能放弃自己的责任。网上信息管理,网站应负主体责任,政府行政管理部门要加强监管。主管部门、企业要建立密切协作协调的关系"①。我国网络综合治理逐步实现治理主体的多元化、治理手段的多样化、治理权责的清晰化、治理过程的协同化、治理资源的共享化,并逐步完善全链条与生态化、智能化的网络综合治理。

第一节 党委领导:顶层设计与治理评估

党委是网络综合治理中的顶层设计者,代表着网络综合治理体系的政治权威和国家方略。习近平总书记强调,"要牢牢把握正确舆论导向,唱响主旋律,壮大正能量,做大做强主流思想舆论"②。网络舆论引导体系的建设离不开党的领导,互联网行业的建设和发展离不开党的领导作用的发挥。党的领导与网络舆论引导体系建设研究探索的正是如何在党委领导下,加强网络舆论引导,建立适应全媒体时代发展、符合现代化建设需要的网络舆论引导体系,进而营造清朗的网络空间。

党的领导是网络综合治理的核心要素,具有网络综合治理的顶层设计制定与方针路线把握的功能。目前,在党的领导下,我国对互联网治理的前端设计比较充分,网络治理中始终贯彻了党的领导与坚持党性原则。党政机关是网络治理的核心力量,直接负有网络治理的政治和行政责任,能力最强,权威性最高,成效也最显著。③

我国党委作为网络综合治理中的顶层设计者,将网络综合治理的方略以基本原则、指导思想、法律法规等形态呈现,将"打造清朗网络空间"上升

---

① 习近平.在网络安全和信息化工作座谈会上的讲话[M].北京:人民出版社,2016:20.

② 中华人民共和国国家互联网信息办公室.习近平:举旗帜聚民心育新人兴文化展形象 更好完成新形势下宣传思想工作使命任务[EB/OL].(2018-08-22)[2023-11-29].https://www.cac.gov.cn/ 2018-08/22/c_1123311137.htm.

③ 韩志明,刘文龙.从分散到综合:网络综合治理的机制及其限度[J].理论探讨,2019(6):30-38.

为全国多主体的共同认识,并展开专项管理行动及网络常规检查,以维护清朗的网络生态环境。其中,法律法规是网络综合治理的重要手段,也是较为行之有效的治理形态。1996年,我国出台首个互联网管理法规《中华人民共和国计算机信息网络国际联网管理暂行规定》,确立了互联网治理制度的基本框架。2016年,我国制定《中华人民共和国网络安全法》,填补了互联网领域基本法的空白。在立法方面,网络综合治理的思路在各相关法律的制定中也有所体现,包括已经出台的《中华人民共和国民法总则》《中华人民共和国电子商务法》等。此外,2021年由中华人民共和国第十三届全国人民代表大会常务委员会通过的《中华人民共和国数据安全法》《中华人民共和国个人信息保护法》,继续完善了互联网综合管理法律体系。在行政法规方面,国务院2011年修订的《互联网信息服务管理办法》,成为网络信息服务者所遵循的基本规定。党的十九届四中全会后,国家网信办出台《网络信息内容生态治理规定》,该规定从内容生态治理入手,提升网络综合治理水平。我国逐步完善互联网法律法规,实现依法治网、依法管理网络,网络综合治理能力不断提高。

现阶段,为落实我国建设网络强国的战略目标,网络综合治理已经全面进入党的决策视野。我国已经成立了从中央到地方的各级网络安全和信息化领导小组(委员会)及其办公室,主要负责网络综合治理顶层设计、总体布局、统筹协调、治理工作的全面推进,以及工作督促、落实、评估等,形成了网络综合治理的核心和纽带。[①]

一、新布局:党委主体责任制度,多元化参与网络治理

网络综合治理体系中多元主体的能力和地位不同,功能及作用也各有侧重。2018年4月,习近平总书记在全国网络安全和信息化工作会议上指出,"要提高网络综合治理能力,形成党委领导、政府管理、企业履责、社会监

---

① 韩志明,刘文龙.从分散到综合:网络综合治理的机制及其限度[J].理论探讨,2019(6):30-38.

督、网民自律等多主体参与,经济、法律、技术等多种手段相结合的综合治网格局"①。在多主体与多种手段相结合的网络综合治理格局下,形成了多主体协同化参与、各级党委明晰的层级化责任制度。

多主体在党委的领导下协同化参与治理。政府、互联网企业、社会组织、网民等其他治理主体在党政机关的统一指导、协调和监管下有序开展工作。在党政机关的统一协调指挥下,互联网企业、社会组织以及网民通过多种形式参与网络综合治理,进而提高互联网企业、社会组织、网民在互联网治理中的自觉性和能动性。在党委的领导下,构建网络综合治理协同机制、搭建沟通桥梁、形成舆论引导矩阵、打造舆论引导动态模式,全面提升用户媒介素养,推动政府、互联网企业、社会组织和网民的高效协同治理。

各级党委(党组)层级化的责任管理制度。在网络综合治理中,坚持党管互联网,并从各级党委(党组)管理体制机制中不断完善党管网络意识形态工作责任制和网络安全工作责任制,明晰各级党委(党组)主体责任制度,将网络综合治理工作全面纳入党委(党组)日常工作议程。② 从制度上完善系统化网络综合治理新格局,不断提升网络治理的有效性。此外,各级党委(党组)明确区域管理责任,创造新的区域协调治理模式,建立健全各层级和各区域有效协同合作的网络综合治理办法,实现全域职责明确的层级化责任管理制度,进一步发挥我国体制优势,提升网络综合治理效率,让互联网科技真正服务网民、助力社会发展。

二、新思维:认识网络传播规律,管用并举增强引领力

在网络综合治理过程中,必须科学认识网络传播规律,运用互联网科技,管用并举、良性互动,增强我国社会主义意识形态凝聚力和引领力,维护

---

① 中央网络安全和信息化委员会办公室.习近平:自主创新推进网络强国建设[EB/OL].(2018-04-21)[2022-05-07].http://www.cac.gov.cn/2018-04/21/c_1122719824.htm.

② 王崟屾.网络综合治理的中国实践[N].光明日报,2021-09-28(15).

国家网络安全、社会和谐稳定。网络综合治理是针对整个网络生态系统进行的协同化、动态性治理的过程。这既是我国善于运用互联网技术和信息化手段开展工作,推进国家治理体系和治理能力现代化的重要部署,又是完善风险综合治理,维护民众安全,确保社会和谐稳定的有效路径。①

管用并举,运用互联网思维,增强社会主义意识形态的凝聚力和引领力。网络平台汇聚了多元化的思想意见,也为社会生活提供了便利。随着网络通信技术的发展,各级党委(党组)主体要主动适应信息化要求,科学认识网络传播规律,强化互联网思维,正确运用、引导和引领前沿科技,实现管用并举,而不是简单的"一刀切"。在网络综合治理中,要发挥互联网科技的最大价值,让科技服务于社会进步,服务于国家发展,服务于网民,使互联网这个最大变量变成事业发展的最大增量。

良性互动,运用互联网科技,维护国家和民众网络安全及社会和谐稳定。对于互联网,既不能实施绝对监管约束,也不能完全开放纵容,而是要积极运用网络科技服务国计民生。随着信息技术和人类生产生活交汇融合,人工智能、大数据、区块链等新一代信息技术迅速发展。要想整体提升国家网络安全水平,需要网络技术和企业的支持,实现以网治网、科学管理、合理引导,把现有法律法规延伸应用到网络空间。

三、新使命:提高用网治网水平,肩负宣传思想新使命

网络逐渐影响人们的思维方式,也影响人们对主流意识形态的认同感。中国互联网络信息中心发布的第 49 次《中国互联网络发展状况统计报告》显示,截至 2021 年 12 月,我国网民规模达 10.32 亿人,较 2020 年 12 月增加4296 万人,互联网普及率达 73.0%,较 2020 年 12 月提升 2.6 个百分点。互联网不断渗透人们生活,微信、微博以及短视频、直播平台正改变人们的生活方式、生产方式、交往方式等。

---

① 王莹屾.网络综合治理的中国实践[N].光明日报,2021-09-28(15).

因此,各级党委(党组)必须科学认识网络传播规律,提高用网治网水平,运用互联网传播工具,营造风清气正的网络空间,更好地承担举旗帜、聚民心、育新人、兴文化、展形象的任务,让优秀思想理论"飞入寻常百姓家"。

第二节　政府管理:网络管理与治理服务

政府是党委领导下网络综合治理的主要实施者,是联结互联网企业、网民、社会组织等多方力量的纽带。政府是网络综合治理的管理主体,负责政策的制定、细化和落实。政府应着力提升监管、服务和保障能力,构建网络综合治理协同机制,推动政府、社会组织、互联网企业和网民的高效协同。[①]同时,进一步落实网信部门管理责任,创新区域管理模式。

政府管理效能的提升与网络综合治理结构的创新,旨在通过推动网络综合治理的多元互动,提升管理效能,创新治理结构,回应社会关切;通过法律、经济、技术等多种手段加强与互联网企业、网民、社会组织间的协作,为网络综合治理体系的建立健全提供实施保障。

一、新管理:落实网信主体责任,实施网络生态专项治理

目前,我国政府依托国家和地方网信办的治理模式取得了一定成效,但存在治理单一化、行政化、条块分割的弊端。在"放管服""服务型政府"的构建中,政府理应成为网络治理对象的"服务者"。

完善各级网信部门职责,实现跨部门协调管理。在网络综合治理过程中,政府要加强网络媒体监管,推动落实主体责任、主管责任、监管责任,全面落实责任,把控整体舆论,营造良好的舆论环境。以往传统的政府管理是自下而上的逐层递进关系,容易形成"信息孤岛"。1994年国务院新闻办公室、中国互联网络信息中心和公共信息网络安全监察局作为主力军进行网

---

① 王釜灿.网络综合治理的中国实践[N].光明日报,2021-09-28(15).

络舆情的监督。2006 年,我国成立了全国互联网站管理工作协调小组,与公安部、信息产业部、中宣部等 16 家单位一起协同治理。从 2001 年至 2022 年,互联网领域逐渐形成了中央统一领导的格局。线上,政府借助互联网技术的优势进行信息交互,缩小了以往的数字鸿沟,在最大限度上实现了数据资源共享。在加强网络舆论监督和保障网络数据安全方面都更加精准化和灵活化。政府通过转变自身行政者的角色来创新管理模式取得了比较好的效果,政府的影响力更大程度地扩大了,因此政府积极投入互联网的治理进程。

积极推进网络生态治理专项行动,落实网络治理法律法规。政府通过多次专项活动和网络生态治理专项行动,直接查处和处置各类网络违法违规行为,如查处违规直播平台以及主播,逐步打造清朗网络空间。2019 年 1 月,国家网信办启动网络生态治理专项行动,包括启动部署、全面整治、督导检查、总结评估四个阶段,为期半年,对各类网站、移动客户端、论坛贴吧、即时通信工具、直播平台等重点环节中的淫秽色情、低俗庸俗、暴力血腥、恐怖惊悚、赌博诈骗、传播不良生活方式和不良流行文化等 12 类负面有害信息进行整治。此次专项行动充分运用现有行政执法手段,严厉查处关闭一批违法违规网站和账号,有效遏制了有害信息反弹、反复的势头,集中解决了网络生态重点环节突出问题,有力打击了网络生态中一直存在的低俗现象,促进网络空间更加清朗。政府开展网络生态治理专项行动,既为网络内容使用者也为网络内容行业者的权利保驾护航,为促进信息内容健康有序发展提供了正确、有效的指引。在坚持积极正确的工作理念下,逐步加大对互联网生态的管理力度,用行政手段大力排查和惩治了互联网领域的不文明和不规范行为。

通过管理创新扩大了对网络信息内容管理的影响力,提升了政府在网络治理进程中的效能。例如政府在进行网络综合治理时,将自身有效的行政职能积极与互联网的信息资源优势相结合,开设各类政务新媒体,这些政务新媒体逐渐成为政府发布权威信息、引导网络舆论、加强社会监督和治理的重要平台。

二、新作风：积极回应网民关切，打造信息化服务型政府

政府及其职能部门制定网络综合治理相关的行政法规或制度规范，集中展开网络治理专项行动，维护清朗网络空间。此外，领导干部更要学网、懂网、用网，通过网络了解群众所思所愿，收集好想法、好建议，积极回应网民关切，坚持网上网下相结合，把网络综合治理和"服务于人民"的工作宗旨相结合，打造信息化服务型政府。

转变作风态度，运用互联网积极回应网民关切。政府部门积极运用各种信息化、网络化的处理手段和方式，来处理网络舆情事故。政府工作的出发点和落脚点都应该是人民，政府开展网络综合治理的关键点也是人民。"民之所忧，我必念之；民之所盼，我必行之。"[①]随着网络技术的发展、网民数量的不断增加，网络成为民意的重要表达渠道。各级政府部门要善于运用网络信息，建立网络沟通平台，及时了解网民意见，通过网络进行民意疏导，积极回应网民关切的问题，真正拉近了政府和群众的关系，在良性沟通中提升意识形态的凝聚力和引领力。

加强监督管理，运用信息技术完善网络治理联动机制。良性服务需要刚性的制度作为保障。在网络综合治理过程中，要想打造信息化服务型政府，需要完善监督机制、强化管理、引入社会监督、提高透明度、让群众的满意度真正成为评判标准，开通网信部门领导热线、制定岗位规则、明确权责、强化考核，强调结果导向和工作实绩，满足群众期望与需求；需要政府部门转变作风态度，重视网络民意、聆听百姓诉求，同时完善监督考评机制，才能更全心全意地为人民提供优质服务，进一步加强网络信息安全，让互联网科技服务民生，助推社会全面发展。在进行网络综合治理的过程中，强调对网

① 【每日一习话】民之所忧，我必念之；民之所盼，我必行之［EB/OL］.（2022－01－03）［2023－11－29］.http://politics.people.com.cn/n1/2022/0103/c1001-32323041.html.

络信息内容的治理，除了处置不良和不正的信息，还要传递正能量、优质内容，强调通过网络综合治理进一步完善信息化服务型政府。

三、新手段：灵活运用综合手段，提升政府网络治理水平

运用新媒体手段，提升对网络舆论的引导力。同时，各级党委和政府要从政策、资金、人才等方面加大对媒体融合发展的支持力度，推动媒体融合朝着正确的方向发展。

运用经济管理手段，落实互联网企业平台主体责任。在经济手段探索方面，《互联网信息服务严重失信主体信用信息管理办法》和跨部门联合惩戒合作备忘录的出台，有效地将严重失信主体纳入"黑名单"管理，实施联合惩戒，达到"一处失信、处处受限"的效果。本课题基于上述这些经验，进一步探索如何在网络强国战略思想指导下运用经济手段，并兼顾社会责任的方法，加强网络治理的实效。

运用现代技术手段，科学引导网络健康规范化地发展。2019 年 1 月 25 日，习近平总书记在十九届中央政治局第十二次集体学习时的讲话中指出，"要全面提升技术治网能力和水平，规范数据资源利用，防范大数据等新技术带来的风险"[1]。目前，在网络强国战略和"互联网+"的大力实施下，我国已经加大与加强网络综合治理技术手段的投入和探索。大数据、云计算和人工智能技术，也已经成为我国用技术手段预防、监控网络风险发生的有益尝试，即从技术层面化解网络风险，已成为网络治理的重要手段。同时应该要特别注意互联网技术运用背后的价值引导，要将人与技术结合起来，共同治理互联网。比如，将人工智能技术运用到网络内容审核中，提高内容监管的准确性和效率，但机器和算法机制仍需要配合人工审核，才能真正发挥辅助作用。未来，在区块链应用于媒体信源追踪、UGC（User Generated Content，

---

① 中华人民共和国国家互联网信息办公室.《"十四五"国家信息化规划》专家谈：加强数字化发展治理 推进数字中国建设［EB/OL］.（2022-02-16）［2023-11-29］.https://www.cac.gov.cn/2022-02/16/c_1646636851356568.htm? eqid=a869a66d000278cf00000006649919c9.

用户原创内容)审核、数字版权保护、付费内容订阅、传播效果统计等方面，价值观引导都十分关键。

第三节　企业履责：被动治理与积极参与

企业是网络综合治理的主要对象，也是政策的实践者和具体行动者。习近平总书记指出，要压实互联网企业的主体责任。[①] 目前，我国互联网企业已经按照相关法律法规对自身的运营发展进行了规范，并制定了相关内部规章和外部的平台规则。互联网平台主体责任及信息管理能力提升研究，旨在通过建立健全网络安全制度，明晰企业责任、提升信息管理能力、维护互联网用户安全和网络市场稳定。

一、运用网络市场规律，压实企业主体责任

互联网企业掌控着重要的互联网基础设施以及几乎全部的互联网应用服务，是发布信息的第一载体，也是信息生产的源头渠道之一。互联网企业根据政府所颁布的互联网治理相关法律规定，切实履行好自身责任义务。互联网企业自身要在信息生产制作上做到严生产，在信息传播环节上做到严把关；要转变职能意识，从被管束者转变为互联网治理的参与者和决策者；要在尊重网民权力的同时，建立好沟通民意的渠道，协同其他主体一起营造良好的网络舆论环境。

整合专业资源，发挥信息优势。互联网企业是网络治理最前沿的参与者，并具有得天独厚的资源优势。一方面，互联网企业位于业界一线，能够准确把握行业动态，也能够准确洞察互联网平台存在的突出问题；另一方面，互联网作为技术平台企业，拥有较强的资源整合能力和专业化的网络信

---

① 中华人民共和国国家互联网信息办公室.压实互联网企业的主体责任[EB/OL].(2018-11-06)[2023-11-29].https://www.cac.gov.cn/2018-11/06/c_1123672701.htm.

息技术，能够在网络安全监控和信息预警方面发挥技术和资源优势。

完善沟通渠道，发挥协同优势。在网络综合治理的过程中，互联网企业处在中间位置，向上协调党委和政府的政策与工作上的部署，向下沟通民意。在网络所营造的广阔空间中，网民通过互联网的各种渠道来建言献策，行使个体的表意和自主权利，能够及时反馈人民的看法与意见，在维护社会的稳定性上起到了重要的作用。此外，互联网企业能够结合自身的实际情况进行调整，发挥自身在市场上的灵活性，能够适应多变的网络环境并给予技术上的相关支持，及时满足技术发展和行业形势变化的需要。

二、增强网络行业自律，规范企业社会责任

互联网改变了人们的生活方式、工作方式和社会交往方式，互联网企业和整个行业责任意识的树立、行业自律的增强显得尤其重要。行业自律是行业组织制定的行业内单个企业的行为准则，行业组织负责实施这些准则以及诸多对企业或职业产生普遍影响的活动。2001 年 7 月 27 日登记成立的中国互联网协会是当前规模较大、发展较为成熟的行业协会，在有关行业进行自律的过程中起到了行业规范作用。互联网行业协会把分散的成员聚集在一起、把成员的利益汇集在一起，通过正当的途径和政府进行有效沟通、与国际组织进行有效协商，能够对党委的立法、公共政策的制定和执行产生影响。互联网行业协会在维护自身利益的同时能够协调好自身利益与公共权力之间的关系，在一定程度上抑制了公权的肆意膨胀导致的决策失误。企业内部也可以互相约束行为，形成促进和完善互联网协同治理的行业内部总参，增强互联网企业的自律意识。

此外，互联网行业协会定期举办的行业活动也是推进互联网行业规范化发展的重要渠道。例如，中国互联网协会举办的蓝海沙龙是中国互联网界的一个共赢型开放式平台，它秉承引导互联网行业健康发展的理念，通过各种主题活动加强互联网界不同人群之间在智慧资源与经验方面的分享与交流。中国互联网协会与地方政府的合作，也推进了行业规范与行业自律。

再如,中国互联网协会与宁波市人民政府在电子商务、云计算、大数据、互联网金融等领域大力合作,助推了"互联网+"行动和互联网经济,维护了行业秩序,形成了良性的企业发展生态和健康的网络环境。

互联网企业作为网络空间的重要主体,应该主动承担应尽的社会责任。首先,互联网企业配备了健全的安全管理和技术措施,在安全风险可控的良好生态下发展技术和产业。其次,互联网企业通过互联网行业协会更好地履行社会责任。例如,中国互联网协会搭建行业交流平台,举办中国互联网企业社会责任论坛、发布社会责任年度报告、组织社会责任倡议等活动,推动互联网企业更好地履行社会责任。最后,组织社会评议活动。互联网行业协会通过组织相关专家和网民代表等,对各类网络行为进行科学评议,并建立综合评议系统。此外,互联网企业围绕网络沉迷治理、未成年人网络安全保护、个人信息保护等热点问题,开展网络安全知识普及教育。

三、运用网络专业技术,发挥网络平台优势

随着信息技术和人们的生产生活相互渗透,人工智能、大数据、区块链等新一代信息技术的发展迅速,应用领域越来越广。技术的社会化创新为个体化行动的自由性、场景化行动的无限性提供了支持。在这个过程中,互联网企业掌握专业技术和海量信息数据,并实现对海量信息数据的智能化搜集、处理、内容规范。互联网企业探索利用大数据、人工智能等新技术开展分众化、差异化、个性化传播,有助于提升互联网信息智能化管理,提升网络治理的效率。

互联网企业要在应用层面引导用户、创作者、运营者的网络行为。例如,北京字节跳动科技有限公司成立了平台责任研究中心,并发布了一系列网络平台管理规范。此类规范从前端优化了信息内容,第一时间把网络不文明的现象扼杀在摇篮里,营造了清朗网络空间。

互联网平台通过网络技术进行内容管理,建立健全网上风险防范机制。企业自我监管比行政机关处理更及时和迅速,可以在看得见的范围内进行

全方位监督和治理。互联网企业须肩负网络治理的主体责任,政府部门与互联网企业要建立密切协作协调的关系,实现网络治理全流程效率的提升。

第四节　社会监督:外在监督与政策建议

社会是网络综合治理的外在监督者,社会协同是基础。一方面,网络社会组织要利用自身优势,整合资源,发挥社会化协同治理效应;另一方面,最大限度增强和提升广大网民的自律意识与网络素养,引导网民文明上网、理性上网。[①] 目前,互联网领域社会监督的意识和效果有待增强,相关的社会监督条例不完善,监督的管道也尚未形成。

社会监督是指动员各种社会力量,特别是公众力量和媒体力量来加强对网络信息表达乱象的举报、网络信息内容话语力的建构、网络信息内容治理制度的完善、网络信息内容治理效能的评价等,从而形成一个全方位的网络信息内容治理监督体系。[②] 社会监督承担了相应的社会管理职能,同时对政府行为和公众进行监督,能够提高社会自我管理能力,是公民参与社会治理的重要途径,强调发挥公民在社会治理中的作用,是社会治理主体由一元化向多元化转变得以实现的重要手段。[③] 社会监督网络综合治理需要构建符合网络行为特征的网络监督渠道,让更多主体积极进行监督与自我监督。网络既是治理的对象,也能够作为工具被利用,为社会监督搭建更方便、更有效的网络平台。

社会监督的主体是不具有国家权力的各政治党派、社会团体、群众组织、公民个人和大众传媒等社会力量,包括各级政协、民主党派、共青团、妇联等组织的民主监督,网络、报刊、电视、电台的舆论监督,以及人民群众自

① 王崟屾.网络综合治理的中国实践[N].光明日报,2021-09-28(15).

② 周毅.试论网络信息内容治理主体构成及其行动转型[J].电子政务,2020(12):41-51.

③ 卢芳霞."枫桥经验":成效、困惑与转型——基于社会管理现代化的分析视角[J].浙江社会科学,2013(11):86-91,157-158.

行发起的监督。将传统社会治理视域延伸至网络社会,社会监督在网络综合治理中不可或缺。

一、基层共治:打通网络综合治理"最后一公里"

基层社区治理,是连接基层群众和基层网络治理的"最后一公里"。党的十八大以来,习近平总书记始终强调基层工作的重要性,明确作出"社会治理的重心必须落实到城乡、社区"①等重要指示。社区单位的辖控范围更有利于实现治理主体对客体的精细化覆盖,我国悠久的"郡县制"历史也在时间维度上整合了县域范围内与治理有关的要素性差异。② 在社区单位辖控范围内的经济、社会、文化等治理要素的同质化程度都相当高,便于社会治理"精细化"。

公民有序参与是社区治理及基层民主政治实践的起点,在社区治理中,网络既是治理的对象,也能够作为工具被利用,为社会监督搭建更方便、更有效的网络平台。以北京市朝阳区社区网络综合治理为例,朝阳区作为北京市极为重要的辖区之一,具有区域发展不平衡、国际化程度较高、文化传媒机构较多、意见领袖影响较大、基层自办政务媒体较多等特点,这也导致了其社区舆论环境复杂、网络综合治理难度较大。北京市朝阳区融媒体中心动员社区居民成为"新闻观察员",将老党员、楼门长、企事业单位员工、商圈白领等社会主体都纳入群众信息员队伍,使其成为社会监督的主要力量。同时,北京市朝阳区融媒体中心利用网络建立群众诉求反映新渠道,在微信上设置了"书记信箱"和"投诉建议"两个诉求反映渠道,"一键"即可发送,有助于群众参与社区治理。双井街道借助社会监督的力量,从"13"社区助推社区传统治理成功向"互联网+社会治理"转型升级。机关干部、社区干

---

① 习近平:社会治理的重心必须落实到城乡、社区[EB/OL]. (2016-03-05)[2023-11-22]. http://politics.people.com.cn/n1/2016/0305/c1024-28174494.html.
② 朱亚希,肖尧中. 功能维度的拓展式融合:"治理媒介化"视野下县级融媒体中心建设研究[J]. 西南民族大学学报(人文社科版),2020(9):151-156.

部、社会单位和党员群众有效联动,社区市民、辖区商户、社会单位等各方主体都主动参与社区公共服务。通过"掌上双井"微信公众号,市民可以利用"随手拍"曝光不良行为,科室即诉即办,线上线下互通互联,充分发挥了社会监督的力量。以朝阳区"朝阳群众"为例,"朝阳群众"通过"平安北京"官方微博学习如何甄别违法犯罪线索及自我保护。"朝阳群众"在网络综合治理中弥补了政府管理的不足,但也正是因为政府积极引导并不断完善网络监督渠道,"朝阳群众"才能真正在社区治理中发挥作用。

二、媒体监督:提升互联网舆论引导能力

网络舆论引导是网络综合治理的重要组成部分,主流媒体在网络舆论引导方面具有重要作用,网络舆论影响社会舆论走向,网络舆情应对成为中国网络空间治理的核心议题之一。我国社会发展进入改革深水区,社会变革中的深层次矛盾逐渐凸显,错综复杂的网络环境更将矛盾无限放大,使得舆论引导和舆论监督工作更加重要。

舆论引导重在提倡正面思想,塑造一种信仰,增强社会凝聚力。舆论监督是通过媒体力量来实现对网络治理中偏差行为的矫正和制约,引导和建构具有导向性的网络治理理念和方法。[①] 舆论监督渗透到社会政治生活的各个方面:对上,舆论监督重在揭露和驳斥敌对势力的攻击,促进党委和政府工作不断完善;对下,舆论监督重在及时曝光和抑制社会发展的不文明现象。一方面,媒体对政府行为进行监督。公众通过媒体了解国家事务、提出意见和建议、提供信息线索,行使公民的民主监督权利。此次新冠疫情中,主流媒体成为社会监督的重要力量,形成了"调查—反馈—整改—跟踪"的完整监督链条,并有效联动政府、群众和社会组织协作形成监督合力。另一方面,媒体对公众社会行为进行监督。其中,传统主流媒体拥有较强的公信力和权威性,对网络空间中的不良行为进行监督,及时打击谣言、澄清事实,

---

① 周毅. 试论网络信息内容治理主体构成及其行动转型[J]. 电子政务,2020(12):41-51.

为政府管理提供有力依据。主流媒体应当肩负起社会责任,起到维护互联网平台清风正气的作用,有效进行舆论引导。

在互联网环境中,传统媒体精心打造的正面宣传话语在互联网中被迅速消解,网络的去中心化和扁平化特征加剧了受众对传统媒体宣传话语的不信任和抗拒。[①] 因此,当前传统媒体的重要任务之一就是利用好网络工具,加快媒体融合的步伐,与群众进行良性沟通,科学设置议题、安排深度报道,将大众的目光引向主流媒体平台,更好地协调和给予正确的舆论引导,更有效地进行社会监督、参与社会治理。

第五节　网民自律:网络使用与网络自律

网民是网络综合治理的最广泛的参与者,也是主要的治理对象。目前,我国已经通过法律、技术等手段对网民的行为进行了刚性规范,但网民的自律意识尚待加强、自律公约尚不完善、网络媒介素养亟待培养。

一、加强网民法律意识,培养网络文明素养

网络综合治理事关网民的切身利益,在治理过程中既要保障网民的言论自由和网络表达权,也要维护公共利益和社会安全稳定的底线。当前,我国社会正处于改革的深水区和攻坚期,国内外势力暗流涌动,互联网成为舆论斗争的主战场。部分自媒体为了获取流量,不顾事实,甚至颠倒黑白。这让很多习惯了浅阅读和碎片化阅读的网民被网络情绪影响,群体极化现象愈演愈烈,有时甚至间接影响司法公正判决。

网民的话语表达也同样受到现实的法律和伦理约束。如今,"网络审判""人肉搜索"等现象仍在频繁发生,影响范围从虚拟网络世界延伸到现实世界。网民应加强法律意识,文明使用网络。

---

① 毕秋灵. 社交媒体环境下的网络舆情治理[J]. 管理观察,2016(23):51-53.

二、提升网民媒介素养,树立社会责任意识

网民要提高媒介素养,树立社会责任意识,营造良好的网络舆论环境。互联网时代人人都有麦克风,网络加快信息传递速度的同时,使得虚假信息的传播呈现病毒式扩散的趋势,客观事实对于公众舆论的影响要小于诉诸情感和个人信念的"后真相时代"到来。例如,在网络空间中,网络谣言真伪难辨、蛊惑性强,容易引发严重的社会问题。新冠疫情防控期间,诸多谣言危害社会稳定,例如,"新冠病毒为人工合成""粮食马上短缺,赶紧囤米抢油""吃大蒜、喝白酒可以防治新冠肺炎""全国各地摘口罩时间表出炉""北京新发地几万人被运送到河北唐山隔离""中国囤积防护物资有意限制出口"等,而网民在无形中成为谣言的制造者、传播者和加速者。网民亟待提高媒介素养,避免群体极化,更准确、理性地认识真相以及自己所处的社会和时代。网民要积极行使表达权,开展舆论监督,助力政治文明建设。网民应该合理行使网络舆论监督的权利,提高理性参与公共事务的能力。

网络综合监督体系的构建与公众网络素养的研究是网络综合治理的有机组成部分。聚焦个体用户和社会组织的网络综合治理主体参与,通过网民自律和社会监督,构建网络综合监督体系。一方面,充分调动网民参与网络综合治理的积极性和主动性;另一方面,提升公众网络素养,培养用户正确、健康的网络传播理念。

第四章　党的领导与舆论引导

第一节　加强党对新闻舆论工作的领导

中国共产党对于新闻事业的领导,从开创摸索、探索发展、逐步深化到发展完善,经历了百年的历史变迁。高度重视新闻舆论工作一直是党的优良传统,在党领导社会主义革命、建设、改革的过程中,形成了党性原则和群众路线两个重要的指导思想,推动我国的新闻事业持续发展。2016 年,习近平总书记在党的新闻舆论工作座谈会上提出新闻舆论工作的"48 字"方针,即"高举旗帜、引领导向,围绕中心、服务大局,团结人民、鼓舞士气,成风化人、凝心聚力,澄清谬误、明辨是非,联接中外、沟通世界"①,对新形势下做好新闻舆论工作作出指导。2019 年 10 月召开的党的十九届四中全会强调,完善坚持正确导向的舆论引导工作机制,完善舆论监督制度,健全重大舆情和突发事件舆论引导机制。② 这为推动网络舆论引导体系的建设指明了方向。

一、百年新闻舆论工作的实践历程与历史经验

中国共产党自 1921 年成立以来,带领中国人民历经艰难困苦,带领中华

---

① 杜尚泽.坚持正确方向创新方法手段 提高新闻舆论传播力引导力[N].人民日报,2016-02-20 (001).

② 中共中央关于坚持和完善中国特色社会主义制度 推进国家治理体系和治理能力现代化若干重大问题的决定[EB/OL].(2019-11-05)[2022-04-16].https://www.gov.cn/zhengce/2019-11/05/content_5449023.htm.

民族走上站起来、富起来、强起来的复兴之路。党的新闻舆论工作是党的工作的重要组成部分。在革命建设改革的各个历史时期，新闻舆论战线与党和人民同呼吸、与时代共进步，积极宣传党的主张、深入反映群众呼声、主动开展决策调研，发挥了十分重要的作用。①

（一）提出"群众办报"和"全党办报"方针（1919—1949 年）

新民主主义革命时期是中国共产党不断摸索、熟悉中国国情，探索中国发展正确道路的时期。此时，中国的新闻舆论工作也处于起步阶段，缺乏相关经验，党对于新闻舆论工作的领导处于开创摸索阶段。

1921 年，中国共产党成立，中共一大召开。中共一大决定"杂志、日刊、书籍和小册子须由中央执行委员会或临时中央执行委员会经办""无论中央或地方的出版物均应由党员直接经办和编辑"。② 在这一时期，中国共产党已经具备了党管媒体的意识，从政策上开始对新闻出版物进行管理、控制。但是当时的中国共产党并未对当时的新闻舆论工作作出具体的部署，且并未创办自己的党报，对于新闻舆论工作的认识仍然不够成熟。

在这一时期，党出台了一系列政策加强对新闻事业的领导，如 1929 年党的六届二中全会通过的《宣传工作决议案》、1931 年 1 月颁布的《中共中央政治局关于党报的决议》。③ 这一系列新闻政策的出台体现出党对于新闻事业的理解更加深刻，对于新闻报道手段在革命战争中的运用更加熟练，在新闻舆论工作中开始旗帜鲜明地宣传马克思主义，借助报纸动员群众、鼓舞人民，大力贯彻群众路线。

抗日战争时期，党对于新闻舆论工作的认识更加深刻，对于新闻舆论工作的任务、原则、政策等方面都作出具体的规定，初步形成了中国共产党新

---

① 摘自 2016 年 11 月 7 日习近平在会见中国记协第九届理事会全体代表和中国新闻奖、长江韬奋奖获奖者代表时的讲话。

② 中共中央文件选集：第 1 册[M].北京：中共中央党校出版社，1989.

③ 中共中央文件选集：第 4 册[M].北京：中共中央党校出版社，1989.

闻政策的理论框架。①

1944 年,毛泽东在《解放日报》社论中首次提出了"全党办报"方针,这是关于中国共产党新闻舆论工作的重要论述,是加强党对党报领导的重要价值遵循。1948 年 4 月,毛泽东在《对晋绥日报编辑人员的谈话》中提出了"群众办报"方针,并指出"报纸的作用和力量,就在它能使党的纲领路线,方针政策,工作任务和工作方法,最迅速最广泛地同群众见面"。其中数次提及报刊与群众的紧密关系,为之后中国共产党新闻事业的发展指引了方向。

(二)新闻舆论工作在曲折中发展(1949—1976 年)

中华人民共和国成立后,面对新的历史背景和建设新中国的迫切需求,新闻舆论工作呈现新的发展态势。

中华人民共和国成立初期,在党的领导下,新闻舆论工作呈现欣欣向荣的发展态势。1950 年,党中央决定在报纸刊物上开展对于进行社会主义建设工作中一切缺点和错误的批评与自我批评,这对于压制当时党内存在的浮躁情绪以及加强党的思想建设都起到了重要作用。1956 年社会主义改造基本完成后,新闻舆论工作落后于现实生活的矛盾更加明显,新闻宣传公式化严重束缚了新闻工作者的思想。同年,毛泽东在《论十大关系》一文中针对文化领域提出了"百花齐放,百家争鸣"的工作方针。在党的领导下,"冲破束缚与枷锁,破除盲目自信"成为新闻改革的主题。《人民日报》的改版与新华社的改革都显著提升了新闻舆论工作的效率,并促进了全国的新闻舆论工作改革。这次改革也进一步拉近了新闻宣传与人民群众的联系,为之后新闻宣传工作的开展打好了基础。

但是,这一时期,党对新闻舆论工作的指导也一度受到"左"倾思想影响,在报道上出现了主观主义、片面性、浮夸等问题。这些主观性的报道严重影响了正常的社会经济发展,打破了中华人民共和国成立初期新闻舆论

① 丁骋,郑保卫.论新民主主义革命时期中国共产党新闻政策的变迁发展及其价值意义[J].中国出版,2021(15):5-9.

工作的良好发展局面,新闻事业在曲折中发展。

(三)党对新闻舆论工作的领导不断深化(1976—2012 年)

1976 年 10 月,我国结束了长达十年的"文化大革命",开始进入新的历史发展时期。邓小平新闻舆论思想成熟于改革开放的具体实践中。其要义就是,新闻舆论要为经济建设创造良好、安定、团结的舆论环境。在这一思想的指引下,这一时期的新闻舆论工作冲破了"两个凡是"的思想禁锢,"解放思想,实事求是"的号召深入人心。具体而言,邓小平重申了新闻舆论工作中的党性原则以及重新统一了党对新闻舆论与宣传工作的指导思想,为我国社会主义新闻事业的改革发展指明了方向。

20 世纪 90 年代后,江泽民在这一时期将新闻事业的重要性提升到了一个全新的高度,将新闻事业视为我党生命的一部分,并针对舆论导向工作进行了部署,重点聚焦于"以正确的舆论引导人"。1996 年,江泽民在视察人民日报社的过程中提出"福祸论"的舆论导向观点,即舆论导向正确,是党和人民之福;舆论导向错误,是党和人民之祸。要在坚持正确的舆论导向的前提下,讲究宣传艺术,使广大读者喜闻乐见。这一观点不仅强调了新闻舆论导向的头等地位,还揭示了如何构建舆论、如何使舆论深入人心。①

胡锦涛对于新闻舆论工作领域的相关论述继承了毛泽东、邓小平的基本思想,并在江泽民一系列有关论述的基础上,重点强调"与时俱进"这一观念,提出了"三贴近"原则。"三贴近"是从科学发展观中以人为本的原则逐步发展出来的,进一步体现了社会主义新闻事业为人民服务的性质。

(四)新闻舆论工作的全新定位(2012 年至今)

经过社会主义改革开放时期新闻事业的探索与努力,党对新闻舆论工作的指导思想更加明确,党对新闻舆论工作的领导也不断完善。党的十八

---

① 张世飞,江烜.中国共产党领导新闻工作的百年进程及其经验[J].中共南京市委党校学报,2022
   (3):5-11.

大以来,习近平总书记深刻洞察中国面临的国际环境与传播形势,结合新时代中国实际发展情况,创造性地为新闻舆论工作提供了崭新的发展思路,重新强调了党在新闻舆论工作中的极端重要性,为进入新时代的新闻媒体发展指明了方向。

1.强调新闻舆论工作的地位和作用

习近平总书记提出:"党的新闻舆论工作是党的一项重要工作,是治国理政、定国安邦的大事。"①新闻舆论工作是意识形态工作的重要构成部分,可以说党的新闻舆论阵地不容有失。习近平总书记高度重视意识形态安全,他对新时代新闻舆论工作发展的新趋势、新方向、新目标进行了深刻阐述,统筹规划国内外传播格局发展变化,着手建立网络舆论引导工作研判机制,将新闻舆论工作放到了全局性、根本性、战略性的重要位置。同时,互联网的快速发展使得网络舆论场呈现复杂多变的态势,这是我党抓住这一主流意识形态建设的重要时机,主流媒体应主动出击适应新媒体时代信息传播的特点,并利用好新媒体信息传播的优势,提升网络舆论场的掌控能力,保障舆论安全。

2.媒体融合向纵深推进

中国特色社会主义新时代,随着新媒体技术的不断发展,受众的需求逐步多样化,"人人都是传播主体"的现象愈加明显。面对现代新闻传播体系的多元变化,党的十八大以来,习近平总书记针对舆论引导相关工作创造性地提出了新的要求。首先,关于党管媒体。习近平总书记提出"要坚持党管媒体原则,严格落实政治家办报要求"②。其次,关于新闻舆论的话语权。

① 杜尚泽.坚持正确方向创新方法手段 提高新闻舆论传播力引导力[N].人民日报,2016-02-20 (001).

② 习近平在视察解放军报社时强调:坚持军报姓党坚持强军为本坚持创新为要 为实现中国梦强军梦提供思想舆论支持[EB/OL].(2015-12-27)[2023-11-30].http://cpc.people.com.cn/n1/2015/1227/c64094-27981000.html.

习近平总书记强调要时刻谨记"具体问题具体分析"①，提高新闻舆论工作的针对性。习近平总书记强调："要适应分众化、差异化传播趋势，加快构建舆论引导新格局。"②最后，关于融媒体时代的舆论引导工作。在过去的舆论引导工作中，党和政府是这项工作的主导者，但在新的传播格局下，社会群体组织，甚至个人都能够引导一定的舆论。新闻媒体是我党意识形态工作的前沿阵地，在融媒体时代下必须适应好媒介技术创新与以受众为本格局的现状。在当下的历史背景下，推动融合发展要充分借助新媒体来构建传播矩阵，扩大主流媒体在舆论中的声量。目前，众多官方媒体的"两微一端"策略已经初显成效，同时多个政府与机关单位的新媒体平台账号非常活跃，其舆论引导能力也逐步提升。

3.全面布局国际传播

党的十九大召开后，中国特色社会主义的建设迎来了新的发展前景和机会，传播好中国新时代声音、讲述好中国新征程故事成为中华民族伟大复兴的应有之义。2021年，习近平总书记在"5·31"集体学习讲话中指出，要加强和改进国际传播工作，展现真实、立体、全面的中国。在社会主义新时期，要加快构建中国话语和中国叙事体系，以中国话语讲述中国故事、展现中华文化。要广泛宣扬中国方案、中国主张、中国智慧，官方与民间共同发力，呈现中国负责任的大国形象。要深入开展多种形式的人文交流活动，推动我国与世界各国的交流和互动，建立共通的意义空间，提升不同文化之间的理解与互通，提升中华文化在海外的影响力。要建立专业的人才队伍，建立健全人才培养机制和人才激励机制，全面布局国际传播的平台、内容、渠道，形成立体的国际传播矩阵，提升国际传播效能，为我国改革发展的稳定

---

① 新华社评论员：胸怀大局 把握大势 着眼大事——学习贯彻习近平总书记在全国宣传思想工作会议重要讲话之二[EB/OL].（2013-08-23）[2023-12-11].http://theory.peopl e.com.cn/big5/n/2013/0823/c368342-22672279.html.

② 习近平：适应分众化、差异化传播趋势，加快构建舆论引导新格局[EB/OL].（2016-02-20）[2023-11-30].http://www.81.cn/sydbt/2016-02/20/content_6920808_3.htm.

营造有利的外部舆论环境。

二、党性原则与群众路线

(一)党性原则是新闻舆论工作的根本原则

党性原则是马克思主义新闻思想的精髓,列宁明确地把按照党的纲领、策略原则和党章办报规定为党报的党性原则。毛泽东同志鲜明地指出报刊宣传应在无产阶级政党的领导下为无产阶级服务这一根本属性。刘少奇、周恩来等老一辈无产阶级革命家都认为新闻事业要无条件地服从中国共产党的领导,宣传党和国家的政治立场与政治主张。中华人民共和国成立后,新闻事业面临更加复杂的政治环境,新闻舆论工作不仅要面对复杂的国内国际政治局势,还要为战后经济恢复与建设工作做好宣传,为党和国家做好宣传工作。改革开放时期,邓小平同志重申了党性原则的重要性,使新闻工作顺应了改革开放的政策,加强了宣传工作的针对性,进一步拉近了党与人民群众的距离,为深化改革开放做好了思想准备。当下,中国特色社会主义进入新时代,媒介格局、舆论生态、传播技术等都发生重大变化,面对更复杂的传播业态和更多变的舆论转向,党性原则是无产阶级新闻工作者必须坚守的原则。

坚持党性原则是掌握新闻舆论主导权、占领意识形态主阵地的根本要求。只有在党的领导下,才能牢牢把握意识形态的稳定性,才能坚定地站在人民群众的这一边。随着中国在国际舞台上的影响力不断提升,国际上出现越来越多的"中国威胁论""中国崩溃论",这更要求我们牢牢坚守党性原则,坚持党性与人民性的统一,掌握新闻舆论主导权,在国内国际舆论场坚定地传递中国声音。

(二)群众路线是新闻舆论的工作路线

我国新闻事业是党、政府和人民的耳目喉舌,这一性质也决定了社会主义新闻事业是对党负责和为人民服务的统一。在新民主主义革命时期,为了更好地发动人民群众参与革命事业,新闻舆论工作坚持群众路线,为人民群众发声,为新民主主义革命贡献宣传力量。中华人民共和国成立后,经济恢复与重建工作面临多方压力,新闻舆论工作积极动员人民群众参与社会主义"三大改造",鼓动人民群众支援国家建设。在改革开放时期,社会主义市场经济的加入为我国经济建设增添了活力,新闻宣传工作也紧随改革开放的步伐进入了新的发展阶段,并且在社会思潮涌动与国际传播的大环境之下,党媒贯彻"以人为本"的思想,积极创新宣传方式方法,满足了受众的信息需求。而到了社会主义新时代,习近平总书记强调,要把网上舆论工作作为宣传思想工作的重中之重,坚持以人民为中心的工作导向,尊重新闻传播规律,创新方法手段,切实提高新闻舆论传播力、引导力、公信力。① 历史和实践充分证明了坚持群众路线,是我党新闻事业必须坚守的原则。社会主义新闻事业作为党和人民的舆论工具,必须以维护人民的利益为最高准则,以为人民服务为宗旨。

坚持走群众路线要把人民群众放在首位。新闻媒体要摒弃"高高在上"的错误思想,做到为民请命、为民发声,反映、报道人民群众的迫切需求,创造人民群众喜闻乐见的内容。习近平总书记在讲话中指出,新闻舆论工作各个方面、各个环节都要坚持正确舆论导向。② 在表达方式上,要避免官样文章,采用人民群众看得懂、听得明白的语言。在传播内容上,要贴近人民群众的生活,在人民群众的生活中寻找素材,发现问题、解决问题,将人民群众最关心的议题作为新闻报道的重点。及时回应人民群众的呼声,与人民群众建立紧密的联系,才能使新闻舆论工作受到人民群众的支持。

坚持走群众路线要着眼于人民利益,创新新闻报道的方式。习近平总

① 坚持以人民为中心 做好网上舆论工作[EB/OL].(2017-04-17)[2023-11-30].http://www.xin-huanet.com/politics/2017-04/17/c_1120823727.htm.

② 坚持正确舆论导向 唱响时代主旋律:习近平总书记在党的新闻舆论工作座谈会上的重要讲话引起强烈反响[EB/OL].(2016-02-21)[2023-11-30].http://cpc.people.com.cn/n1/2016/0221/c64387-281317104.html.

书记在网络安全和信息化工作座谈会上指出,各级党政机关和领导干部要学会善于运用网络了解民意、开展工作。① 随着经济社会的发展,人民群众的生活逐渐丰富多彩,人民群众在生活中遇到的矛盾、问题也发生了变化。互联网成为舆论产生的主阵地,新闻工作者要充分运用好互联网平台,及时了解群众的呼声,关注群众的意见。紧跟人民群众的生活,从人民群众的生活现实入手,及时跟进,进行有针对性的新闻报道。对发展中出现的新问题要敏锐觉察、及时报道,发挥好"晴雨表""风向标"的作用。

三、十九届四中全会:新闻舆论工作新部署

党的十九届四中全会审议通过的《中共中央关于坚持和完善中国特色社会主义制度、推进国家治理体系和治理能力现代化若干重大问题的决定》(以下简称《决定》),对繁荣发展社会主义先进文化的制度作出专门部署,强调要"完善坚持正确导向的舆论引导工作机制"。这充分反映了以习近平同志为核心的党中央对党的新闻舆论工作的高度重视,对思想文化领域制度建设规律的深刻把握。②

(一)深刻认识完善坚持正确导向的舆论引导工作机制的重要影响

习近平总书记指出,党的新闻舆论工作,是治国理政、定国安邦的大事。③ 新闻舆论工作是国家治理的重要内容,是党在发展过程中必须牢牢掌握的阵地。要想完善坚持正确导向的舆论引导工作机制,应从中国特色社会主义制度和国家治理体系的高度来认识和把握。

---

① 习近平:在网络安全和信息化工作座谈会上的讲话[EB/OL].(2016-04-15)[2023-11-30].http://www.gov.cn/xinwen/2016/04/25/content_5067705.htm.

② 俞文.完善坚持正确导向的舆论引导工作机制[N].光明日报,2019-12-11(03).

③ 最根本的是坚持党对新闻舆论工作的领导:学习习近平总书记在党的新闻舆论工作座谈会上的重要讲话[EB/OL].(2016-03-17)[2023-11-29].http://dangjian.people.com.cn/GB/n1/2016/0317/c117092-28206793.html.

(二)牢牢把握坚持舆论引导正确方向的原则要求

完善坚持正确导向的舆论引导工作机制,第一位的是坚持正确方向导向。《决定》强调要坚持党管媒体原则,坚持团结稳定鼓劲、正面宣传为主,唱响主旋律、弘扬正能量。学习贯彻《决定》精神,在坚持正确方向导向上重点应把握好以下 3 点原则要求。

1.坚持党管媒体原则

习近平总书记强调,党的新闻舆论工作坚持党性原则,最根本的是坚持党对新闻舆论工作的领导。[①]

从历史上看,党领导新闻舆论工作的长期实践证明,坚持党管媒体原则,是牢牢把握住正确舆论导向的必然要求。从现实上看,在百年未有之大变局的背景下,国际形势正在发生巨大的变化。面对错综变化的国际形势和传播环境,新闻舆论工作必须坚定立场,作出正确的舆论引导。面对迅速发展的新媒体平台,只有坚持党管媒体原则,才能"高举旗帜,引领导向",践行社会主义核心价值观,弘扬正能量。

2.坚持正确舆论导向

导向是舆论引导的根本性问题。习近平总书记指出:"舆论导向正确,就能凝聚人心、汇聚力量,推动事业发展。"[②]因此,坚持正确的舆论导向是推动社会主义事业发展的必然要求。要增强思想意识,深刻把握坚持正确舆论导向的重要性,对舆情的发生、发展保持敏锐,并高度重视,及时响应。强化阵地意识,坚持党管媒体不动摇,服务社会主义建设的大局。坚持正确的舆论导向,必须注重把握宣传的"时度效",做到舆论工作合时、适度、有效。

---

① 最根本的是坚持党对新闻舆论工作的领导:学习习近平总书记在党的新闻舆论工作座谈会上的重要讲话[EB/OL].(2016-03-17)[2023-11-29].http://dangjian.people.com.cn/GB/n1/2016/0317/c117092-28206793.html.

② 习近平论新闻舆论工作[EB/OL].(2023-12-31)[2024-01-22].http://www.wenming.cn/sxll/lszb/202112/t20211225_6274472.shtml.

坚持正确舆论导向的标准,就是习近平总书记提出的"四个有利于"的标准,即有利于坚持中国共产党领导和我国社会主义制度、有利于推动改革发展、有利于增进全国各族人民团结、有利于维护社会和谐稳定。① 在新闻工作中,应该将"四个有利于"落实到各个环节,理清新闻工作的采集、生产、分发的全流程,从新闻内容生产、新闻管理制度、人才培养等多个角度构建专业的新闻工作团队。在面对重大舆情事件时,应以"四个有利于"为标准,敢于发声,积极占领舆论制高点,帮助人们树立正确认识。

3.坚持正面宣传为主

团结稳定鼓劲、正面宣传为主,是党的新闻舆论工作的基本方针。

强调正面宣传为主,是客观反映目前中国社会的主流和本质的需要,也是激发全党全社会团结战胜各种困难和挑战的需要。坚持正面宣传为主,要求新闻工作者树立道路自信、理论自信、制度自信、文化自信,围绕中心、服务大局,宣传好习近平新时代中国特色社会主义思想,阐释好党中央重大决策部署和工作成效,巩固壮大主流思想舆论。坚持正面宣传为主,能够凝聚主流价值,团结人民群众,传播正能量,维护改革发展大局。坚持正面宣传为主不仅是新闻舆论工作的要求,还是新闻媒体的职责与使命。正面宣传应当是思想性、新闻性、可看性的有机统一,让新闻舆论全面客观地反映社会现实。这不仅要保持坚定的立场、恰当的内容,注重思想性,还要洞悉受众的阅读习惯和信息需求,保证其新闻性和可看性。正面宣传要做好、做到位很不容易,这也对新闻工作者的政治能力和专业能力提出了更高要求。同时,正面宣传为主,并不意味着放弃舆论斗争。只有在舆论斗争中掌握主动权,正面宣传才有底气,有说服力。

---

① 坚定"四个意识"坚持守正创新:学习习近平总书记"8·21"重要讲话[EB/OL].(2019-06-26)[2024-01-22].http://www.xinhuanet.com/politics/2019-06/26/c_1210170184.htm.

(三)在创新完善体制机制中提高舆论引导水平

1.构建全媒体传播体系

构建全媒体传播体系,要求主流媒体以"四全媒体"建设为基本框架,提升主流媒体的传播力、影响力、引导力和公信力。

所谓"全程",是要求主流媒体的新闻传播能够打破时间和空间的局限,运用现代化的传播手段,实现对客观事物发展全过程的捕捉与记录。当下,随着互联网与新媒体技术的发展,主流媒体可以充分运用多种媒介手段,通过广播、电视、客户端、社交媒体、短视频等全媒体方式,生产出适应于不同平台、不同受众群体的内容,实现全面、高效、透明的信息传播,在对新闻事实进行充分报道的基础上,加大舆论引导的力度与强度。

所谓"全息",指主流媒体的新闻报道在新技术的赋能下,借助5G、人工智能等技术手段,拓展新闻的呈现方式,实现对新闻现场多角度、全方位的呈现。构建全媒体传播体系,要求主流媒体的舆论引导要充分结合新的技术手段,不断优化用户信息接收、交互、再传播的体验,通过全方位的事实呈现事件真相,激浊扬清,以正面宣传为主,占领舆论制高点。

所谓"全员",指新闻传播的主体不只是专业媒体机构和新闻工作者,大量的受众转化为传播者,参与新闻信息传播的过程。全员媒体的背景下,大量的传播者进入新闻领域,带来了强大的信息生产能力与传播效能,但同时造成舆论主体分布的碎片化,给主流媒体的舆论引导带来更多挑战。提升主流媒体的舆论引导能力,要求主流媒体以最快的速度对新闻信息进行核实和深度加工,以应对复杂多变的舆论形势,把握舆论引导的主动权,推动舆论引导工作的良性开展。

所谓"全效",指新闻传播讲求实效,在技术的推动下,新闻媒体的传播更加精准、全面。主流媒体运用大数据等技术手段,能够把握新闻舆论的引导方向,推动破圈层传播,实现精准化的舆论引导。主流媒体可以通过打造全效媒体,更加精准地进行议程设置,弥补过去舆论引导的不足。在舆情事件发生后,主流媒体能够充分运用数据,掌握不同圈层的意见气候,实现精准的舆论引导。

2.构建内宣外宣协同联动机制

在后疫情背景下,我国对外宣传面临更加错综复杂的传播形势,构建内宣外宣协同联动机制势在必行。构建内宣外宣协同联动机制要着重做好思想意识上的转变,统筹内宣外宣的话语体系,内宣要具备外宣意识,新闻工作者要具备敏锐的政治嗅觉,不仅要做好国内舆论引导,还要充分考虑国际影响,传播好中国声音。同时要努力探索多元化的传播手段,在不同平台采用与之相适应的传播方式。外宣要注意讲好中国故事,善于运用外国人听得懂、易接受的话语体系和表述方式,通过体制机制改革、人才培养,打造具有强大舆情应对能力的外宣人才团队,打破不同语言、文化之间的障碍,实现高效率的对外传播和舆情应对。对内传播和对外传播都要统筹国内国际舆论场,提高舆论引导的能力,放大正面声音,坚定维护国家利益和国家形象。

3.健全重大舆情和突发事件舆论引导机制

在互联网发展与新冠疫情的背景下,各种利益诉求增多、热点问题和突发事件易发多发。健全重大舆情和突发事件舆论引导机制,是提高应对复杂舆情能力的必然要求。首先,要提升舆情分析和预判能力,实时监测舆情走向,对可能出现的舆情事件进行准确判断,及时引导,防患于未然。对可能发生的舆情事件及时预警,提前化解,为舆论引导争取时间。其次,做好舆情监测,在舆情事件产生后,以最快的速度了解事实,回应呼声。最后,要提升舆情应对能力,面对重大舆情问题,要打通舆情引导的各个环节,抓住舆情产生的"黄金二十四小时",做到快速反应、有效引导、精准调控。

一是要完善舆论监督制度。舆论监督关系到国家发展方方面面。新闻工作者要勇于担当责任、使命,激浊扬清、扶正祛邪,勇于探究真相,敢做批评报道,发挥好舆论引导的作用。二是要建立健全网络综合治理体系。在互联网背景下,网络平台信息传播效率高、互动性强,成为舆论引导的主要阵地,其中出现的谣言、虚假新闻等数不胜数。建立健全网络综合治理体系,是网络舆论引导的必由之路。健全网络综合治理体系,要充分协调发挥各方力量。党和政府统筹管理完善相关法律法规,为网络综合治理提供制度约束;主流媒体要发挥好引导示范作用,保障主流媒体的权威性和公信力;网络平台要充分做好舆情监测与预警机制,及时应对突发舆情事件。协调各方建立多部门主体广泛参与,多种手段、措施相结合,有效的立体化网络综合治理格局,提升网络综合治理能力。

第二节　完善网络舆论引导体系

依照十九届四中全会《决定》,在纵向梳理党对新闻工作领导的理论内涵和历史经验的基础上,着眼于当下网络舆论引导的复杂局面,从以下三个方面来探讨当前网络舆论引导体系的构建与完善。一是新媒体环境下构建网络舆论引导体系的必要性;二是当前我国舆论引导的新特点与复杂性;三是构建党领导下多主体协同的网络舆论引导体系。

一、构建网络舆论引导体系势在必行

新媒体时代,网络空间已经成为人们生产生活的新空间,也是我党凝聚共识的新空间。党组织必须牢固把握舆论场的主动权和主导权,网络舆论的积极引导成为关键。无论是从当前社会发展现状来看,还是从历史积累的经验与规律来看,构建一个完善且高效的网络舆论引导体系都是十分必要的。

(一)现实的迫切需要

当前,考虑到新媒体网络环境的变化和社会发展现状的需要,网络舆论的引导工作面临很多新的挑战,应尽快构建一个完善且高效的网络舆论引

导体系。它既需要维护我国意识形态安全,又是推进国家治理体系现代化的重要保障。

1. 契合当前网络与社会的发展现状

中国互联网络信息中心发布的第 49 次《中国互联网络发展状况统计报告》的数据显示,截至 2021 年 12 月,我国网民规模达 10.32 亿人,较 2020 年 12 月增加 4296 万人,互联网普及率达 73.0%。[①] 网民数量不断增加,公众借助庞大的互联网发声,带来了诸多问题。放眼我国目前的网络舆论环境,舆论极化、网络舆论失范等现象时有出现,并从网络场域走向现实社会,不断发酵。其深刻反映出,技术变革带来的现实压力与鸿沟、快速发展形成的液态社会的不稳定性,使得网络舆情瞬息万变、错综复杂,尤其是在当前,网络舆论空间随时可能会处于无序、失序的状态,并深刻影响现实社会,因此对其进行正确引导十分必要。但是,针对网络舆论本身的复杂性,我们尚缺乏一个完善且高效的网络舆论引导体系,如何根据不同的舆情事件构建不同的引导模式,缺少实质性、系统性的研究。构建一个体系化的网络舆论引导模式能更清晰地探究其发展规律,使得引导者在规划、协调、治理时有章可循,避免主观随意性的操作。

2. 维护我国意识形态安全

网络舆情和意识形态密不可分。在中国国内方面,重大突发情况通常牵涉严重的社会现实利益问题,重大突发情况的走向和处理也关乎相关群众的切身利益。面临重大突发情况之际,不同的政治意识形态都善于利用社会舆论的权力保护自己的权益,所以社会利益之争常常夹杂着政治意识形态之争,尤其是在现代社会,网络已经成为思想斗争的主战场之一,而网

---

① 中国互联网络信息中心.第 49 次《中国互联网络发展状况统计报告》[R/OL].(2022-02-25)[2022-04-16].https://www.cnnic.net.cn/n4/2022/0401/c88-1131.html.

上社会也就处于这种主战场的最前沿。① 因此,构建一个网络舆论引导体系十分必要。一个完善且高效的网络舆论引导体系,可以在网络媒体时代"去中心化"后"再中心化",传播社会共同的主流思想意识与正向价值观,在个性化的时代营造健康的网络舆论环境,引导网民关注公共议题,积极参与公共对话,凝心聚力,增强社会归属感与认同感。

在国际方面,网络舆论没有地理的国界和地域限制,西方已经形成了遍布全球的传播网络,一些敌对势力在网络空间中将中国"污名化",传播虚假信息,开展恶性国际舆论战,不断地威胁我国意识形态安全。构建我国的网络舆论引导体系,不仅要对这些国外不实的报道进行及时批驳,确保我国主流意识形态不偏离,而且要在国内、国际两个大局中积极地设置符合中国特色的传播议程,讲好中国故事,依照构建网络命运共同体的理念,在国际舆论场域中不断提升中国国际话语权,与他国形成良性互动,共同维护世界和平。

3.推动国家治理体系和治理能力现代化

国家治理体系和治理能力现代化对于我国现代化建设至关重要。一方面,对于突发性舆情来说,构建一个网络舆论引导体系,可以确保在重大突发情况发生之后,第一时间把握舆论引导方向,焦点不散、主旨不乱,把党的声音传播得更响亮、更广泛,起到顾全大局、稳定民心的作用;另一方面,对于常态化舆情治理来说,构建一个网络舆论引导体系,可以使网络舆情始终为国家发展进步贡献更大的力量。

(二) 历史的必然要求

构建网络舆论引导体系不仅有现实的紧迫性,还是历史发展的必然需求。党和国家经过多年的实践探索,在舆论引导方面已经积累了丰富的经

---

① 徐世甫.新时代网络舆论引导缺场生成的意识形态安全问题[J].毛泽东邓小平理论研究,2018
(11):30-37,107.

验、认识，把握了舆论引导的规律，如了解舆论与报刊之间存在怎样的关系、如何深化舆论的作用、如何构建主流舆论格局等。我们需要从理论的高度，进一步把这些历史的经验和规律进行总结，使其体系化、制度化，从而构建一个适用于当前时代的网络舆论引导体系。

1.坚持马克思主义新闻观

舆论引导通过多年的社会实践，已成为马克思主义新闻观的一部分。马克思曾将舆论形容为"普遍的、隐蔽的和强制的力量"[1]，马克思的论述清楚地表明了通过报刊表达舆论、形成舆论是可以达到引导舆论的效果的，从传统报刊迈向新媒体时代，网络空间成为舆论主要产生的场域。在今天的新媒体时代，马克思主义新闻观在构建网络舆论引导体系中仍然具有指导性意义。

2.坚持正确舆论导向

高度重视新闻舆论工作，始终坚持正确的舆论导向，是中国共产党的优良传统。毛泽东曾说："只有采取讨论的方法，批评的方法，说理的方法，才能真正发展正确的意见，克服错误的意见，才能真正解决问题。"[2]

确保舆论导向正确、提高舆论引导能力，是我们党领导人一以贯之的作风和要求。从传统纸媒时代到网络媒体时代，在顺应媒介发展的同时，建设网络舆论引导体系的重要性日益凸显。

3.构建主流舆论格局

中国特色社会主义进入新时代，习近平总书记多次强调媒体舆论引导的作用，在党的十九届四中全会报告中也提道，"构建网上网下一体、内宣外宣联动的主流舆论格局，建立以内容建设为根本、先进技术为支撑、创新管

---

① 中共中央马克思恩格斯列宁斯大林著作编译局.列宁选集:第三卷[M].北京:人民出版社,1995:602.

② 关于正确处理人民内部矛盾的问题[EB/OL].(2013-08-19)[2023-11-30].https://www.fuwu.12371.cn/2013/08/19/ARTI1376892293655966_all.shtml.

理为保障的全媒体传播体系"①。没有规矩不成方圆。不管何种类型的网络,不论是网上或者网下,不论是大屏或者小屏,都不是法外之地。我们看到,在新的发展环境下,习近平总书记针对形成的社会体系、稳定发展的思想舆论,明确提出了许许多多的思想新论断要求,构建网络舆论引导体系至关重要。

二、网络舆论引导现状:复杂多变

(一) 新媒体时代网络舆论引导的新特点

相较于传统的舆论引导,网络舆论引导的难度更大,且具有引导主体多元化、引导形式多样化等新特点。

1.多主体协同的网络舆论引导局面

网络媒体时代,大量的自媒体涌现,"组织化"的权力主体形式向"个体化"的权利主体形式转变,自媒体正在潜移默化地形塑一个新社会话语生态。② 在社会传播和舆情治理方面,主流媒体和网络自媒体共同作为意见领袖承担了公共领域的导航的责任。在重大突发情况发生之后,它们迅速地在网络平台发表评论与观点,引发了网民更广泛的互动和讨论、聚集了多元表达的声音、实现了观点的自组织式的协同整合,对于舆论引导中最为关键的促进社会沟通、达成社会共识方面,有一定的积极贡献。同时,自媒体的观点更加丰富多元,可以与社会公众形成情感共振,成为网民对舆情事件的价值判断、关系认同的催化剂。由此看出,网络舆论引导的主体边界模糊,主流媒体、自媒体和社会公众之间渐渐走向融合。

2.网络舆论引导形式多样化

舆论引导的途径与表达方式多种多样,大数据分析、人工智能等新兴媒

---

① 中国共产党第十九届中央委员会第四次全体会议文件汇编[M].北京:人民出版社,2019:45.
② 李金宝,顾理平.技术赋能:5G 时代媒介传播场景与应对方略[J].传媒观察,2020(9):5-14.

体技术也应用于网络舆情引导。针对某一突发的网络舆情的引导,缩短了舆论引导的周期、扩大了舆情疏导的覆盖面,互联网舆情引导的效果也因此增强。一方面,大数据技术能够实时监测舆情,预测和研判热点事件舆论趋向,使得主流媒体提早做好引导和疏解的准备,有助于新闻传播者更有效地进行宣传策划,从而增强舆论导向的准确性;另一方面,人工智能技术也可以帮助新闻传播者提前做好信息内容审核和把关工作,这可以在相当程度上增强舆情导向的效果,提高效率。

3.网络舆论引导为交互模式

传统的舆论引导为线性模式,而网络舆论引导则为交互模式。主流媒体传统的舆论引导过程一般为:媒体报道—公众关注、讨论—媒体深入报道以满足大众需求—媒体发布评论性内容引导舆论。[①] 但是,随着网络与新媒体的发展,这样的引导过程也发生了变化,因为许多事情进入公众视线的契机不再是主流媒体的大规模报道,许多事情在新媒体平台上由自媒体或网民个人最先发现,事情的扩散与主流媒体的舆情引导就逐渐呈现如下过程:社交媒体上爆料—媒体关注并报道—网民讨论并形成舆论压力—在舆情事件不断发展的同时媒体跟进报道—事件得到处理或网友关注点逐渐转移。[②]这也就形成了网络舆论引导的交互模式。

当前的舆论引导早已告别了单向度的传达模式,社会公众的积极反馈愈加成为当前做好互联网舆情导向工作的关键点和切入点。网络舆论的引导是动态化的呈现,在各方不断的互动交流的同时,主流媒体负责平衡舆论中的信息与意见,建设积极向上的互联网文化生态。

(二)新媒体时代网络舆论引导的复杂性

目前,网络舆论引导面临很多困难和挑战,实施起来也具有一定的复杂

---

① 涂雨秋."两个舆论场"的博弈与融合:对"疫苗恐慌"事件的传播思考[J].贵州师范学院学报,2016,32(7):10-13.

② 涂雨秋."两个舆论场"的博弈与融合:对"疫苗恐慌"事件的传播思考[J].贵州师范学院学报,2016,32(7):10-13.

性。由于网络舆论具有形成速度快、效果强、舆论失焦易"跑偏"、舆论易极化等特点，主流媒体可能因为介入时间晚、不具备信息内容优势、网络舆论已固化而难以引导。

1.网络舆论形成速度快

网络平台对于舆情事件的报道具有信息首发权，网络舆论"抢占先机"，在短时间内形成明显的态度倾向和广泛的轰动效应。全媒体时代，互联网技术赋权，人人皆可在网络平台中发声，形成了 UGC 的生产模式，网民获得了信息首发权，在突发新闻事件的报道中具有更强的时效性和现场优势。由首因效应可知，第一印象很重要，它会影响之后人们的一系列行为，而主流媒体难以在第一时间到达突发新闻事件现场，并直接提供一手信息，反而会被网络上的自媒体抢夺话语权。福柯曾说："话语即权力。"主流媒体若不能做到首先发声，就不利于获得议程属性设置、建构媒介框架的权力，难以营造主流意见环境进而引导舆论。

此外，网民常以文字或短视频的形式记录热点事件，但内容缺乏深度，且不能客观、全面地报道整个事件，更多的是带有个人的主观意见，因此极易干扰网络舆论，带偏网民对于该事件的理性判断。同时，互联网平台发布 UGC 的门槛较低，平台用户较多，信息质量参差不齐，虚假信息混入其中，缺乏严格的信息监督与审查会导致网络舆情的混乱和失序。

2.网络舆论易"跑偏"

网民对于舆情事件实施选择性接触和碎片化阅读的行为，认知和发表片面化观点，造成舆论"跑偏"。凯斯·桑斯坦把网络上的选择性接触活动叫作"我的日报"，他相信网友们可以很精确地选择要看什么、不看什么，给自己设置了一个可以满足自己所有爱好与立场的信息环境。[①] 同时，当前网络空间中信息过载，网民对于新闻报道只能进行碎片化阅读，复杂事件被简

---

① 桑斯坦.极端的人群：群体行为的心理学[M].尹宏毅，郭彬彬，译.北京：新华出版社，2010：10-11.

单化为二元对立、"非黑即白",舆论观点极易走向同一立场。当热点舆情爆发时,网民难以全面了解事件,只得选择性地获取碎片化信息,并与持有相同观点的网络群体聚集,更加固化自身既有立场和偏见,使得舆论愈加片面化,甚至极端化。例如,2020年发生的"教师虐童致吐血"反转新闻事件,它首先由自媒体用户在微博上传播,立刻在网络中引爆舆论,舆论事件的爆发呈"爆米花"模式,群体极化已经发生,众多用户被舆论煽动对这位教师实施网络暴力,舆论"跑偏",该事件此后被证明是人为捏造。在此情境下,主流媒体更需对热点事件进行全面报道和深度分析,进行舆论引导。

3.网络舆论易极化

网民对于舆情事件的研判趋于非理性、情绪化,舆情迅速发酵,极易造成舆论极化。网民对于舆情事件更易接受情感判断而非事实逻辑。互联网空间的信息产品,和以往的新闻专业主义所注重的客观性、真实性有所不同,它更注重信息的主观因素、情境感知与体验性。"后真相时代"已然来临,人们对于真相的追求远小于基于情感的判断,情绪化内容背后是身份的归属和审视社会的道德能量。因此,网民若不能对舆情事件进行理性思考、谨慎甄别,那么就会受情绪煽动而认同甚至发表较为极端的言论,该舆论"传染性"极强。

主流媒体是专业的新闻报道者,对于新闻的报道要秉持客观性和真实性,因而其发布的内容重事实、较为理性,这也是难以对网络舆论进行疏导的原因之一。

由此可知,中国互联网舆论的形成虽然纷繁复杂,但其影响力却很大。互联网舆论将会从虚拟空间逐渐走向真实空间,但在推动社会民主化进程的同时,会对社会安定与和谐带来不良影响。我们应把握网络舆论引导的新特点,针对其复杂性,从微观、中观和宏观三个方面着手,构建一个相对完善的网络舆论引导体系。

三、多主体协同:网上网下一体、内宣外宣联动

如何构建党领导下的多主体协同的舆论引导体系呢? 首先,从微观上看,聚焦舆论形成的最微小的单元——每个受众,应提升自身的媒介素养,独立思考、理性发言。其次,从中观上看,聚焦舆论引导的主力——主流媒体,应采取动态化引导模式:一是随着舆情事件的发展,与网民保持"对话"、及时跟进;二是要分众化传播、灵活引导。再次,从宏观上看,聚焦多主体协同的网络舆论引导——主流媒体、商业媒体平台、社会公众和大数据、人工智能等新技术共同形成舆论综合引导矩阵,深度释疑解惑、疏解矛盾、促进达成社会共识。最后,在这种多主体的舆论综合引导矩阵中,搭建各方沟通的桥梁,寻求舆论的"最大公约数"。

(一)提升受众媒介素养

从微观上看,构建网络舆论引导体系,需要使每个提出观点形成舆情或聚集观点引发舆情的人提高自己的媒介素养,即能理性识别信息、具有批判能力、能独立思考媒介信息。若大多数网民具备良好的媒介素养,则网络舆论不会走向极化,而是始终在理性讨论与观点碰撞之间维持动态的平衡。培养新媒体时代下网民的媒介素养,也是多主体协同的工作。

1.保持怀疑态度,理性思考

提升媒介素养首先需要受众对不同媒介的新闻报道保持清醒的认识并持有一定的怀疑态度。信息世界纷繁复杂,人们或桎梏于信息茧房,或混于谣言和假新闻之中,识别并获取有价值的信息的成本大大增加,这就更加要求受众不仅要对网络上各种被报道、被揭露的"新闻"仔细甄别,而且要对事件发生后已经形成的舆论保持理性而独立的思考。

2.深入理解不同媒介的运作逻辑

提升媒介素养其次要求受众真正理解媒介是如何运作的。大多数人十

分熟悉新媒介的使用,但对于其背后的运作逻辑和遵从的价值观知之甚少,因此需要增强受众对媒介的理解——媒介是如何运转的、如何组织的,它们如何生产意义、如何再现"现实",谁又将接受这种对现实的再现。① 主流媒体、商业媒体、自媒体对于新闻的报道秉持了不同的态度和逻辑,识别它们之间的区别、权衡报道所能带来的社会价值和流量价值,对于网络舆情的思考也有重要意义。

(二)构建舆论引导的动态化模式

从中观上看,要想构建网络舆论引导体系,主流媒体应采取动态化引导模式,动态化体现在两个方面:一是随着舆情事件的发展,与网民保持"对话"、及时跟进;二是要分众化传播、灵活引导。

1.保持"对话",及时跟进

针对当前网上舆情呈现的自发性、分散性和难控制性的特征,舆情引导工作应该形成一个动态性的机制,以"对话"方式呈现。热点事件的网络舆情的形成、发展与爆发是一个过程,值得一提的是,在突发事件的报道中,事实真相往往不会被立即揭开,信息具有不确定性,以致舆情会随着事件发展出现反转。现实中,每个阶段的舆情都有不同的关注点,网民也有不同的侧重点,因此舆论引导体系应是一个动态性的机制,从宏观上契合各个阶段的舆情变化,及时跟进,不断更新事实真相,避免流言、断言式新闻和反转新闻的出现误导舆论。

2.分众化传播,灵活引导

舆论引导的动态化模式除了需要在事件各个发展阶段及时跟进舆论,灵活引导,还需要实行分众化传播。突发新闻事件发生后,网民对此的观点和态度各不相同。基于互联网上的场域都具有高度自囿性和排外特性,网

---

① 黄旦,郭丽华.媒介教育教什么?——20世纪西方媒介素养理念的变迁[J].现代传播(中国传媒大学学报),2008(3):120-123,138.

民建立了性质上不同的"圈"与"群"，每个"圈"和"群"又成为不同的共同体。如果强化舆论监管和控制，极易造成退出小群、加强圈层的社区效果，互相隔绝、各说各话变成一个舆论场上的事实，一旦遇到互有交点的社区议题，就会出现非理性的"贴标签"乃至"骂战"的网络极化事件。① 主流传媒应该适当地把焦点分散，将更小的内容切入到分众的人群中，以提高舆论引导的效率。

(三)形成舆论综合引导矩阵

从宏观上看，构建网络舆论引导体系需要让主流媒体、商业媒体平台和自媒体三方通力合作，并积极运用大数据、人工智能等新技术，形成网络舆论引导矩阵，深度释疑解惑、疏解矛盾、促进达成社会共识。

1.主流媒体与自媒体的联合生产模式

采用主流媒体与自媒体的联合生产模式进行舆论引导。互联网赋权人人都可发声，大量自媒体的出现使得传统主流媒体在突发新闻事件的报道中不再具有及时性和在场感的优势，网络舆论首先"抢占先机"，并在短时间内形成鲜明的态度倾向和广泛的社会轰动效应，此时主流媒体再介入报道、进行舆论引导难度较大，它们所拥有的事件信息素材较少，存在以网络空间的既有信息为内容蓝本的可能。因此，主流媒体要学会将自媒体报道作为另一种补充，尝试 PUGC(Professional Generated Content+User Generated Content，"专业用户产出信息内容"或"专家学者产出信息内容")化现场报道，也正是"PGC+UGC"的生产模式，使专业化记者和个人用户共同产出信息内容。这种联合报道不仅可以在突发新闻事件发生后把握舆论导向，对激化的舆论进行纠偏，而且采用并认可自媒体的内容可以提高舆论引导的说服力，例如 Vlog 短视频的表现方式更加生动形象、贴近生活，在回应社会关切、引导舆论上，可以起到事半功倍的效果。

---

① 喻国明.重拾信任：后疫情时代传播治理的难点、构建与关键[J].新闻界,2020(5):13-18,43.

2.主流媒体与商业媒体平台合作

除了主流媒体和自媒体之间可以互利合作,一些商业媒体平台也可以成为舆论引导体系中的关键一环。这些商业媒体平台拥有强大的聚集消费者的功能,同时,借助大数据等技术手段,具备了信息分析、可视化展示、数据集成、及时辟谣等信息传播功能。在媒体整合下,主流媒体通过和商业媒体平台积极合作,可以运用多方资源进行舆论引导。

3.融合大数据、算法分析等新技术

构建网络舆论引导体系的综合引导矩阵还需要充分融合大数据、算法分析等新技术,用于舆情研判和监测。媒体可以运用大数据强大的"关联分析"能力,构建网络舆情数据"立方体",将网上网下各领域信息集合在一起,并加以深入研究,从而发现网络舆情与社会动态及其背后的深层联系,实现网络舆情治理与社会管理之间的紧密联系。突发新闻事件发生后,媒体应冷静观察、深入调查后再表态,并提前规划好应急处理办法,正确引导舆论,随时警惕舆论失焦的发生。例如,在新冠疫情防控期间,根据"新冠病毒已突变"这一热点话题,清博舆情的数据统计制作出了大众情绪分布饼状图,可视化呈现中性信息占比超 50%,负面信息占比约 9%,有效进行了舆情监测,通过指导广电媒体继续设置"大众提高警惕,不可松懈"的议程来引导舆论,澄清谣言,缓解受众的负面情绪。

(四)搭建各方沟通的桥梁

在上述网络舆论综合引导矩阵中,构建网络舆论引导体系需要在网络空间中搭建政府、媒体及社会公众之间的沟通桥梁,发出多元声音,同时注重促进各方沟通,整合各方立场,逐步实现舆论的协同整合。

舆情引导工作的主要职责既不是单纯地搞由上至下的宣传,也并非要单纯地迎合受众,而是要在全面掌握社会各方立场与关切的基础上,尽力搭建好政府部门、相关司法机关和社会公众互动的桥梁,以寻找舆情的"最大

公约数"。① 主流媒体和新闻工作者要为各方的内容输出创新模式、为互动交流开拓领域。在突发新闻事件发生后，主流媒体和新闻工作者要全程跟进网络舆论的形成和发展，让多元观点在镁光灯下逐渐实现自组织式的协同整合。

第三节　健全网络舆情应对长效机制

当前，我国正处于社会转型期，社会矛盾进一步扩大，各类公共事件频频发生，新媒体传播的草根性和互动性，使越来越多的社会公共议题源于网络、兴于网络，并形成"网络舆情"。习近平总书记强调："党的新闻舆论工作是党的一项重要工作，是治国理政、定国安邦的大事。"②各级领导干部应增强同媒体打交道的能力，善于运用媒体宣传政策主张、了解社情民意、发现矛盾问题、引导社会情绪、动员人民群众、推动实际工作。面对错综复杂的网络舆情事件，应充分认识到舆情工作的重要性，尽快建立健全包括网络舆情预警机制、网络舆情处置机制、网络舆情保障机制在内的网络舆情应对长效机制。

一、网络舆情治理的重要意义

随着移动互联技术的发展，网络舆情成为一种全新的社会舆论表达形式。尽快建立健全网络舆情长效机制，既是实现国家治理体系和治理能力现代化的客观要求，是提升政府公信力、树立政府良好形象的重要体现，也是维护社会稳定的保障。

（一）推进国家治理体系和治理能力现代化的必然要求

党的新闻舆论工作是"治国理政、定国安邦"的大事，是中国特色社会主

---

① 孟威.公众心理视阈下涉检网络舆情与传播疏导[J].现代传播（中国传媒大学学报），2020，42（3）：71-75.

② 本报评论员.办好这件治国理政定国安邦的大事[N].光明日报，2019-02-19（001）.

义事业的有机组成部分。中央多次强调要加快形成"党委领导、政府负责、社会协同、公众参与、法制保障的社会治理体制"①,因此,做好舆情治理和舆情应对工作,是推进国家治理体系和治理能力现代化的重要内容。但是,在实践中存在社会治理主体舆论引导与舆情治理手段、能力不足的问题,也存在舆论引导体系不完善和治理体制机制不健全的问题。因此,尽快建立健全网络舆情应对长效机制,充分发挥新闻舆论工作宣传、教育、动员的独特功能,加强舆情治理,是推进国家治理体系和治理能力现代化的必然要求。

(二)维护社会稳定的重要保证

一方面,当前我国正处于社会转型期,社会资源分配不均等社会矛盾较为突出,面对发展中出现的一系列如贪腐问题、环境问题、公共安全事件等,"网络的'放大镜'效应使公众的不安全感和不满情绪极其容易被强化或激化,最终形成汹涌的舆论流"②,甚至引发群体性事件,这是网络舆情事件频发的主要社会原因;另一方面,全媒体时代的到来使得舆论平台日益交融,"人人都有麦克风",意见表达多元化,舆论传播格局十分复杂。以自媒体为例,为迎合受众获得商业利益,一些自媒体写手在舆情事件发生后渲染恐慌情绪,甚至发布虚假信息以博取眼球,在无形中激化了社会矛盾,不利于维护社会稳定。因此,只有建立健全网络舆情应对长效机制,在多元中立主导、在多样中谋共识,才能维护社会稳定,促进社会发展。

二、网络舆情应对现状与存在的问题

舆情工作是党的新闻舆论宣传工作的重要组成部分,是筑牢意识形态防线不可或缺的一部分。党的十九届四中全会强调,健全重大舆情和突发事件舆论引导机制。"这既是因为互联网信息时代重大舆情和突发事件舆

---

① 习近平.决胜全面建成小康社会夺取新时代中国特色社会主义伟大胜利:在中国共产党第十九次全国代表大会上的报告[M].北京:人民出版社,2017:49.

② 曹晚红,卢海燕.移动互联时代社交媒体舆情的形成与引导:以"山东疫苗事件"的微信传播为例[J].东南传播,2016(6):56-58.

论引导的难度和复杂性加大,也是因为我们的应对能力、工作机制还存在漏洞和短板。"①

(一) 对网络舆情的重要性认识不够

近年来,网络舆情事件频发,各级政府越来越重视舆情工作,通过建设各类政务新媒体,逐步改善舆情生态,舆情应对能力也得到了一定的提升。但是,"不少地方在处理网络舆情时,应对能力和思想观念仍与实际要求存在较大差距,面对纷繁复杂的舆情事件,缺乏对舆情的正确认识"②。

有些部门未意识到舆情时代的到来,在网络舆情治理方面还存在思想观念落后、对舆情的重要性认识不够的问题。也有地方政府对舆情影响的重要性和敏感性不够,存在一定的轻视或者忽视舆情工作的情况。一旦出现舆情便采用封、堵、删等习惯性手段,在舆情处理工作中,对"时度效"的把握失准,容易失去舆情引导的主导权,造成或加重政府舆情处理的困境,这样不仅无法起到消弭舆情的作用,还会在民间舆论场中加速舆情发酵并损害自身公信力,不利于后续网络舆情的引导与处理。

舆情实际上是把"双刃剑",正确认识和面对舆情、不逃避舆情、及时公开进行正面回应,并将舆情作为政策宣传的方式和平台,会减少舆情的负面影响,强化舆情正向的引导作用。

(二) 网络舆情应对的专业性不足

当前的网络舆情在互联网信息的支持下,具有诸多特征,其中的开放性、即时性、偏差性、虚拟性、多变性以及互动性等特征造成了当前网络舆情的复杂性,也对舆情应对带来巨大的挑战。近年来,基层舆情应对能力越来越受到重视,尤其是随着移动互联网时代的到来和社交媒体的发展,信息的传播速度之快、辐射范围之广、社会影响之大超乎想象,同时民意表达诉求

---

① 管洪,田宏明. 新闻舆论工作守正创新是国家治理体系和治理能力现代化的重大课题[N]. 重庆日报,2020-01-13(013).

② 刘鹏飞.网络舆情应对三大痛点及解决方案[J].网络传播,2019(6):66-67.

日益强烈,网络热点事件频发,有效应对网络舆情、切实提高网络舆论引导水平,已成为基层党委和政府的重要工作之一。

一些基层的舆情工作人员和队伍大多是由兼职人员组成的,舆情工作人员不能全身心投入到舆情工作中。在面对突发舆情时,舆情工作人员不能准确判断舆情,缺乏舆情处置能力和经验。还有部分基层干部在面对舆情时,存在消极应对的态度,能避则避,没有及时正面回应,从而丧失处置舆情的最佳时机,处于被动地位。

同时,囿于技术人员的缺失和应用大数据技术的能力不足,不少地方政府仍采用较为落后的人工发现舆情的方式,发现网络舆情的效率低且处理结果通常不如预期。此外,目前各地政府在技术层面配置不均衡,相对落后地区的基层政府处理海量舆情信息的能力不足,需进一步提升对即时采集与分析、数据跨平台处理、信息深度挖掘等技术的应用水平,并且某些地方政府进行人才培养的能力较弱,导致政府治理网络舆情能力较为欠缺。

(三)舆情应对和实际处置脱节,失去舆情应对公信力

经过这几年的实践和探索,各地舆情回应率大幅度上升,积累了不少网络舆情应对方面的经验。但是,"网络舆情的发生有着深刻的现实诱因,有些地方在网络舆情应对时,存在'网上网下两张皮''治标不治本'等问题"①。

一方面,基层部门单位在"键盘侠"口诛笔伐的冲击和无良媒体的大肆渲染下,迫于外界层层压力,为了尽快安抚群众情绪,在未得到处置的有效信息时,发出简短或漏洞百出的情况通报,引发群众怀疑;另一方面,舆论回应部门与事件处置部门没有及时进行对接,未建立有效的沟通机制,导致实际处置情况不能第一时间向群众公布,易使非理性的群众情绪被放大,使群众被不良信息误导。

---

① 刘鹏飞,唐钊.媒体开展舆情业务的优势与探索[J].青年记者,2019(19):15-17.

(四) 网络舆情应对与引导机制不够完善

首先,舆情信息的预警、分析、处置、保障等网络舆论引导工作需要多个部门协同处理,而不是只靠一个部门就能完全应对得了。如果各部门间沟通协调不够,就会在网络舆情应对处理工作中出现职权不明、各部门自说自话的问题。其次,舆情应对工作机制不够完善。舆情应对工作中舆情监测、收集、研判、引导、处置等环节环环相扣,但在实际工作中,基层舆情工作存在舆情监测落后、收集不完整、研判不准确、引导不及时、处置不科学的现实问题,未能形成有效、系统的应对机制。

三、健全网络舆情应对长效机制：预警、处置与保障

推进国家治理体系与治理能力现代化,必须重视互联网的治理。建立完善且高效的网络舆情应对长效机制,是实现网络治理的重要内容。一般而言,网络舆情的发展存在酝酿期、爆发期和消散期三个阶段,要想建立较为完善、有效的网络舆情应对长效机制,就需要分析舆情发展的阶段特征,并分别建立健全网络舆情预警机制、网络舆情处置机制和网络舆情保障机制。

(一) 舆情酝酿期：建立健全网络舆情预警机制

在网络舆情的酝酿期,一方面要建立常态的预警机制,从多个层次、多个方面着手,对网络舆情进行全天候、多方面的监测和管理;另一方面,对于非常态的网络舆情,则应该建立相应的风险评估机制和突发舆情监测机制,预先制订舆情应对方案。

1.建立常态预警机制

"建立多层次、全方位、全屏全网全时段全天候的网络舆情信息监测、采

集和报告机制。"①随着改革开放进入深水期,各类社会矛盾问题、公平正义,伦理道德和公共安全成为人们重点关注的敏感话题。针对这些公共议题,应当设立专门的舆论团队,掌握与之相关的舆论动态,建立相应的舆情监测中心以及舆情监测体系,比如,建立全年 365 天每天 24 小时的舆情监测制度,做到快速反应、妥善处置。

通过梳理互联网舆情事件可以发现,在舆情形成的初始阶段,一部分舆情来自互联网用户的自行发布和传播,另一部分则来自人们对于政府相关政策以及媒体发布新闻后的讨论。对于前者,可设置专人专岗,利用数据提取和分析技术,定期对相关的重点舆论区进行动态的巡视,并做好相应的总结和归纳,定期开展宣传部门的工作会议,掌握近期互联网用户对于该类事件的基本看法、态度以及最新的事件进展,针对可能出现的舆情风险,提前制定相应的对策。对于后者,在发布相关的政策和新闻之前,应当实施相应的舆论应对演练,就可能发生的舆论状况有充足的了解,做好方案的统筹和预备。比如深圳在新冠疫情防控期间,"深圳卫健委"微信公众号起到了及时反映公众救助信息的作用,及时传递急症病人需尽快手术的消息,保障了公众生命安全、稳定了社会情绪,有效营造了深圳市政府"爱民为民便民"的舆论场形象,从事件开端就能够进行积极的信息反馈和议程设置,减少了舆论对政府公信力的损害,增强了公众对政府的信心。

2.非常态预警:网络舆情风险评估和突发舆情监测机制

非常态舆情的发生具有一定的突发性,因此,在发布事关人民群众的重大政策、启动涉及公共利益的重大工程、开展与群众相关的重大活动时,要提前进行舆情爆发的风险评估,做好舆情应对预案,为积极应对突发事件和舆情的发生,应建立舆情公关预警机制,并设定不同等级的舆情预警办法。

同时,为增强舆情的可靠性和及时性,应逐步建立对网络舆情进行甄

---

① 尹俊.政府治理现代化视角下社会网络舆情应对的策略研究[J].中共银川市委党校学报,2017,19(1):76-80.

别、研判的工作机制,及时甄别网络舆情的真实性,并对网络舆情的影响因素、来源进行分类和定向。

(二)舆情爆发期:构建网络舆情应对处置机制

舆情一旦受到大量关注后,便会进入爆发期,在这个过程当中,各方利益主体不断进行博弈。这一阶段牵涉其中的主体已经不再局限于网民和政府部门,还有代表不同利益立场的网络意见领袖和主流媒体。随着讨论的增加,公众的情绪也在不断累积。因此,在舆论爆发期,要充分了解这一阶段各方的利益诉求,建立健全舆情信息反馈机制、舆情引导机制和分类处置机制,针对网络谣言、流言,还要建立有效的监督、查证和反馈机制,及时引导舆论走向,维护网络空间的清朗。

1.健全舆情信息反馈机制

互联网信息传播的速度越来越快,要想把握舆情事件发展方向,就必须要把握好互联网速度,遵循"黄金4小时"原则,及时快速地对事件作出回应。"黄金4小时"原则要求牵涉其中的政府部门或者主流媒体对事件进展及时作出公布和回应,同时充分了解当下分众化、差异化传播的趋势,积极推进全媒体矩阵式的传播。

政府部门或主流媒体及时回应离不开以下步骤:一是要建立合理的反馈机制,充分调研处于舆论事件中心的公众的核心诉求,及时给予相关回应;二是要对事件的进程给予清楚和客观的公布,摒弃过去"删帖""压帖"的思维;三是要不断更新动态消息,比如新冠疫情防控期间,公众对物资供应保障等问题十分关注,各级部门就以新闻发布会的形式及时报告疫情动态相关消息,在很大程度上减少了疫情所带来的舆论风险。

2.健全舆情引导机制

舆论的具体引导形式可以分为以下四个步骤:告知、指导、激励、疏解。告知指的是要对事件进展进行客观、清晰的描述;指导则是给出可供个人进行具体实践的话语和建议,而激励和疏解两个步骤,一方面要对舆论场中出现的极端负面以及谣言进行及时辩驳,另一方面要用正向的情绪引起普通互联网用户的共鸣,做好情绪疏导。在网络舆论事件当中,不仅要针对议题和事实信息进行澄清与设置,还应当找到公众与话语中心相连接的观念认同点,以"情感和价值意义吸纳更多成员",从而引导舆论方向。

3.健全分类处置机制

网络舆情往往具有突发性和紧迫性,一旦形成,便会以滚雪球的方式引起更大范围的关注和讨论。如果不能及时处理,很容易形成舆情危机,影响政府部门形象。因此,在纵向维度上,应当对舆情的不同等级进行划分,设立警戒线,从而更好地设置舆情应对方案。等级的划分应当遵循属地担责、分级响应的原则。各地职能部门应有相应的舆情应对团队专门负责有关部门的舆论监测和治理,比如可以成立网络舆情应急处置小组等。对于分级事宜,可以将舆情分为一般、较大、重大和特大四个等级。酝酿期中舆情一般处于一般和较大等级,在一般等级舆情中,网民在社交网站等发表评论,此时网络舆情应急处置小组应及时关切其诉求,迅速联动相关职能部门解决问题。在较大舆情中,负面声音有所增大、关注人数明显增多,此时,网络舆情应急处置小组一方面要跟进涉事主体的核实调查与诉求响应;另一方面要及时做好公告澄清,妥善应对公众质疑。

监测的工作量较为庞大,不宜完全由人工承担,而应当借助技术手段设立网络舆论监测中心,将线上与线下相结合,快速标注已经达到某一级别的舆论事件,并给出警告,及时快速处理互联网用户堆积的负面情绪。

4.建立有效的舆情监管机制

网络舆情进入爆发期后,各种信息层出不穷,谣言、流言、恶意揣测也层出不穷,这往往使舆情走向难以控制,甚至与事实背道而驰的方向。因此,针对有害信息,要采取果断措施,有效调控。一方面,可联动技术主体和相关的新媒体平台,对信息来源进行甄别,采用人工智能技术及时快速地对不实信息进行标注、限制传播;另一方面,对于诽谤造谣等违法违规行为,要及时联动网信安全部门和公安部门进行处理。

(三)舆情消散期:着重构建舆情应对保障机制

舆情的消散并不意味着事件的结束,更不意味着公众情绪的完全缓解。如果不能把握好舆情事件的走向,就容易造成政府部门公信力缺失、形象受损等后果,带来"塔西佗陷阱"式的风险。

1.加强舆情队伍建设

面对纷繁复杂的舆情事件,基层舆情人员专业能力不足的问题凸显,因此,"培育吸纳精兵强将,争取意见领袖,团结广大人民群众,构建强大的舆情工作队伍迫在眉睫"①。

建立培训机制,培养基层的专业舆情工作人员,改变目前一些基层的舆情工作人员和队伍由兼职人员组成、舆情工作人员不能全身心投入舆情工作的现状。通过加强他们对网络舆情的认识,避免部分基层干部以消极应对的态度面对舆情。通过训练其应对各类舆情的能力,在面对突发舆情时,舆情工作人员能够准确判断舆情、及时正面回应,从而掌握主动权,正面应对和引导舆情。

吸纳培养技术人员加入舆情队伍。当前,囿于技术人员的缺失和应用大数据技术的能力不足,舆情在爆发期虽然得到了有关利益方的解答,逐渐淡出了人们的视线,同时舆情强度下降,但是由于互联网具备连接性和算法推荐的功能,公众随时会重新将注意力放到舆情上。

2.建立舆情联动机制

面对较大和重大的舆情,可以广泛联合不同地区、不同部门、不同领域的多方力量,形成上下联通、左右纵横的联动网络机制,"中央和地方、上级

---

① 王曙琦.网络舆情的引导管控策略探究[J].新闻研究导刊,2017,8(3):44-45.

部门和下级部门,全国各省份之间、各部门之间一张网、一盘棋"①,互通信息,及时阻止负面声音的传播。

3.建立舆情研判机制

通过全面梳理舆情,将本次舆情当中出现的各方反应、公众诉求点进行记录、量化,并且对此进行数据分析,在利用区块链、人工智能等技术对事件进行复盘的同时,将相关数据收录到数据库中,不断调整和精细化舆情预警标准以及分类处理方案。

另外,还应该重视舆情研究工作。政府相关部门通过与高校、科研机构、主流媒体等单位跨界协同,合作进行舆情研究工作,通过深化认识、精准研判、专业应对,提高舆情应对处置的科学性和实效性。

① 李剑.中国行政垄断的治理逻辑与现实:从法律治理到行政性治理[J].华东政法大学学报,2020,23(6):106-122.

第五章　政府管理与结构创新

习近平总书记提出,要加强社会治理制度建设,完善党委领导、政府负责、社会协同、公众参与、法治保障的社会治理体制,提高社会治理社会化、法治化、智能化、专业化水平。[①] 可见,社会治理体系化建设离不开社会治理结构中多主体的协同作用。作为互联网技术应用的产物,网络社会是人们在互联网所构成的虚拟空间中,利用技术手段进行交往和互动而形成的社会关系共同体。[②] 政府管理作为网络综合治理结构的重要组成部分,关乎网络综合治理水平,影响国家治理能力。在多元主体参与的网络综合治理结构中,发挥政府的主导作用尤为重要。

第一节　政府管理的现状与挑战

党的十九大报告提出,中国特色社会主义进入了新时代,中国特色社会主义制度更加完善,国家治理体系和治理能力现代化水平明显提高。[③] 在我国网络社会治理结构中,政府作为共治体系的引导者和联结多元主体的关

[①] 习近平提出,提高保障和改善民生水平,加强和创新社会治理[EB/OL].(2017-10-18)[2021-06-28].http://www.gov.cn/zhuanti/2017-10/18/content_5232656.html.

[②] 罗亮,朱佳彬.网络虚拟社会治理机制创新:现实挑战与应对策略[J].行政与法,2016(12):61-68.

[③] 习近平:决胜全面建成小康社会 夺取新时代中国特色社会主义伟大胜利——在中国共产党第十九次全国代表大会上的报告[EB/OL].(2017-10-27)[2021-06-28].http://www.gov.cn/zhuanti/2017-10/27/content_5234876.html.

键节点,发挥着完善政策制度体系、监管网络主体行为、提供公共服务、建设网络基础设施等作用。新时代的国家治理体系和治理能力的建设对政府的治理能力提出了更高的要求,政府在推进网络综合治理的过程中,首先要明确自身的作用以及面临的挑战。

一、政府在网络综合治理中的作用

中央全面深化改革委员会第九次会议通过《关于加快建立网络综合治理体系的意见》,并指出加强互联网内容建设,建立网络综合治理体系,营造清朗的网络空间。要坚持系统性谋划、综合性治理、体系化推进,逐步建立起涵盖领导管理、正能量传播、内容监管、社会协同、网络法治、技术治网等各方面的网络综合治理体系,全方位提升网络综合治理能力。① 党和政府是网络综合治理体系的引导者,在法律完善、政策制定、公共事务决策中发挥着主导作用。网络综合治理体系的建设要求政府充分结合实际情况,立足网络治理的时代因素与标准尺度,从源头上明确治理法治化的目标、方法、原则与保障,形成有效的政策制度体系,严厉打击破坏网络安全的不法行为。

完善的制度体系既是推进网络社会治理法治化进程的重要支撑,也是解决网络社会治理不全面、不规范难题,提升网络空间秩序化、规范化的前提条件。网络综合治理的过程离不开政策的支持,需要充分结合当下网络治理的实际情况,完善并修订相应的政策内容,使之能够与当下的形势发展相适应。党的十八大以来,我国针对互联网管理体制进行了专门性的重大调整:一是设立了由习近平总书记担任组长的中央网络安全和信息化领导小组;二是成立了全面负责互联网信息内容管理与监督管理执法等工作的国家互联网信息办公室。除管理体制调整之外,我国对各项互联网法律法

① 习近平主持召开中央全面深化改革委员会第九次会议[EB/OL].(2019-07-24)[2021-06-28]. http://www.gov.cn/xinwen/2019-07/24/content_5414669.htm.

规的制定也迈入了快车道。近年来,我国制定并完善了一系列相关法律法规,涵盖《中华人民共和国网络安全法》《互联网新闻信息服务许可管理实施细则》等,初步构筑起较为完整的网络社会治理的法律法规体系。

政府作为社会管理与公共服务的主体,在网络综合治理过程中扮演着多元主体联络者的角色,通过沟通协作有效联结各个主体。当前,网络已经成为当代社会的基础性架构,建设好、利用好、管理好互联网对政府来说至关重要。在这之中,监管网络多元主体行为是政府在网络综合治理中的重要职能。对于违法违规的网络内容,政府各部门应进行联动审查与处罚。2020 年 11 月,国家网信办就对包括 UC、QQ、华为、360、搜狗、小米、vivo 和OPPO 等 8 款影响力较大的手机浏览器乱象进行了专项集中整治和督导整改,着力解决自媒体违规采编互联网新闻信息、发布"标题党"文章、发布违背社会主义核心价值观的不良信息等问题。[①]这表明,随着互联网的快速发展,信息技术将政府、企业与社会组织联系得更加紧密,更加要求政府维护社会公平、明确发展方向,推动市场有序发展。

政府是公共服务的提供者和公共事务的管理者,在打造服务型社会的同时,不断推进共建、共治、共享。在网络社会治理中,政府负有搭建网络治理硬件平台的责任,推动更加完备、全面地建设网络基础设施。首先,应利用元宇宙、区块链、5G 等信息技术,强化技术的赋能作用,提升网络社会的治理能力。近年来,我国互联网基础环境全面优化,网络基础资源保有量居世界前列。随着移动互联网时代全面开启,我国网络建设持续加速,应用环境全面优化,成为实现网络强国的重要驱动力。线上政府的网络公共服务包括网络基础设施服务、电子政务服务和云计算服务。作为新兴公共领域,互联网空间对公共服务的易接纳和强创新的特性,使得网络社会中的政府公共服务大有可为。

---

① 车满.国家网信办对手机浏览器乱象进行专项整治[J].计算机与网络,2020,46(22):13.

此外,在公共服务拓展过程中,政府应构建良性互动的治理长效机制,[①]不断吸引公众广泛参与。以人民日报和人民网舆情监测室推出的"人民云"为例,该平台为打造大数据时代的政务智能化平台创造了新的路径。基于"人民云"打造的"人民链",通过打造产融服务平台、大数据风控平台、普惠金融平台、企业信息披露平台等,对数据要素市场化、企业风险管理、企业信用培育起到积极作用,推动金融机构对实体赋能,优化营商环境,提升政府网络社会治理能力。以期刊发行、舆情平台、"人民慕课"为代表的公共引导,促进人人参与,共同增强数字治理的能力和提高政府公信力。"人民链""人民金服""人民云"数字化平台,提升了公共服务的便利性、互动性和科学性。

二、政府在网络社会治理中面临的挑战

当前,我国政府不断提升网络治理能力,在完善政策制度体系、监管多元主体行为、提供公共服务、建设网络基础设施等层面取得了显著成效。然而,信息技术迭代的速度较快以及网络社会的复杂性等原因,使我国政府在治理架构、治理方法以及治理手段创新等层面还需进一步提高。

一是我国政府纵向的金字塔层级管理需要进一步适应扁平化的网络结构。政府主导的管理模式是依托政府自上而下的行政制度而设立的,进而形成纵向层级化治理结构,科层制结构与条块分割是其显著特征。在这一管理结构中,各职能部门对上级部门负责。而网信部门则具有名义上的统筹协调职权,但缺乏相应的政治权威。在实践中,各级政府之间经常发生职责交叉、分工不清、上下错位等问题,成为政府层级管理的体制机制障碍。与我国政府管理体制不同的是,网络社会在结构上呈现横向的、扁平化与去中心化的特征,网络社会参与呈现平等、低成本与匿名性特征,参与手段智能化、高普及率与便捷多元特征显著。这些特征的共同作用最终在网络政

---

① 王芳.论政府主导下的网络社会治理[J].人民论坛·学术前沿,2017(7):42-53,95.

民互动中体现出来：公共部门在网络社会中的议题设置、议程控制与信息传播受到一定的挑战，政府的网络社会治理权力呈现分化的趋势，良性的网络社会治理模式越来越要求吸纳具有高治理资格与强能力的主体参与网络社会治理过程。因此，在政府机构设置方面，应根据各级政府履行职责的需要，对职责交叉、业务相近的部门加以整合，拓宽政府机构的职责范围，逐步向"宽职能、少机构"过渡，以解决业务分工过细、职责交叉重复、行政效率不高等问题。①

二是中心化的管理方式需要进一步适配多样的治理需求。当前，我国网络社会治理的协同合作尚未成为网络社会治理流程的必要环节。从当前现有协同实践来看，网络治理的协同合作呈现临时、局部与浅层次特征。网络社会治理环境复杂多元、内容极其广泛，涉及多部门与多领域，因此需要诸多治理主体协同应对。通过监管、平台和用户等力量各尽其责，强调的是利益关联方的共识凝聚以及责任共担，推动各参与主体在治理过程中形成具有亲密内在联系的运行系统，最终达成共享清朗网络环境的目标。2019年，国务院"互联网+督查"平台在"国务院"客户端和"中国政府网"微信公众号上线小程序，面向社会征集问题线索或意见建议，并督促有关地方、部门处理，这是中央政府对政策扁平化传播的有益探索。

三是网络治理手段的落后导致政府机构的网络治理引导力不足。随着网信管理工作日益重要，执法队伍建设的重要性更加凸显。许多传统的治理经验和方法已很难适应新时代需求，当前部分地方政府对网络治理尤其是网络舆论的引导能力不足，直接影响其作用发挥。习近平总书记在党的十九大报告中指出，要"统筹考虑各类机构设置，科学配置党政部门及内设机构权力、明确职责。统筹使用各类编制资源，形成科学合理的管理体制，

---

① 沈荣华.推进政府层级管理体制改革的重点和思路[J].北京行政学院学报,2007(5):1-5.

完善国家机构组织法"①。这些指导意见是政府机构和行政体制改革的未来发展方向。立足于新时代的网络综合治理,需要始终坚持各级党委的领导,提升政府的管理水平,实现网络综合治理工作的稳定、有序。因此,各级政府应正确认识互联网,通过加强政府的网络治理技能培训等手段,及时更新网络治理的理念与手段,提高网络综合治理效能,破解网络引导力不足的难题。

总体而言,互联网的发展使得政府得以有效运用智能媒体等技术创新治理模式,为政府行政效率的提高以及政府管理模式的升级提供了物质前提。然而,当前政府在推进网络治理的过程中,还存在"运动式治理"②、缺乏常规化和长效性等问题。这要求政府创新治理模式,使得突击型、任务型的被动方式向智能化、生态化的自主方式转变③。

第二节 政府管理的理念演变

我国的网络社会治理是在后工业社会来临、信息社会转型、现代市场经济深化改革等大背景下进行的,其模式主要经过三大阶段的转变。一是中华人民共和国刚刚成立时期的全能型政府阶段。出于迅速稳定国内政治、经济、社会局势,巩固新生的革命政权的目的,我国以借鉴苏联经验为主,建立了以全面控制为特征的全能型政府管理模式。④ 在这一模式下,中央政府掌握资源配置的最高权力,以生产部门为抓手对国民经济实行专业化的全

---

① 习近平.决胜全面建成小康社会 夺取新时代中国特色社会主义伟大胜利——在中国共产党第十九次全国代表大会上的报告[EB/OL].(2017-10-27)[2021-06-28].http://www.gov.cn/zhuanti/2017-10/27/content_5234876.html.
② 黄旭.十八大以来我国网络综合治理体系构建的逻辑起点、实践目标和路径选择[J].电子政务,2019(1):48-57.
③ 张旺.智能化与生态化:网络综合治理体系发展方向与建构路径[J].情报理论与实践,2019,42(1):53-57,64.
④ 张丽曼.论中国政府管理模式的转型[J].社会科学研究,2004(6):1-5.

面和直接管理。这个模式的最大优势是"集中力量办大事"。

二是从党的十一届三中全会到党的十六大的政府职能转换时期。为适应计划经济向市场经济体制转轨的总体要求,转变政府职能成为我国政府在该时期管理的重点。① 在这期间,中国政府将转变职能和"政企分开"同步进行,将本来属于企业、社会的权利还给企业、社会,实现了从"允许市场发展到适应市场发展"、从"向企业放权到维护企业权利"、从"政府简政放权到重塑政府职能"的制度创新过程。

三是党的十七大尤其是党的十八大以来的服务型政府建设阶段。针对我国经济社会发展出现的新矛盾与新问题,中国政府的管理模式由以"管制"为主向以"服务"为主的方向转变。这一阶段,国家通过行政审批制度改革、大部门制改革、"放管服"改革等强化了社会管理和公共服务职能,实现了政府职能结构的合理、平衡,并通过培育积极理性、合作共建的多元主体,对政府治理结构和权力运行方式进行再造。

这些探索和实践表明我国社会治理中的政府角色再次发生转变,表现为政府进一步放权,社会主体参与空间不断拓宽,并在专业的领域发挥适当作用。学者毛寿龙曾提出,理想的政府应呈现三大效率最大化状态,即组织效率、职能效率和政治效率。② 互联网技术催生出多元化的传播主体,政府主导治理,互联网企业、社会组织、网民纷纷参与。中华人民共和国成立前30年,为了与计划经济体制相适应,社会治理主要是党委和政府通过行政手段对公共事务进行管理,治理主体呈现高度单一性。改革开放之后,尤其是党的十八大之后,党中央倡议社会组织与社会公众参与社会治理,加之互联网对社会的影响,网络社会治理主体越来越多元。因此,当前我国网络治理在党和政府的领导与引导下,治理主体从单一转向多元、主体关系由分散变

---

① 周光辉.从管制转向服务:中国政府的管理革命——中国行政管理改革30年[J].吉林大学社会科学学报,2008(3):18-28,159.

② 毛寿龙.中国政府体制改革的过去与未来[C]//中国未来研究会,中国管理科学研究院.第四届中国杰出管理者年会论文集,2008:11.

为综合、治理模式由管理走向协同,逐步形成多元主体协同共治格局。

一、治理主体:从"一元主体"转向"多元共治"

在改革开放之前,为了与计划经济体制相适应,社会治理主要是党委和政府通过行政手段对公共事务进行管理,治理主体呈现高度单一性,社会管理方式以政府主导的传统权威管理模式为主。① 在这种管理模式下,政府作为主体,以自上而下的方式进行单向管理。这种管理模式往往由政府组建多个部门,按条块进行垂直化管理。这种管理模式尽管在形式上可以覆盖各个领域,但往往是以"密集分类、多层审批"为基础,②在管理过程中着眼于以规范有序为目标,忽视了治理对象的变化内核。

改革开放之后,尤其是党的十八大以来,党中央倡议社会组织与社会公众参与社会治理,随着互联网的影响,社会治理主体呈现明显的多元化特征。一方面,科技的发展激发了多元主体的活力,互联网技术克服了成本高、速度慢、传统信息交换和传递的效率低下的弊端,使得社会成员和各类主体参与社会治理更加便捷,充分挖掘了社会成员和各类主体的创新潜力;另一方面,技术的发展为公众提供了参与社会治理的渠道。互联网平台成本低、速度快、不受时间和空间的限制,公民和社会组织通过网络渠道与党政双向联动,进一步提升了多元主体协同治理的合力。

新技术的飞速发展与普及为多元共治与基层自治提供了基础性条件。技术的发展使得大众拥有了媒介的使用权,成为内容的生产者与传播者。话语权的下放、权力的转移,打破了局限,互联网催生出多元化传播主体。社会各主体在社会治理过程中形成密切的合作关系和相互支持的合作行动,推动社会朝着健康、有序的方向发展,促进了社会矛盾最大限度地解决。

---

① 钟瑛,张恒山.论互联网的共同责任治理[J].华中科技大学学报(社会科学版),2014,28(6):28-32.

② 岳爱武,苑芳江.从权威管理到共同治理:中国互联网管理体制的演变及趋向——学习习近平关于互联网治理思想的重要论述[J].行政论坛,2017,24(5):61-66.

网络治理的难度和复杂性与日俱增,不断推动网络管理体制的变革。在 2018 年 4 月召开的全国网络安全和信息化工作会议上,习近平总书记强调,要"形成党委领导、政府管理、企业履责、社会监督、网民自律等多主体参与,经济、法律、技术等多种手段相结合的综合治网格局"①。这一表述表明,网络综合治理的主体包括党委、政府、社会和网民。其中,党政机关是网络综合治理的核心力量,直接承担网络综合治理的政治和行政责任。其他治理主体在党政机关的指导、协调和监督下开展工作。互联网信息技术的发展及其应用,为多主体进入网络空间提供了便捷化和多样化的方式。每个人在网络空间获得便利的同时,应承担与履行维护网络空间秩序的责任和义务。此外,互联网具有开放性、匿名性、交互性和去中心化等特性,任何一方的声音都很难被强制淹没或掩盖,只有承认网络行动者的多元性、兼顾不同主体的利益和需要、发挥不同主体的功能和作用,才能取得更好的治理成效。

网络综合治理应该是所有社会主体共同参与的过程,治理主体从单一走向多元是必然结果。多元主体利用多元化的参与模式进行网络综合治理可以有效弥补单一政府主导的传统权威管理模式的不足。位于主导地位的政府,其管理效能关乎网络综合治理的水平,在多元主体参与的治理结构中,对参与主体的功能与相互作用的关系界定十分重要。应当明确政府内部、政府间的权责界限,研发能够提升共治水平的技术应用,强化多元共治的技术支撑与平台支持。

二、治理方式:从"行政管理"转向"综合治理"

互联网技术发展到今天,网络早已不再是一种单纯的技术现象,而成为社会的基础性架构。当前,随着互联网技术的飞速发展,社会的网络化特征

---

① 中华人民共和国国家互联网信息办公室.大力提高网络综合治理能力[EB/OL].(2018-04-22)
　[2023-12-22].https://www.cac.gov.cn/2018-04/22/c_1122722885.htm? ivk_sa=1024320u.

更加突出,公众通过网络平台表达自身诉求已逐渐成为常态。网络空间各种社会问题、纠纷、矛盾的蔓延甚至失控,使得网络治理已经成为国家治理的重要组成部分。网络社会中的乱象在很大程度上可以归结为现实中的社会问题在虚拟空间中的呈现。因此,将互联网作为一种治理对象,对网络社会中出现的问题进行治理,是对其蔓延到线下空间、发展成社会问题的一种预防。同时,解决好网络社会问题,可以促进我国网络社会治理能力的提升。① 互联网虽然给社会治理带来了诸多挑战,但也是社会治理的重要工具。当前之所以提出"网络综合治理"这一概念,恰恰是因为互联网成为引起社会治理主体关系变化的重要动力因素。网络综合治理既要让互联网保持良好的运行秩序,实现"管得住"的目标,又要让互联网给经济社会发展注入新动力,实现"用得好"的目标。②

互联网是多元主体协同治理的重要工具,是网络综合治理的支撑性平台。在这一基础性平台之上,多元主体协同治理、共同参与网络空间管理,促进了政府主导的传统权威管理模式的转变。作为平台的互联网,能够将党政机关、社会组织以及用户个人连接起来,各主体也在互联网平台上相互影响,实现网络综合协同治理。例如,网民可以在社交平台上将视频分享到各自的社交群中,同时平台本身会向网民推荐好友感兴趣的视频以及具有"发现微信好友"等功能,这一过程形成了社交关系的再整合。同样地,通过网络这样一个强大的载体,政府能更好地找准职能定位,发挥在网络综合治理中的引导作用。例如北京市海淀区基于"掌上海淀"客户端打造"海淀号"平台,为区内机构提供一个信息发布、政务服务和问政的自有移动端入口,一个街道、社区通过"海淀号"平台发放通知、公告、活动等,有助于信息传播与多元服务能够精准触达目标人群。

网络空间治理的复杂性和风险呈指数级增长,单一的行政管理方式无

① 熊光清.推进中国网络社会治理能力建设[J].社会治理,2015(2):65-72.
② 谢新洲.以创新理念提高网络综合治理能力[EB/OL].(2020-03-11)[2022-03-03].http://www.qstheory.cn/llwx/2020-03/11/c_1125694660.htm.

法适应复杂多变的治理任务。曼纽尔·卡斯特指出,互联网信息技术塑造的网络带来了新的社会形态、构建了新的社会时空,互联网行业形成的特有的技术精英文化,通过互联网信息技术重塑社会关系和社会结构。[①] 技术革命对经济、文化、社会发展的影响,是当前最直接的结构性转化。[②] 这种结构性转化使社会问题具有新的特征——网络空间的治理成为社会治理的首要问题。人民群众对自身话语权、参与权意识的增强,网络治理过程中存在的风险与危机问题,都极大地提高了社会治理的复杂程度。党的十九大报告指出,应提高社会治理的智能化水平,如何在技术助力下实现法治、德治与自治的综合治理成为网络社会治理的关键。

新的科技革命与产业推动,为网络综合治理的单一行政管理向多元综合治理的转变提供了技术支撑。传统的社会管理方法和方式主要是科层的行政手段和政府手段,呈现治理方式单一的特点。大数据、物联网、人工智能等技术的发展,为政府治理方式带来了重大思路调整。从政府层面来看,互联网为优化服务提供了新的视角,净化网络空间成为政府治理的必然要求与前进方向。在网络中,任何人或组织都是一个节点式渠道、一个平台,像"水利枢纽"一样发挥汇流、储存、归整、分流和转输的作用。[③] 网络技术的进步和发展,使公众与社会组织通过线上线下相融合等多种方式进行协同治理成为可能。

协同治理并不是多元主体的功能相加,而是互补的、整体的治理。传统网络治理模式中,多利益相关方关系相对独立、主要职责存在交叉、各治理主体的权责边界不明晰,导致网络综合治理体系难以良性运行。多元治理主体如若各自为战、没有协同合作的意识与能力,不仅无法形成网络社会治

① 曹渝.技术·颠覆·地位:技术未来学派的互联网信息技术专业人员地位获得观评价[J].中国管理信息化,2016(22):94-97.

② 卡斯特.网络社会的崛起[M].夏铸九,王志弘,等译.北京:社会科学文献出版社,2001:1.

③ 黄旦,李暄.从业态转向社会形态:媒介融合再理解[J].现代传播(中国传媒大学学报),2016,38(1):13-20.

理的合力,还将带来巨大的摩擦和损耗,其后果无法估量。权责问题既定义了多元主体各自的位置及关系,也决定了多元主体开展合作的方式。① 网络综合治理的五大主体掌握不同的核心资源,拥有不同的优势能力。多元主体的能力及地位是不平衡的,职能和作用也各有差异。多元主体基于各自的特性发挥优势,打破部门边界,整合各自的资源优势,形成治理合力,最终达到网络社会治理的目的。

三、治理理念:从"政府管理"转向"协同治理"

传统的社会治理模式主要发挥管制作用,在社会变革与技术变革的双重驱动下,社会治理的理念逐渐从社会管控、社会管理转化为社会治理。"传统中国由一个宽仁无为的朝廷来统治,实行法、术、势治国的'儒表法里'传统。"②在传统中国,无论是"儒""法"路径还是"术"的管理,都是建立在"国家—宗族"或"皇权—绅权"的二元模式下。从中华人民共和国成立到改革开放,为了迅速恢复社会秩序、维护社会稳定、恢复发展生产,这一时期主要采用自上而下的静态式的政府管理模式。互联网的产生及发展极大促进了多元主体的协同治理,正如克莱·舍基所言,"新的社会化工具使大型群体得以实现协作,这种协作将增加我们与他人共同追寻某些目标的自由"③。在网络社会结构的新变局中、在经济体制深刻变革下,多元主体的智慧在技术平台上得以显现,党中央逐渐创新社会治理体制,广泛且充分调动一切积极因素,发挥各方创造活力。

互联网分布式、包交换的技术特性助推社会治理朝着扁平化的方向发展,并呈现"以人为本"的特征。依靠编码、封包交换通信等技术,互联网将分散在各地的终端设备进行连接,形成互联互通、去中心化特征。在互联网出现之前,社会治理大多通过政府直接部署,治理方式较为单一,电话、信

---

① 韩志明,刘文龙. 从分散到综合:网络综合治理的机制及其限度[J]. 理论探讨,2019(6):30-38.

② 秦晖.传统十论[M].北京:东方出版社,2014:7,123.

③ 舍基.人人时代:无组织的组织力量[M].胡泳,沈满琳,译.杭州:浙江人民出版社,2015:159.

件、家访等成为政府乃至社区管理的主要方式。在传统媒体时代，信息的单向传播、信息渠道的主流垄断在一定程度上阻碍了社情民意的及时反馈。在网络时代，政府通过互联网实现基本治理，相较于中国传统社会的等级管理，互联网固有的去中心化技术属性催生了多元主体治理模式。

技术是网络治理的重要实践手段，网络社会的诞生本身就是技术的一种反映，对任何新技术形式的治理往往都要从技术本身出发进行审视。当前，信息技术的飞速发展打破了公民政治参与表达的障碍，使政策下达与民意上传具有实时性，给予大众更多言论自由与表达自由。随着5G、人工智能、大数据、区块链等技术的不断普及，5G的高速率、高容量、低时延、低能耗的特性不断拓展信息传播的深度和广度，扩大了社会治理的覆盖面，"数字社会""智慧政府"等应用场景不断发展，使得社会治理延伸到社会的各个层面。当前，政府借助技术手段应对时空观变化、网络化运行、社会化协同对执法带来的新挑战。从技术层面来看，政府应着手构建数字化、网络化和智能化综合治理监管平台，强化与社会网络大平台的互联，提高网络综合治理技术保障能力。

管理方式从单一化向多元化的转变，是改革开放以来我国网络社会治理的重要趋势。[①] 此前，网络空间的治理模式主要是指有关主体在参与网络综合治理时采取包括删除、防范、抵制、归档保存等在内的管理行为。[②] 行政监管是政府部门最常用，也是最擅长的治理手段，这一治理手段具有明显的管理主义色彩。其中，专项整治行动可以集中动员相关资源和力量，目标非常明确，任务非常具体，责任追究也相对严厉，能够在短期内见效，所以政府在必要时会采用专项整治行动来解决重大问题。如今，我国网络综合治理体系呈现多元主体协同治理的特点，相对独立、平等的多元化主体，在共同目标下，出于合作共赢的意愿，通过一定的规则以及沟通、协调、合作等集体

① 苏长枫.从"管控"到"治理"：社会治理研究回顾与前瞻[J].党政干部学刊,2019(3):31-36.
② 周毅.试论网络信息内容治理主体构成及其行动转型[J].电子政务,2020(12):41-51.

行动,实现网络社会治理的一致性和完整性,构建以主流价值为主导的网络生态系统,从而实现共同治理的协同效应。

网络社会治理既涉及不同的对象和领域,也包括五花八门的内容,需要加快形成多元主体协同共治的治理格局,需要提高法律、经济、技术等手段在网络治理中的运用程度,来形成其综合格局,确保网络治理工作扎实稳步地有效开展。①

首先,党和政府在网络空间治理中的角色定位依然是"核心领导者、战略规划者、政策指导者和最后的安全保障"②,积极充当引导者的角色。党委对网络综合治理进行正确的方向引导,明确要求边界、统筹规划战略、总体规范内容,其他治理主体都在党政机关的指导、协调和监管下开展工作。政府要在网络社会中构建系统职能体系、完善网络立法进程、发挥组织协调的作用、统筹社会各方力量,形成网络社会治理的合力,使网络社会治理权责明晰、协同高效。③ 党委和政府也在积极探索管理模式的创新,搭乘互联网和媒体融合的快车,推出线上政务平台,为其他主体的协同共治提供便利。通过法律手段来约束与规制网络空间的各种行为,是网络综合治理的重要方式。构建网络法律体系,在现有法律的框架下进行涉网调试,确定网络法律的使用范围,明确行使主体、责任对象、权利义务、行为规范与惩罚机制等,以此为网络空间的正常运行提供一个基本的参照体系。设立专业的网络仲裁机构化解网络冲突与纠纷,把利益冲突降到最低的同时,鼓励民间力量积极参与仲裁。

其次,企业尤其是互联网企业处在网络社会治理最前端,必须强化业务平台治理机制,压实主体责任④,完善制度、实时治理,加强制度、技术、人员

---

① 张卓.网络综合治理的"五大主体"与"三种手段":新时代网络治理综合格局的意义阐释[J].人民论坛,2018(13):34-35.

② 董青岭.多元合作主义与网络安全治理[J].世界经济与政治,2014(11):52-72,156-157.

③ 黄滢,王刚.网络社会治理中的政府能力重塑[J].人民论坛,2018(16):50-51.

④ 陆峰.构建网络综合治理新格局[EB/OL].(2018-08-08)[2022-04-05].http://www.qstheory.cn/zdwz/2018-08/08/c_1123237677.htm.

等全方位安全保障体系建设。政府管平台,平台管用户。政府管理欠缺技术和信息,二者实际上掌握在企业手中,是企业的核心资产。因此,政府把这部分责任交给平台是比较恰当的,但企业易遭受利益驱使,传统的政府管理存在客观需要。[①] 在网络社会治理的具体操作中,以经济手段有效调控利益关系是缓和冲突的重要方法。以市场规律为基准,规范互联网行业市场秩序,稳定价值(价格)体系,提高经济满意度,坚定发展信心。强化经济整合,促进利益和价值共享,以利益共同体为目标,加强互联网企业之间的合作关系,降低个体风险,实现利益与价值的双重提升,完善经济奖励和绩效考核,提高互联网从业者的满意度,有效抵制各种形式的网络寻租,降低网络安全事件发生的概率。

此外,社会监督,尤其是基层社区治理,是连接基层群众和基层网络治理的"最后一公里"。网络监督现实社会的同时,传统社会治理视域延伸至网络社会。要鼓励和支持社会在政府引导下敢于揭露网络平台的违规行为,倒逼企业诚信经营。主流媒体要承担上下监督的社会责任,积极参与网络舆论建设。

最后,网民应强化自律意识,做到心有所畏、行有所止,对国家在网络社会治理方面的法律法规心存敬畏,[②]规范自身在网络空间的言行,做到慎识、慎思、慎言、慎独。

综上所述,网络社会治理中的各主体拥有同样的集体行动目标,即维护和发展人民群众的根本利益,统筹安全与发展、自由与秩序,为网民营造清朗的网络空间环境。各主体相互平等、紧密相连,但有相对独立的功能和职责。随着社会和制度的变迁、网络环境的变化、互联网技术的发展,不同主体在不同阶段会作出合理的调整。

---

① 平台自律与政府监管:网络综合治理体系下的平台监管——《研究生法学》青年学苑第三期研讨会录音整理稿[J].研究生法学,2008,33(3):1-16.

② 张卓.网络综合治理的"五大主体"与"三种手段":新时代网络治理综合格局的意义阐释[J].人民论坛,2018(13):34-35.

第三节　结构优化与路径创新

党的十九大报告提出,打造共建共治共享的社会治理格局。我国社会治理格局要求政府积极研究相关的治理制度和政策结构,更好地推进治理现代化工作。这既是思想观念的转变,也是方式方法的深刻变革,①关系到党和政府的执政能力与网络社会治理的现代化转型。从结构与路径创新来看,需要政府细化治理职能、明确职责,进而提升其网络综合治理效能。

一、政府引导与多元共治

在党的领导下,除了要充分发挥政府在网络综合治理中的主导作用,还要不断拓展多主体、多元化的参与模式。当前,党的领导和政府引领作用主要包括:推进网络法律法规与制度建设,进一步完善网络立法,加强网络执法和促进网络守法;掌握网络意识形态主导权;加强网络监管,营造风清气正的网络生态环境,确保网络安全。② 2018 年 2 月,党的十九届三中全会审议通过了《深化党和国家机构改革方案》,将中央网络安全和信息化领导小组改为中央网络安全和信息化委员会,为加强网络社会治理提供了重要的组织保障。

(一) 坚持党政领导正确方向,顺应行政改革潮流

始终坚持与加强党对网络综合治理的统一领导。习近平总书记指出:"加强党中央对网信工作的集中统一领导,确保网信事业始终沿着正确方向

---

① 陈一新.加快推进社会治理现代化[EB/OL].(2019-05-21)[2020-12-06].http://theory.people.com.cn/n1/2019/0521/c40531-31094681.html.

② 丁贺.加快网络综合治理体系建设[EB/OL].(2019-08-08)[2022-03-01].http://ex.cssn.cn/zx/bwyc/201908/t20190808_4954552.shtml.

前进。"①党委是提升网络综合治理能力的领导力量，起着决定性作用。在党中央统一领导下，在中央网络安全和信息化委员会具体指导下，做好网络综合治理顶层设计，加快推进省、市、县网络安全和信息化委员会及相关机构建设，明确各级党委（党组）主体责任，全面落实网络意识形态工作责任制，将网络综合治理工作纳入党委重要工作计划和议事日程。提升网信干部把握互联网规律、引导网络舆论、驾驭信息化发展、保障网络安全的综合素质。②

把握行政改革的总体方向，探索中国特色社会主义行政体制改革路径。在价值引导上，要明确行政改革向哪里改、怎么改的问题。应坚持中国共产党对行政改革工作的领导，将党性与人民性融入行政改革的价值目标，把握政治方向、满足人民需要，不断发扬中国特色社会主义制度优势。在总体思路上，中国的行政改革要立足时代、放眼国际，在充分借鉴世界行政改革有益成果以及总结自身行政改革经验的基础上，不断融合现代治理的价值理念与制度工具，从政府层级、内部规则、政策过程等维度入手，塑造一个与现代化进程同向同行的行政体制。在具体举措上，要坚持积极稳妥、循序渐进、成熟先行的策略。改革是一个螺旋式上升的过程，行政改革既要解决主要问题，又要不断地发现新问题；既要积累经验教训，又要等待成熟条件。③

健全管理机构，创新组织层面的治理架构。习近平总书记指出："我们要打赢防范化解重大风险攻坚战，必须坚持和完善中国特色社会主义制度、推进国家治理体系和治理能力现代化，运用制度威力应对风险挑战的冲

① 中华人民共和国国家互联网信息办公室.加强党对网信工作的集中统一领导［EB/OL］.（2021-03-08）［2023-12-12］.https://www.cac.gov.cn/2021-03/08/c_1616784900380244.htm？ivk_sa=1024320u&wd=&eqid=859b65b700132dc8000000026479be51.

② 韩玥.全方位提升网络综合治理能力［EB/OL］.（2019-10-25）［2020-12-06］.http://www.qstheory.cn/llwx/2019-10/25/c_1125149559.html.

③ 张贤明.政府治理现代化的责任逻辑与结构体系［EB/OL］.（2020-01-21）［2020-12-06］.https://news.gmw.cn/2020-01/21/content_33498535.htm.

击。"①行政体系是网络综合治理体系的基础和保障。对网络开展行政管理，需要扬长避短，建立符合互联网特点的管理体系。2011 年，我国成立正部级单位国家互联网信息办公室，独立设置专职组织机构，专设人员编制；2014年，中央网络安全和信息化领导小组成立，习近平总书记亲自担任组长；2018 年，中央网络安全和信息化委员会办公室成立，拥有单独的人员编制和专职组织机构，直接接受中央网络安全和信息化领导小组的领导。国家层面针对网络社会治理的专门化机构改革，加强了决策权与执行权的良性互动，大幅提升了网络社会治理的制度性协作协调能力。目前，网络安全和信息化领导小组这一管理体系已在省级、地市级、县级等行政层级建立起来，各行政层级的专门化网信部门和网信队伍也在不断完善壮大。

构建分工合理、权责明确、效率优先的协作机制。与职能划分的清晰度和专业化相比，现代社会的治理效能考察更加强调协调能力。加强各部门的协调联动，建立综合性、制度性协调机制对网络社会治理尤为重要。政府作为网络社会治理的主导力量，要充分发挥其主导功能与核心作用，从日常监督、管理执法、司法鉴定、公共服务等方面配套相应的执行机构。同时，着力倡导构建提前谋划、精心组织、周密部署、有序推进的网络社会治理运行机制。

（二）明确政府责任边界，横向与多元治理主体展开合作

在治理现代化的推进过程中，明确各方责任十分关键。构建职责明确、依法行政的政府治理体系，既要保证责任的合理分配，又要保证责任的有效实现。应厘清政府部门的具体功能，明确有所为、有所不为等基础性问题。应"统筹考虑各类机构设置，科学配置党政部门及内设机构权力、明确职责"；要"统筹使用各类编制资源，形成科学合理的管理体制，完善国家机构

---

① 马宝成.不断提高防范化解重大风险的能力[N].人民日报,2021-01-13(09).

组织法"。① 厘清政府职责，推动多元治理主体协同发展，是构建网络综合治理体系的重要工作。管理社会事务是政府承担的重大职责之一，政府应履行好社会治理的责任，完善集约、高效的政府负责体制和治理机制。同时应提高资源整合、综合运用、快速响应的能力，不断提升公共服务水平。②

在国家治理、社会治理、基层治理的纵向维度中，需要合理划分政府的行动边界。若要达至这种良善状态，就必须明确划分政府的行动边界。把政府的行动边界明确下来，重点是政府要树立包容、融合性思维。比如，政府应正视社会组织的成长和发展，把可以放手给社会组织的事情交给社会组织去承办。在此基础之上，还应遵循"权力下放、资金下拨、服务下沉""权随责走、费随事转"的原则，合理划分政府行政管理与社会治理的权责边界，将负担过重的行政事务从群众自治的任务中剥离开来，以解决长期困扰基层的行政化难题。③

在社会治理中，政府应当树立与多元主体协商合作的治理理念。政府与社会并不是两个完全独立的主体。它们在互动合作中可以构建一种共赢而非零和博弈的关系。当前的社会不仅面临开放、无界的信息传播环境，还面临多元的参与主体。这种客观情况意味着社会治理不能再沿用传统、简单的思路，应摒弃"独自打保龄球"的理念，转而坚持"协商合作"的理念。实践证明，这种理念强调在政府的引导下，寻求多方合作。它不仅可以使政府以指导代替领导，还可以从中塑造"伙伴文化"。作为一种基于共同参与、共同出力的伙伴情谊治理形式，它主张社会治理应形成由政府、公众、社会组织等主体共同参与的格局。

---

① 习近平.决胜全面建成小康社会 夺取新时代中国特色社会主义伟大胜利——在中国共产党第十九次全国代表大会上的报告[EB/OL].（2017-10-27）[2021-06-28].http://www.gov.cn/zhuanti/2017-10/27/content_5234876.htm.

② 祝黄河，万凯.新知新觉：完善社会治理体系是一项系统工程[EB/OL].（2020-02-13）[2020-12-06].http://theory.people.com.cn/n1/2020/0213/c40531-31584451.html.

③ 陈朋.社会治理重在"社会"[EB/OL].（2019-04-10）[2020-12-06].http://www.qstheory.cn/zhuanqu/bkjx/2019-04/10/c_1124348357.html.

二、技术赋能与管理提升

当前,新技术迭代更新呈现加速趋势,对当下社会的影响进一步深入。5G、人工智能技术促进物联网快速发展,区块链技术不断助力实体经济,云计算市场规模持续扩大,大数据技术和应用不断成熟,元宇宙相关领域正在成为新的投资热土,随着新技术的迅猛发展,网络社会治理的方法与手段也不断增多,推动网络社会治理向更为智能化的阶段发展。当然,技术的不断创新突破也进一步增强了网络社会的虚拟性和复杂性,使网络社会治理过程面临全新的问题和风险。

面对技术发展的智能化趋势,需要不断匡正智能技术在网络社会治理中的运行逻辑与实践理念,提高智能信息基础设施的覆盖程度,形成网络社会治理的智能技术保障体系。在新时代国家发展格局和治理体系中,进一步强调技术的支撑作用,既是现实条件下的必然选择,也是历史规律作用的必然结果。[①] 在推进网络社会治理智能化的进程中,技术既是实现智能化目标的核心支撑力量,也是化解新的治理难题的重要途径。各级政府在加快建设智能化治理应用场景的过程中,应以人民的需求为导向,通过智能化管理与服务,推动信息科技与网络社会治理业务的综合应用,促进新技术与新场景高效融合。近年来,各级政府不断升级区域政务服务终端应用,推进应急管理、社区治理、健康码等典型应用场景的打造,推动城市运行的"一网统管"、政务服务的"一网通办",这都有效降低了社会治理的成本,提升了社会治理的成效。

网络社会治理离不开技术支撑与应用研发,需要不断提高技术以达到用网治网的水平。利用网络推进社会治理的一个重要目标是提高社会治理信息化水平,将更多的信息化治理手段应用于国家治理进程。政府必须正

---

① 崔林,尤可可.支撑、协同与善治:新时代国家治理体系中技术要素的功能研究[J].新闻与写作,2021(4):26-31.

确认识这一点,积极推进网络社会治理信息化建设。2020 年全国两会期间,新华社智能化编辑部推出《习语"智"读｜精准,总书记教给我们的方法论》,通过大数据和智能算法展开人机协同分析,复盘抗疫斗争"作战图",可以清晰地看出"精准施策"这一贯通全程的基本方略在其中发挥了关键性作用。

在维护国家网络安全上,一方面,政府要推进信息技术的自由研发。加大信息技术的投入,为信息技术自由研发提供资金保障、政策支持、平台搭建,推动自主信息产品研发,确保在全球网络空间中能够拥有一席之地,进而有效遏制其他国家的网络攻击。另一方面,政府要完善网络监管体系。大力推进互联网安全系统的开发与使用,对网络用户的信息能够进行有效监管,一旦监控到有悖于国家利益、集体利益的负面信息,该系统则通过预警、报警等方式向相关部门发出提示,使负面信息在最短的时间内得到监控并尽快消除,切实维护好网络空间秩序。

各级政府部门应主动顺应经济社会数字化、网络化和智能化的发展趋势,全面提升政府的网络空间管理能力。[1] 大数据技术的广泛深度应用有助于推动网络社会治理数字化进一步落地生效。数字化是建立智慧服务型政府的重要驱动力,是推动服务型政府向智慧服务型政府升级的重要举措。大数据可以对网络社会治理的各个维度、各个方面进行数字化描述,有助于进一步促进社会沟通、改进管理服务。近年来,各级政府将主流媒体作为网络社会治理数字化建设的重要主体,打造统一、高效的区域数字化治理平台。通过强化网络社会治理的相关系统集成和业务协同,实现治理数据的一次采集和多方利用。这一举措既有利于统筹数字资源,也有利于持续提升服务功能,提高主管部门的工作效率和管理能力。网络社会治理的数字化提升还有赖于社会大数据应用的发展,这需要多主体协同对接,打破政企间、政府间的数字资源垄断。例如,政府应通过激励与扶持促进数据流通;

---

① 刘波,王力立.关于构建新时代网络综合治理体系的几点思考[EB/OL].(2018-11-01)[2020-12-06].http://www.rmlt.com.cn/2018/1101/531835.shtml.

社会组织要提升网络社会治理的参与度与数据使用能力。

同时，各级政府要紧跟网络技术更新的步伐，充分运用信息技术参与政府治理和社会治理。各层级、各职能的党务政务在线账号基于现实行政科层隶属形成在线行政矩阵体系，政府利用网络的便捷性加快推进电子政务，将人工智能、大数据、区块链引入社会治理，推动网络综合治理改革。以@问政银川为核心的银川政务微博，联动全市三级的政务微博，以矩阵式组织管理机制实施运行管理，形成线上互动响应民意诉求，线下维护民生合法权益的 O2O 在线行政服务模式。该模式依托新媒体构筑社会治理体系，又被称为"银川模式"。各地政府部门应当充分利用网络了解民意、疏解民情、处理民事，提高办事效率，切实解决问题。

总体而言，网络社会治理需顺应互联网时代的新特点与新变化，不断加强系统性治理模式创新。技术的发展给网络社会治理的智能化与数字化带来了新机遇，同时对网络社会治理多元主体提出了更高的要求。各主体应进一步提升能力和水平，在数字技术覆盖与普及过程中，为信息弱势群体提供相应的帮助。在思想观念上，把握现代科技发展大势，将大数据思维运用于社会治理实践；在人才队伍建设上，加强互联网与信息技术人才的培养，为现代社会发展储备高素质技术人才和治理人才。

三、法治建设与道德约束

行业界限模糊、主体关系互嵌是网络社会的基本特征。现代社会各领域的治理往往牵一发而动全身，更需要多部门的复合联动与协同沟通。传统的社会管理主要依靠政府主导的科层体系，其他社会主体的参与十分有限。互联网技术催生出多元化的传播主体，党和政府主导治理，企业、社会组织、网民纷纷参与。网络社会治理的路径优化，政府应在顶层设计层面进行宏观把握，在不断深化法治建设的前提下，重视德治教化的作用。

（一）运用法治方式解决社会问题，明确各共治主体权利义务

增强政府运用法治思维和法治方式化解社会矛盾、解决社会问题的能

力,引导群众依法维权、依法办事。在认知层面,政府应认识到网络社会与传统物理空间存在的区别,认识到传统物理空间的治理方式在面对网络空间时存在的不适性;应在兼顾国家安全的同时,重视公民的个人权利,在强调政府的主导作用的同时,发挥网络社会治理中技术机制的作用。

谋求法规化治理、制度化管理,实现常态化治理。互联网是面向普罗大众的,需要保持制度的稳定性,互联网是个性化的、去中心化的、快速发展的,需要不断完善制度,从而规范互联网发展。① 在网络社会治理中,"专项""专题"等局部性治理体现的是初级治理水平,在不断深化网络综合治理改革、优化网络社会治理模式的过程中,应以法治化、制度化为目标,寻求网络社会治理常态化和系统化路径。习近平总书记指出,要坚持依法治网、依法办网、依法上网,让互联网在法治轨道上健康运行。② 近年来,我国加快了网络社会治理领域法律法规制定的步伐。2016 年 11 月 7 日,第十二届全国人大常委会通过了《中华人民共和国网络安全法》,特别是自中央网络安全和信息化领导小组成立以来,我国密集出台了包括《互联网新闻信息服务管理规定》《互联网信息内容管理行政执法程序规定》等在内的一系列规章文件,为完善网络社会治理的法律体系提供了规范性指导,其基本目的正是"要抓紧制定立法规划,完善互联网信息内容管理、关键信息基础设施保护等法律法规,依法治理网络空间,维护公民合法权益"③。

我国现存有关互联网的法律法规,欠缺关注网民权利、规范网民网络参与行为的条文。④"网络空间同现实社会一样,既要提倡自由,也要保持秩序。

---

① 徐顽强,王文彬.以主体激励兼容推进新时代网络综合治理[EB/OL].(2018-11-01)[2020-12-06].http://www.rmlt.com.cn/2018/1101/531838.shtml.

② 习近平在第二届世界互联网大会开幕式上的讲话(全文)[EB/OL].(2015-12-16)[2018-10-09].http://www.xinhuanet.com/politics/2015-12/16/c_1117481089.htm.

③ 周望."领导小组"如何领导?——对"中央领导小组"的一项整体性分析[J].理论与改革,2015(1):95-99.

④ 叶强.论新时代网络综合治理法律体系的建立[J].情报杂志,2018,37(5):134-140.

自由是秩序的目的,秩序是自由的保障。"①网络社会治理的逻辑起点是维持秩序,而这应当在网络社会治理中牢牢坚持。2020年3月开始施行的《网络信息内容生态治理规定》,明确了正能量信息、违法信息和不良信息的具体范围,明确了各级网信部门在网络信息内容生态监督管理方面的职责,并且对网络信息内容生产者、网络信息内容服务平台、网络信息内容服务使用者、网络行业组织提出了要求。该规定阐释了正能量为内容生产的前提,并鼓励内容生产者对正能量内容进行创作、制作与发布,这可以看作对网民权利的一种补充。

与此同时,网络技术的发展助推网络自主空间的诞生与成长,并形成了一套以技术编码、自治伦理等为主要手段的技术治理模式。互联网技术是网络空间综合治理的重要工具和根本支撑,但需要进行正向地使用,才可以协同企业和用户从根本上规范网络秩序、净化互联网环境。政府在网络社会治理过程当中,重视及灵活运用法律治理与技术治理,提升其双向互补作用。面向未来,网络立法应深入研究并掌握互联网发展规律,更加明确网民及企业等共治主体的权利与义务,深度把握信息技术的发展趋向,加大对网络新技术、新业态、新应用等的支持力度,进而推动我国核心信息技术水平的提升、经济社会科技底蕴的加强。

(二)发挥德治的社会教化作用,构建网络行为准则

政府要充分发挥德治的社会教化作用,积极培育和践行社会主义核心价值观。传递正能量是网络社会的立身之本,更是推动社会和谐进步的强大动力。② 政府应与企业、网民等各主体建立共同的语义空间,通过进行议程设置引发用户的认知共鸣,使得这种共情的感染力转化为传播的说服力,引发用户的情感共鸣。在网络传播中,政府还要发挥信息资源统筹协调的

① 中央网络安全和信息化委员会办公室.习近平的网络安全观[EB/OL].(2018-02-02)[2021-06-28].http://www.cac.gov.cn/2018-02/02/c_1122358894.htm.
② 陆峰.构建网络综合治理新格局[N].学习时报,2018-08-08(006).

优势，对网络行为准则进行多平台的宣传，发挥社会动员能力。

　　发挥主流媒体的思想引领作用。主流媒体作为思想的引领者、行动的先导者，在面对重大舆论事件时，应该坚持理性清醒的态度，用真实的权威信息疏导网民的负面情绪，自觉扛起网络空间治理的大旗。同时，主流媒体应该积极利用网络资源，以平等的语态和用户喜闻乐见的形式传播社会主义核心价值观。《你好，明天》作为中央级报纸《人民日报》的线上栏目，开创初始即摒弃了自上而下的官本位语言体系和表达口吻，运用多种形式形成开放沟通的平和姿态，在最大限度上实现了与用户的平等交流，凝聚网民共识。

　　在政府的应急管理中，及时、准确的信息公开发挥着不可替代的作用，及时的信息公开不仅可以阻止谣言的传播、稳定社会秩序，还可以引导公众正确理解和积极配合政府的应急措施。随着互联网的普及，政府的信息公开在网络环境下有了新的途径，网络为政府的信息公开提供了重要平台，也在应急管理中发挥了举足轻重的作用。①

　　政府在管理过程中，要想有效应对这类虚假信息的传播扩散，不能单纯依靠常规治理手段，而需要将应急治理与常规治理联系起来，实现动态的平衡效果。这需要坚持和完善共建共治共享的社会治理制度，整合、优化社会资源，以全流程、整体性视角进行防范，抓住防范与引导的关键环节，形成构建安全、有效的整体防控链，实现动态平衡。目前，网络平台上政府的信息公开也存在许多不足，因此，在网络环境下，政府应急管理中的信息公开需要坚持主动、及时公开真实信息的原则，注重网络平台的互动性，充分发挥互联网的优势，实现以网络平台为关键技术支撑的应急协同治理。树立三大理念，即秩序、协同与平衡，协同多个网络社会治理主体、丰富治理手段，实现常规治理与应急治理的多维衔接与配合，造福人民。

---

① 葛百潞.网络环境下政府应急管理的信息公开研究[J].新经济,2020(6):81-84.

四、基层自治与平台搭建

党的十九届四中全会审议通过的《决定》提出,构建基层社会治理新格局。随着我国社会治理结构的不断下沉,基层社会治理成为我国现代化国家治理体系建设的重点。社会治理功能在媒体融合领域的引入和强化,使区县级融媒体中心的定位进一步明确,从以往传播信息的区域媒体功能提升到推进基层社会治理的维度,使我国区县级融媒体中心承担了新的使命。政府通过政务新媒体矩阵构建"融合治理平台",建立网络社会协同治理的决策互动与智力支持系统,搭建相应的多元治理主体沟通与协商平台,推进网络社会治理的合作与互动,以互动和沟通精准分配政府线上线下的公共产品,实现治理主体的协同行动。①

党中央高度重视网信事业发展,提出了网络强国战略,作出了建设数字中国的决策部署。以浙江省"最多跑一次"政务服务改革为例,其在建设数字中国的实践过程中让"最多跑一次"政务服务改革从承诺细化成"一窗受理、集成服务""一网申请、快递送达""一号咨询、高效互动",一个个数据壁垒被打破、部门设置逐步扁平化、协同办公等得以实现,数据成为服务群众的重要抓手。以人民为中心、以数据共享为原则的改革思路,让群众不仅在电脑端可实现在线办理业务,还能在移动端打开浙江政务服务网,即可办理查社保、查公积金、交通违法处理和缴罚、缴学费、补换驾照、出入境办证等业务。

在现代化治理体系的建设中,基层社会治理是固本之策,而基层的网络治理离不开区县级融媒体中心的功能发挥与职责担当。在基层网络治理中,区县级行政单位的辖控范围对治理主体对客体的精细化全面覆盖更加有利,区县级融媒体中心逐渐成为我国基层"治国理政新平台"。区县级融

---

① 姜晓萍.社会治理须坚持共建共治共享[EB/OL].(2020-09-16)[2020-12-20].http://yuqing. people.com.cn/n1/2020/0916/c209043-31863065.html.

媒体中心在融合发展过程中具有地方优势,最贴近本地区群众,在推进地方基层治理方面具有得天独厚的优势。近年来,区县级融媒体中心不断完善自身的导向和服务功能,加强与地方政府各职能部门的深度融合,在当前的社会治理环境中发挥着越来越重要的作用,而推进基层治理手段创新发展,已成为新时期推进基层社会治理的重要抓手。

县级融媒体是最接近人民群众的媒体,有助于打通社会治理的"最后一公里",在本质上则是党媒身份。因此,县级融媒体应主动融入政府部分政务服务工作,整合各党政部门的信息内容资源和技术平台资源,打造成人民群众接入各类政务服务的"流量入口"。邳州广电"银杏融媒"作为江苏省县级媒体深度融合试点单位,立足于新闻宣传本体工作,通过手机问政平台、《政风热线》栏目、政府"民声通"平台、App 社区模块等,反映民众的日常生活、传递民众的呼声需求、搭建群众与政府的沟通桥梁,实现"融媒问政"。这样,政务新媒体矩阵就可以成为集信息融合中心、创新服务中心、联动行政中心于一体的在线融合治理平台。同时应该看到,在即将到来的物联网时代,县级融媒体作为新技术的汇集点,以其深入群众的独特地位,在推进智慧城市建设、提高社会治理能力方面发挥重要作用。

总之,在构建中国特色网络社会治理格局的过程中,不仅要不断更新治理理念、探索治理优化路径,还要具备全球视野,在全球网络治理进程中动态把握网络社会治理的特征和规律。在互联网发展历史上,网络技术的发展与全球化进程密不可分,因此网络治理不再是局限于一个地区或一个国家的问题,而是一个需要放在全球范围内讨论的问题。我国作为人口大国和互联网大国,在互联网治理、媒体生态治理和主流意识形态安全上的举措将深刻影响全球网络社会治理模式和路径。网络社会治理要统筹国内与国际两个大局,既要加强国内网络安全建设,也要维护国际网络空间安全,承担大国责任,彰显平等的治理理念。一方面,网络社会治理要以满足人民群众对幸福美好生活的需要和实现中华民族伟大复兴为基本目标,以科学化的治理促发展,统筹优化网络要素资源分配,加强网络技术创新,提升多元主体在网络社会治理中的效能,以符合时代需要和社会实际的治理方式促进经济社会进一步繁荣;另一方面,要通过我国在网络社会治理方面的具体实践和优化探索,不断总结具备全球借鉴价值的网络社会治理经验,提供合理的网络社会治理方案,形成完善的网络社会治理中国模式,为全球网络社会治理作出应有的贡献。

第六章　平台履责与信息管理

互联网平台为网络信息传播活动提供平台支撑以及技术支撑，是聚合海量信息内容、聚集广大内容生产者和接受者的信息枢纽，深度参与互联网内容的生产和分发，在一定程度上形成了干预社会信息流动的能力。落实互联网企业信息管理的主体责任，实际上是强调国家管理下的多主体共同参与网络综合治理，契合了国家管理现代化的发展趋势。但与此同时，互联网平台自身所具备的自主开放性和多元复杂性给信息内容的传播安全和秩序带来了严峻挑战。因此，如何夯实互联网平台主体责任和提升信息管理能力成为国家、社会，乃至全民广泛关注的焦点和议题。

第一节　互联网平台作为治理主体的重要性

互联网平台作为第三方媒介，促进了内容生产者、消费者等各方之间信息、服务、商品等各类资源的交换与流通。互联网平台的崛起极大地改变了我们的生产和生活，也为我们展示了一种网络空间的组织形式。

一、平台是社会信息传播枢纽

互联网的平台化发展是指多种垂直类互联网应用相互连接，直至形成一个能够为用户提供各种类型服务、满足用户各种需求的闭环，形成生态级互联网应用平台。① 当海量用户聚合于互联网空间并通过互联网平台交流沟通时,互联网平台即成为社会信息传播枢纽。② 在现代社会中,互联网平台不仅汇聚了大量的信息资源,还通过各类平台技术助推信息高效传播。

随着互联网的快速发展、用户的需求多元化,互联网平台类型也日益多元。如表 1 所示,根据《互联网平台分类分级指南(征求意见稿)》,中国互联网平台主要分为网络销售类、生活服务类、社交娱乐类、信息资讯类、金融服务类、计算应用类等 6 大类;如表 2 所示,综合考虑用户规模、业务种类、经济体量以及限制能力,《互联网平台分类分级指南(征求意见稿)》将互联网平台分为超级平台、大型平台、中小平台 3 个级别。《互联网平台落实主体责任指南(征求意见稿)》规定了互联网平台特别是超大型平台需履行的公平竞争示范、平等治理、开放生态等主体的责任。

表 1　中国互联网平台分类情况

平台类别	连接属性	主要功能
网络销售类平台	连接人与商品	交易
生活服务类平台	连接人与服务	服务
社交娱乐类平台	连接人与人	社交娱乐
信息资讯类平台	连接人与信息	信息资讯
金融服务类平台	连接人与资金	融资
计算应用类平台	连接人与计算能力	网络计算

---

① 宋建武,黄淼,陈璐颖. 平台化:主流媒体深度融合的基石[J]. 新闻与写作,2017(10):5-14.
② 陈璐颖. 互联网内容治理中的平台责任研究[J]. 出版发行研究,2020(6):12-18.

表2 中国互联网平台分级情况

平台分级	分级依据	具体标准
超级平台	超大用户规模	在中国的上年度年活跃用户不低于5亿户
	超广业务种类	核心业务至少涉及两类平台业务
	超高经济体量	上年底市值（估值）不低于10000亿元
	超强限制能力	具有超强的限制商户接触消费者（用户）的能力
大型平台	较大用户规模	在中国的上年度年活跃用户不低于5000万户
	主营业务	具有表现突出的平台主营业务
	较高经济体量	上年底市值（估值）不低于1000亿元
	较强限制能力	具有较强的限制商户接触消费者（用户）的能力
中小平台	一定用户规模	在中国具有一定的年活跃用户
	一定业务种类	具有一定业务
	一定经济体量	具有一定的市值（估值）
	一定限制能力	具有一定的限制商户接触消费者（用户）的能力

二、平台的双重治理角色定位

互联网平台自身具有商业性、社会性等多重属性，决定了平台在治理层面的双重角色定位。

其一，平台具有公共媒介的社会属性，是参与网络综合治理的重要主体，在网络信息管理中作为"治理者"履行主体责任。2016年4月19日，习近平总书记在网络安全和信息化工作座谈会上提出"网上信息管理，网站应负主体责任"①。这是首次提出互联网企业应当增强使命感和责任感。由此逐步确立了互联网平台运营主体在互联网信息管理中的主体责任。2018年4月，习近平总书记在全国网络安全和信息化工作会议上指出，要提高网络综合治理能力。② 网络综合治理的概念被正式提出。在网络综合治理能

① 习近平. 在网络安全和信息化工作座谈会上的讲话[M]. 北京：人民出版社,2016:20.
② 中央网络安全和信息化委员会办公室. 习近平：自主创新推进网络强国建设[EB/OL]. (2018-04-21)[2022-05-07]. http://www.cac.gov.cn/2018-04/21/c_1122719824.htm.

力中,企业履行主体责任成为重要一环。同年,习近平总书记再次强调要压实互联网企业的主体责任。① 2019 年,党的十九届四中全会进一步强调建立健全网络综合治理体系,互联网企业的主体责任被明确为"信息管理"。

《中国企业社会责任研究报告(2019)》显示,在"中国企业 300 强社会责任发展指数"排名中,仅 8 家互联网企业上榜,腾讯、阿里巴巴和百度仅分别排名第 70、第 120 和第 148。② 近年来,我国互联网企业尽管社会责任履行整体表现不断向好,但与很多传统行业的企业相比,履责水平和意识仍有待提高与增强,相应的配套制度和政策也有待完善。落实互联网企业主体责任,仍然是一项长期而艰巨的工作。

此后,针对互联网信息内容传播乱象,有关加强信息内容社会责任管理的政策逐步完善。2019 年 12 月 15 日,国家互联网信息办公室出台《网络信息内容生态治理规定》。此外,《网络表演经营活动管理办法》《互联网直播服务管理规定》等部门规章中均提出,互联网平台应建立健全信息审核、信息安全管理、信息实时巡查等管理制度,互联网平台应具备与其服务相适应的内容监管技术条件。2021 年,《互联网用户公众账号信息服务管理规定》《关于进一步加强"饭圈"乱象治理的通知》《关于进一步压实网站平台信息内容管理主体责任的意见》《互联网信息服务算法推荐管理规定》等从多方面提出具体工作要求,推动企业网站平台主动履责,努力营造清朗网络空间。

其二,互联网平台具有商业属性,遵循市场规律、参与企业竞争,在网络综合治理中作为市场主体接受监督管理。

信息传播主体的多元性和机制的复杂性,更是对加强社会责任履行提出了特殊要求。当新闻媒体和互联网企业汇聚网站平台传递交换信息之

---

① 中华人民共和国国家互联网信息办公室.压实互联网企业的主体责任[EB/OL].(2018-11-06)[2023-12-12].https://www.cac.gov.cn/2018-11/06/c_1123672701.htm.

② 黄群慧,钟宏武,张蒽.中国企业社会责任研究报告(2019)[M].北京:社会科学文献出版社,2019.

时,企业的经济属性与新闻公共属性也以社会责任为交汇点发生了交叉和融合。这也提醒我们可以并且应当跨越新闻传播和经济管理的学科界限对互联网信息内容社会责任予以学理层面的考察。这不仅有助于探寻互联网信息内容责任政策话语在学术层面的合法性和合理性,还可以在新的时代背景下从互联网平台的语境进一步明晰履责主体、边界、手段和机制等,从而照亮互联网平台主体责任的中国框架的建构之路。

三、平台治理关口的技术手段

互联网信息参与主体多元、技术迭代快、产品内容多样、信息总量大、传播渠道复杂、传播效率高。互联网平台的内容运行和传播机制区别于传统媒体,互联网内容管理难度也远高于传统媒体。习近平总书记指出,"要以技术对技术,以技术管技术,做到魔高一尺、道高一丈"①。

在管理互联网平台技术时,首先要充分认识到技术的主体性,彻底释放技术手段在互联网信息管理中的潜力。要从根本上实现从过去的人工管理向人机协同管理转变,全面将人工智能、大数据等技术嵌入不同的治理场景,不断推动新型管理技术的开发与应用,实现"以技术管理技术"来解决技术负面性导致的各种微观治理问题。其次要坚持用主流价值观驾驭和引导技术,倡导和引导更为合理、规范和平衡的技术应用机制保障主流价值对技术管理的引导作用,必须尽快形成技术主体自觉尽责、技术应用价值嵌入、技术监督协同问责的技术手段协同监管体系。互联网平台作为网络综合治理的参与主体,依托独特的关口技术优势,具有对网络内容治理"取长补短"的潜力和优势。

第二节　平台属性赋予治理的复杂性

互联网平台以主体的深度互动和资源的全面交换为基本存在方式,其

---

① 习近平. 在网络安全和信息化工作座谈会上的讲话[M]. 北京:人民出版社,2016:19.

价值不仅包含经济层面的信息流通和交换,还涵盖社会和文化层面的意义生成。互联网平台的多重属性也赋予了平台参与治理的复杂性。平台履责既是信息生产传播机制的协同管理,也是一种价值观管理,重点是着眼于增强不同社会主体价值观认同的心智管理、情怀管理、承诺管理和自觉管理①。

一、互联网平台的属性特征

其一,平台责任边界模糊。互联网企业责任边界的模糊性在很大程度上是由互联网企业的特殊性质造成的。互联网企业既有商业属性,又有社会属性;不少互联网企业是社会信息沟通的公共基础设施,但同时具有意识形态属性;有的互联网企业以信息内容生产为主,有的是纯粹的信息聚合平台。② 履责边界层面,在传统媒体和企业语境下界定履责边界是以一种先验性的思维定式将媒体或企业的功能任务与责任范围画上等号。③ 这一逻辑虽然确实可以为主体履责提供一套可参考的标准,但是传统主客二元的认知方式扼杀了平台责任自我生长的内在需求与潜力,不但会影响责任范畴界定的准确性和适应性,而且在很大程度上禁锢了责任边界的多元性与可塑性,因此在实践过程中也容易出现责任错位、缺位和越位等问题,从而影响责任实效的发挥。

其二,互联网企业的资本驱动。互联网平台作为企业主体具有资本属性,这也是互联网企业的本质属性。互联网企业提供平台服务并打造平台商品,在市场竞争中遵循市场运行规律和商品交换规律。在这个过程中,作为私有主体的互联网平台企业,其市场行为和企业决策均以经济效益为重要决策因素。在参与行业规范与公共事务管理过程中,互联网企业也以保

---

① 肖红军,阳镇. 平台企业社会责任:逻辑起点与实践范式[J]. 经济管理, 2020(4):37-53.
② 田丽,方菲. 试论互联网企业社会责任的三维模型构建[J]. 信息安全与通信保密,2017(8):42-52;郝文江,林云. 互联网企业社会责任现状与启示研究[J]. 信息网络安全,2019(9):130-133;史璇,江春霞. 互联网"独角兽"企业社会责任的履行及治理[J]. 理论探讨,2019(4):115-119.
③ 肖红军,阳镇.平台企业社会责任:逻辑起点与实践范式[J].经济管理,2020(4):37-53.

障和促进企业的良性发展与运转为重要前提。互联网企业作为网络综合治理的重要参与主体,既是网络管理的参与者、内容监管的执行者,也是市场和政府部分的监管对象。互联网企业在资本和利益的驱动下,面对企业私有利益与公共利益的冲突,将影响企业作为网络综合治理主体的履责力度。

其三,互联网平台的工具属性及网络信息的相对开放性。随着平台技术的发展,大数据、算法、AR、VR 等技术应用于网络平台,互联网平台从早期信息的聚散地发展为集信息精准推送、内容再生产、数据再开发、场景连接与再生等多重功能于一体的网络平台。互联网作为传播平台具有媒介工具属性,互联网的传播模式突破了大众传播模式下的单向传播,并在信息生产和发布流程中形成了大众化的用户参与模式。互联网平台的信息从生产、发布到传播的流程,相较于传统的大众传播媒介,呈现极大的开放性。互联网平台不仅是具有信息相对开放性的媒介平台,也是具有经济属性、社会属性的独立实体。互联网平台的多重属性让平台在参与网络综合治理过程中面临现实困境。

二、平台治理存在的问题与困境

近年来,互联网平台中信息安全、网络谣言、舆情引导、版权保护等一系列网络治理问题愈加严重。其一,互联网企业主体责任意识淡化。长期以来,互联网平台的交互性、去中心化的媒介工具属性,以及技术中立、网络信息自由化等原则,让互联网平台在发展初期缺乏主体责任意识。在管理方面,我国互联网新媒体管理起初以"政府主导"模式为主,尚未明晰互联网平台的主体责任。这一垂直化、中心化的监管模式在方向把控、统一规划、集中管理等方面具有一定的优势,在我国互联网治理的起步阶段起到了很好的谋篇布局、架梁立柱的作用,同时在我国互联网早期相对简单的环境中具有较好的监管效果。但是,随着互联网平台生态愈加复杂,"政府主导"模式的短板开始逐渐显现。一是难以应对管理对象多元化的发展趋势。长久以来存在的部门条块分割、多头管理的问题造成了管理资源的浪费和管理效率的低下,急需对现有的管理资源进行有效整合。二是难以有效利用和发挥多元行动主体的监管潜力。实际上,无论是从历史来看还是从现实来看,多元化的互联网行动主体都能够利用其自身优势和特点扮演好"监管者"的角色。然而,互联网平台运营主体实际缺乏对信息内容精确审核的能力。以谣言治理为例,主流媒体可以发挥信息和人才专业优势,帮助大众辨别真假,以正视听;网民则可以主动行使监督和举报的权利,协助信息平台及时删除谣言信息;互联网平台可以积极履行社会责任,加强对虚假信息的审核筛查。

因此,进一步加强互联网平台的信息管理,必须强化互联网企业主体责任意识,打破以往"政府主导"模式,引入媒体、互联网企业、网民等多元主体的力量,并且努力发挥各主体间的协同作用,形成管理的合力。

其二,互联网平台规范不完善。现阶段,互联网平台规范尽管具有行业规范性、强制性和稳定性,但在实践中暴露出越来越多的问题,主要表现为以下几个方面。

一是平台规范执行方式的"一刀切"。以法律和政策为指导的平台治理规范往往采用删帖、封号、下架等简单直接的监管方式,不仅容易引起被监管对象的反感,而且"一刀切"的思维与当前多元复杂的网络生态不匹配。更为关键的是,容易对管理者和被管理者造成直接对立关系,加深双方矛盾,这样更无法充分调动被管理者的能动性与积极性,实现协同治理。

二是平台规范出台及修订的滞后性。互联网新媒体发展日新月异,新问题、新矛盾层出不穷,平台规范的出台缺乏前瞻性预判和系统性规划,在快速迭代的网络生态中削弱了监管强制力。与此同时,事件在前、法律在后的监管机制使互联网平台在管理效力层面缺少长效机制和动态机制。

其三,互联网平台企业利益与社会责任的冲突。作为企业主体的互联网平台,应遵循市场规则、平台管理规则进行企业运营。然而,在互联网的治理结构中仍然存在微观层面的疏漏,面对一些复杂问题时,行政监管的有效性也会大打折扣。当互联网平台企业利益与社会责任相冲突时,互联网平台企业在网络治理的疏漏中选择了商业利益。比如,面向网络平台推广的"青少年模式",旨在为青少年群体提供适合的信息内容,并将网络平台使用时长控制在合理范围内,然而该策略在实施过程中遭遇"上有政策、下有对策"的情况,网上涌现各色"破解方法",部分平台也采用消极实名认证机制,未能达到预期效果。此时,单纯的行政命令就必须借助技术手段进行监控。又如,国家网信办要求各平台启动"关闭自动推荐"模式,以进一步对算法推荐进行监管。但是,囿于流量经济模式,不少平台为了经济利益故意将关闭入口放在不起眼的位置,用户对关闭个性化推荐后的内容质量也不甚满意,实行效果并不理想。此时,互联网新媒体监管对于信息内容生产与信息内容治理博弈关系的掌控就显得十分重要,相应的监管手段也呼之欲出。

其四,互联网平台新的传播监管机制不完备。在履责机制层面,互联网平台通过主体的广泛参与、深度互动和有效协商可以创造并分享共通信念,进一步被主体内化为自觉自愿的履责行动力,从而摆脱以往依靠利益关系形成的被动履责机制。传统履责机制下,社会责任无论是在媒体或企业的内部运行还是在外部合作,都源于一种基于利益权衡的动力,带有很强的被动性、随机性和权变性。内部领导员工和外部利益相关者对履责的认同感和获得感都相对较弱。实际上,这也是社会责任在主体、边界和手段等层面产生二元对立危机的重要原因,也就是说,主体协作、边界拓展和手段共享缺乏根本的可达成、可持续的机制和保障。

第三节　平台治理的基本流程与重点范围

互联网包罗万象,互联网平台的治理范围也不同于传统行业,具有一定的广度与深度。经过一段时间的发展,当前的互联网平台治理体系逐渐完善,形成了较为明确的环节划分与内容分工,其基本流程与重点范围主要有三大板块,分别是规范账号信息及行为、过滤引导内容生态以及加强数据安全与防护。

一、规范:账号信息与行为管理

账号是用户在互联网平台上活动的"身份证",也是用户在网络传播信息的第一环节。平台治理始于账号治理,在这一环节守好关口,切实承担账号治理的主体责任,是守好"网络治理大门"的第一步,也为后续的内容管理与风险管理奠定良好基础。

在账号信息管理环节,网络实名制是我国网络账号治理的重要基础,"后台实名、前台自愿"是我国网络实名制的基本原则。这种方式在确认账号使用者身份的同时,能够保障用户的隐私权,也更符合互联网开放包容的特性。但是,这种模式也给了一些别有用心之人作恶的空间。近年来,网络谣言、电信诈骗、网络暴力等乱象层出不穷,深究这些乱象的根源会发现,其大多与虚假注册账号有关:有人通过购买手机号、冒用他人身份等手段,为自己的账号套上"假马甲"、贴上冒牌"身份证",同时倒卖账号等行为时有发生,甚至出现了恶意注册和"养号"的灰色产业链,加剧了网络空间的风险。2022 年 6 月 27 日,国家网信办发布《互联网用户账号信息管理规定》,划定了互联网平台管理账号信息的底线、红线,明确了责任义务。根据该规定,就互联网平台而言,其对账号信息的治理范围有所拓展,不仅需要对账号名称进行管理,还将头像、封面、简介、IP 地址以及认证信息等环节纳入管理范畴,这对平台的账号治理能力提出了更高要求。当前,互联网平台主要通过技术手段(如账号信息动态核验制度)、管理措施(真实身份信息认证、账号信息核验制度)等途径开展账号信息的监管工作。2022 年 3 月,新浪微博上线展示用户"IP 属地"功能,随后豆瓣、小红书、抖音等平台也相继上线该功能。这意味着,在实名认证之后,互联网平台对用户的身份属性进行了更严格的划分和更公开的展示,账号信息逐渐走向透明化。从落实情况来看,此功能一经推出,一些账号名称、身份与传播内容和 IP 属地不符的情况便出现了,一些"网络水军"也"现出原形",这有利于维护健康的互联网氛围。

在账号行为管理环节,2020 年以来,国家网信办牵头开展了整治各类网络乱象的"清朗"系列专项行动，各大头部互联网平台也不断加大对账号行为的监管与治理力度。其中，对于假冒各类组织机构以假乱真、误导公众的账号，利用时政新闻、社会事件等"蹭热点"、借势炒作的账号以及发布"标题党"文章煽动网民情绪、放大群体焦虑的账号，有关部门与平台进行了重点打击。同时，加强了对异常涨粉现象的管理，严格清理"僵尸粉""机器粉"以打击流量造假、恶意营销等行为。例如，2021年8月，微信发布《视频号直播账号阶梯处置方案》，结合视频号主播在直播中的历史违规行为，计算主播的安全信用分，以账号违规行为的严重程度以及历史次数为依据，对不同严重程度的账号采取不同程度的限流及禁播等阶梯式处置措施，进一步提高对账号行为主体的规范程度。

此外，对青少年账号及行为的保护也是平台治理中的一项重要内容。据统计，我国未成年网民已达 1.83 亿人，互联网普及率为 94.9%，远高于成年群体互联网普及率。[①] 在青少年安全用网、健康用网方面，互联网平台具有责无旁贷的社会责任。2021年，抖音在社区自律公约中新增《未成年内容管理规范》，对于青少年用户的使用时长、打赏行为等进行了限制。可以说，互联网平台正在积极尝试从未成年人的角度出发，探索一套更符合未成年人心理与年龄特征的管理模式。

二、过滤：内容运营与生态管理

互联网平台基于技术优势，深度参与、引导互联网内容的生产与分发，聚合海量信息内容，成为内容生产和接收的枢纽，在一定程度上具备了影响公共信息传播与流动的能力，因此，内容治理是平台治理的重中之重。当前，平台主要利用"算法+人工"的模式，在内容发布的审核与推荐等环节加强管理，优化平台内部的内容生态。

---

① 中国互联网络信息中心.第 49 次《中国互联网络发展状况统计报告》[R/OL].（2022-02-25）[2022-04-05].https://www.cnnic.net.cn/n4/2022/0401/c88-1131.html.

其一,内容审核是互联网平台进行内容治理的关键环节,平台通常会设置专门的管理人员及审核团队对用户生产的内容进行审查,不符合平台及法律规定的内容会被强制删除。如今,平台普遍建立了"机器+人工"的内容审核流程,包括先发后审与先审后发两种模式。"先发后审"指用户发布的内容只需要通过机器审核(如关键词过滤)即可发布显示,随后再等待人工审核,这一模式适用于对时效性要求较高、风险较低的内容;"先审后发"则是先通过机器审核对内容进行初步的风险评级,然后交由人工审核,这一模式适用于时政新闻等要求较为严格的内容。随着人工智能、算法等技术的成熟,机器深度学习、自然语言处理等技术的发展让算法内容审核完成从弱到强的"进化",通过检索关键词、人工"打标签"和深度学习等方式,机器能够代替人类进行大量重复性的审核工作,高效识别有害信息和不良信息,自动屏蔽、删除违规内容。然而,技术与机器自身也具有较为明显的局限性。机器审核基于对已有文本库的学习、训练和迭代,而网络舆情变幻莫测,网络语言日新月异,一些敏感词、反讽语态等内容变化速度极快。一方面,机器识别的精度较低,不加区分地机械式屏蔽会造成误判与错误;另一方面,谐音词规避平台审查,导致正面词汇被误判。鉴于诸多局限性,互联网平台依然会保留一部分人工,对用户的申诉以及一些难以识别的内容进行人工审核,协同完成内容审核工作。

其二,内容推荐机制是各大互联网平台优化内部内容生态、提高用户使用满意度与留存率的主要手段。当前,各大平台普遍使用算法技术提高内容推荐的精准性。首先,算法会基于用户的个人信息,对用户完成个性化画像并进行标签分类,进而有针对性地为不同用户推荐其可能感兴趣的内容。随后,用户对内容的每一次点击、点赞、评论以及浏览时长等数据都会被纳入算法系统,随着用户使用次数的增多,平台不断积累、提升对用户喜好的了解程度,内容推送的针对性与准确性也越来越强。其次,算法还能够根据用户的社交范围进行内容推荐,即将用户发布的内容推荐给用户可能认识的人,基于现实中的社交联结增强内容推送的精准性,让每个用户生产的内容都有可能产生一定流量，以此增强用户的参与感与满足感，进而提高用户生产内容的积极性，促进平台内不断涌现更优质的内容，形成良好的内容生态循环。此外，平台还会根据"流量叠加"思维进行推荐。算法根据内容的完播率、点赞量、评论量、转发量等数据，将达到一定传播指标的内容投放至更高一级的流量池中进行更广范围的曝光，以此类推，层层叠加，以内容本身为推荐依据，具有去中心化的特征，帮助普通用户生产的优质内容扩大传播范围，让更多用户参与内容的生产与创作，优化平台内容生态。同时，值得注意的是，单纯依靠算法和用户兴趣进行内容推荐的模式，产生诸如"信息茧房"，内容低俗化、娱乐化等不良影响，因此，编辑的职能始终是互联网内容运营体系中不可或缺的一部分，编辑对平台内部内容生态的长远发展以及内容质量的提升具有重要作用。编辑可以发挥自己的专业判断能力与热点策划能力，对时下关注度较高的话题进行事先策划、整合分发，将精加工过的信息分享给受众，提升平台内容的整体呈现水平。2022 年 6 月发生的"唐山打人"事件引发舆论关注，有一些人乘虚而入，借机恶意发布有害言论混淆视听、挑拨对立、扰乱网络秩序，新浪微博加大了对站内信息的巡查力度，处置相关违规微博 1983 条，对 992 个违规用户视程度予以禁言 15 天至永久禁言的处置。可见，尤其是在面对一些较为敏感、具有争议的重大社会事件时，人工编辑能够及时发挥舆论引导作用，对不良言论和谣言进行有针对性的回应与处理，防止平台内部的信息生态混乱失焦。

其三，互联网平台作为重要的信息枢纽，与意识形态的传播密不可分，是意识形态传播的载体和工具。进行正确的价值观念引导、承担意识形态传播的责任，是互联网平台内容治理主体责任的灵魂。当前，全球化进程与逆全球化浪潮相互激荡，局部战争冲突时有发生，极端民族主义势力威胁全球安全，在这样的背景之下，互联网已成为意识形态话语权争夺的主阵地，信息战、舆论战威胁国家和地区的和平，来自西方互联网及媒体的抹黑、污蔑信息在议题设置方面具有强大的影响力，在此语境下，互联网平台的意识形态保护重任在肩，筑牢第一道拦截"思想病毒"的"防火墙"显得尤为必要。

当前的互联网平台主要是通过对不良信息进行删帖、封号等方式进行意识形态的保护，容易陷入"口号式"的宣传误区，可能引起用户的抵抗性解读。增强平台主体责任意识，应明确理解我国主流核心价值观的深刻内涵，用符合互联网传播特性的方式，完善平台内部的话语传播体系。

三、防护：数据安全与风险管理

大数据、人工智能、云计算等技术的创新发展不断驱动互联网平台的体量壮大与应用延伸，数据逐渐成为一种新型的基础资源，其经济价值也日渐突出。近年来，以腾讯、阿里巴巴、抖音为代表的互联网平台企业蓬勃发展，不断渗透到人们生活与社会公共领域的方方面面，掌握了海量的用户及其生存环境相关的数据。需要指出的是，平台本身具有私有属性，其掌握大量的社会数据后在实质上又具有了强大的公共属性，这种"公"与"私"的关系存在天然张力，在博弈之下，秩序失范、安全失防的情况屡有发生。近年来，国家陆续出台关于数据安全、隐私保护等领域的法律法规，社会各界不断呼吁明确互联网平台在安全防护方面的法定责任和义务，作为重要的数据获取、使用和交易主体，互联网平台面临更高的信息安全要求。

其一，数据存储与流动的安全管理是互联网平台安全治理的重中之重。在技术上，互联网平台基于技术优势会综合运用多种信息安全技术，如加强数据库的安全审计、加强访问控制、提升防火墙技术等，以保证信息的物理安全与应用安全，进而形成一套有效的信息安全防护技术与管理机制，提高平台的整体安全指数。在流程上，一般而言，数据往往会经历采集、存储、传输、使用和共享等过程，如果在这个过程中的任意一个环节出现安全问题，都可能造成数据泄露或损坏，因此，要想保证平台数据安全，需要对数据从采集到共享的整个过程进行控制。2022 年 5 月 16 日，《蚂蚁集团生态合作伙伴安全管理规范》正式生效实施，提高了对合作伙伴的数据安全管理要求，对从蚂蚁集团相关平台获取授权用户个人信息的商户、服务商、合作机构等，明确了数据安全能力标准，包括应指定数据安全负责人、留存日志、采用加密技术存储等,在保障数据信息安全方面作出了进一步探索。[①] 在数据流动上,完善跨境数据治理成为平台亟须完成的任务。当前,出于数据安全的考虑,我国的数据治理遵循较为严格的"数据本地化"原则,《中华人民共和国网络安全法》规定,平台作为"关键信息基础设施的运营者",其所采集的个人信息和重要数据需本地化储存,确需跨境传输时应履行数据跨境安全评估义务。这种"数据本地化储存+安全评估"的模式是政府及互联网平台在发展过程中,探索出的适应当下国际形势与国家安全需要的数据治理模式。

其二,随着各类互联网平台的增多与信息采集范围的扩大,对个人隐私的保护越来越成为社会普遍关注的治理命题。平台所提供的服务涉及生活的方方面面,如用户使用电商平台需实名认证、与平台订立网络服务合同,在电商平台购买产品时需与店铺订立买卖合同,等等,这些契约的有效履行都需要对用户个人信息进行收集,长此以往,大型平台及相关主体掌握了海量真实且动态更新的隐私信息,且经手环节多,极易造成隐私信息泄露的风险。近年来,许多平台开始使用"隐私面单"保护用户隐私。以外卖平台为例,平台通过技术手段,对消费者的姓名、手机号等信息进行脱敏处理,使消费者的个人信息不会直接展示在外卖面单上,配送人员通过其他方式获取信息完成配送服务,不会造成使用不便,还能够避免多方接触导致的隐私信息泄露问题。当然,仍有平台出于利益需求,利用自身技术壁垒,隐蔽、有选择地损害用户隐私,在用户不知情的情况下,超范围采集用户信息。全球范围内对平台治理的立法和监管正在加强,平台急需通过技术、管理等多重手段,提高数据信息采集、使用的合规性。

---

① "蚂蚁315"新动作:加强合作伙伴数据安全管理,周期性进行安全评估[EB/OL]. (2022-05-24)[2022-06-28].https://economy.gmw.cn/2022-05/24/content_35760585.htm.

第四节　平台治理的目标与方向

大力发展平台经济、数字经济,是我国在新发展阶段构建双循环的新发展格局、推动经济高质量发展的战略选择。平台经济的高速发展、市场的高效运转需要周密的秩序,秩序可由市场主体自发生成,但不足以保证市场的有效运转,因此还需外部监管与法治约束。总体而言,平台经济的发展前景依然欣欣向荣,但需改变早期"野蛮生长"的路径,在制度化、有序化及可控化层面加强建设,坚持发展和规范并重,确保可持续发展。

一、制度化:构建全面治理体系

首先,要健全对平台的监管机制。需要强调的是,就本质而言,互联网平台是自然带有垄断属性的。互联网平台具有显著的网络外部性和规模经济特征,互联网平台虽然在建设阶段成本高昂,但一旦进入目标市场,其边际成本趋向于零。依托算法技术与流量垄断,平台能对自身业务进行优惠,并隐蔽地对竞争对手施加打压,由此暴露出"二选一""大数据杀熟"、扼杀性收购等问题,如微信出于市场竞争的目的屏蔽抖音、淘宝链接,对用户造成不便。此类行径损害了用户权益,并且严重影响了正常的市场竞争环境。

因此,平台治理离不开外部行政手段的监管约束。具体而言,可以从如下几个方面入手。

一是加大反垄断审查与执法力度。平台普遍依托技术手段实施垄断行为,为提高监管效率,监管机构亦须加强技术能力建设,熟悉平台实施垄断行为的技术手段,依托数据分析和算法技术开发反垄断理论与方法,强化对平台垄断行为的监测和评估。此外,还需加强对互联网平台并购行为的监管,提高并购审查的及时性。

二是将监管建立于法律基础之上,形成真正的约束力。由于法律的制定与实施具有滞后性,面对互联网新业态、新模式不断涌现的现状,现行法律法规在执行上存在标准不清、有法难依的问题。所以，急需出台配套的法规政策，进一步明确平台主体责任的具体内容及监管细则，这既有助于提升对平台的监管水平，也有助于更好地引导互联网平台在合法区间运营，避免对法律条文的误解，高效促进互联网平台履行主体责任。

三是按照平台规模分类设定义务，以包容审慎的态度进行监管。在监管过程中需要意识到，不同规模的平台在经济实力和治理能力上差距较大，一些"超级平台"掌握海量信息、先进技术与丰富资源，且在一定程度上已经具有基础设施的功能，这些"超级平台"既有能力消化治理成本，也更应当承担社会责任。但市场上还存在许多处于创业成长期的中小型平台企业，超出其自身能力的治理要求便不再适宜，甚至会阻碍其创新与发展。因此，应当根据平台规模进行分类管理，处理好平台经济在监管与发展方面的关系。

其次，需创新全方位的协同模式。对于平台治理而言，政府、平台、用户等主体都是利益相关方，所以只有综合考虑不同主体的行为特征和治理需求，采取有针对性的治理措施，以系统观念为指引，构建多样化、全方位的协商共治模式，才能更加科学合理地规避平台经济风险，促进互联网平台健康发展。

其一，建立健全平台治理履责报告监督机制。对于互联网平台而言，其具有公共性，便自然肩负社会责任，可以探索制定平台企业社会责任报告制度及相应标准，对于体量较大的平台，内部应当成立专门的社会责任部门，定期公开报告平台履责的内容和成效。同时，结合平台定位，政府有关部门定期对平台进行治理抽查与评估检验，加强对平台企业的约束力。另外，培养广大公民的治理意识，积极发挥监督作用，尤其要发挥各类平台用户群体的监督作用，与政府规制力量形成协同态势，建立"政府+用户"的双重监督约束机制。

其二，引入互联网平台协同治理成效第三方评价机制。平台协同治理是一个渐进的过程，也是平台、政府、社会以及个人通力合作的结果，引入协同治理成效第三方评价机制，重点并非衡量短期内平台治理效果，而是要全面立体地反映协同治理主体的积极性、协同性与参与度，该评价机制的指标可以包括协同响应积极度、协同治理公平度以及协同治理反馈度。以此促进各类治理主体最大限度地发挥作用，充分反映平台治理效能和协同治理机制的建设程度，保障协同治理机制的长效运转。

二、有序化：完善平台自治机制

第一，平台应当做到规范先行，增强使用前的规则渗透性。平台作为服务提供者和用户行为的管理者，可在用户注册账号之前与注册过程中，将信息发布、内容生态以及隐私保护等方面的规则告知用户，做好解释说明，帮助用户在进入平台的同时潜移默化的产生规则意识，增强规则的渗透性；在日常运营之中，可以定期在页面推荐位呈现与用户利益、平台生态相关性强的规则内容，创新呈现手段与内容形式，利用游戏、H5、动漫、短视频等适合互联网传播语态的形式增进和增加用户对规范的了解与记忆。同时，通过实名认证制度，在保障个人隐私的前提下，平台应做好用户的使用数据分析，及时筛查违法违规行为，一经发现立刻停止提供服务，确保责任可追溯，并承担对用户及其行为的前置治理责任，必要时及时向监管部门报告和反馈信息，从而保障平台内部的有序化。

第二，依托技术优势，建立流程化的内部治理体系。一方面，可以依托大数据、人工智能技术实时监测平台内的数据情况；另一方面，探索构建开放的内容合作治理体系。社交平台应加强对主流价值观的引导，对极端敏感、煽动网络暴力等不理性言论进行筛查和处理。通过对政策法规的有效执行，实现平台内部治理的有序化。

第三，奖惩并举，切实发挥评价体系的激励、引导效能。当前，随着国家规范与打击力度的不断加大，各大互联网平台的治理措施已经取得一定成效，但仍旧存在一些"疑难杂症"。此外，面对当下的"网红"产业化趋势，许多账号背后存在 MCN 机构和账号管理运营公司，这些机构和公司往往具有大量的"账号矩阵"，一个账号受罚，公司其余账号并不会受到影响，实际的震慑效果不明显。因此，平台需根据行业实际情况与结果导向，完善对奖惩机制的设置:在惩治措施方面,可以将 MCN 机构纳入治理环节,扩大措施的辐射范围;在对优质内容的激励机制方面,需打破"流量为王"的利益逻辑,建立优质内容打分评价机制,搭建内容池优选模型,促进平台内部形成正能量的生态风气。

第四,责任延伸,探索与国家治理需求的深度对接。作为国家经济政策和环境的受益者、作为社会公共信息和数据的掌握者、作为先进技术与人才资源的拥有者,大型互联网平台有能力也有责任将自身的治理能力与国家现代化治理目标相对标。一方面,充分发挥平台在技术架构、数据使用等方面的治理优势,如构建电子政务服务平台,推动智能化、精准化的政务服务建设。例如腾讯与广东省政府合作,推出省内政务服务平台"粤省事",具有很强的示范意义。另一方面,应将增进社会福祉作为平台治理的根本目标。贯彻以人民为中心的发展思想、以人民需求为导向,让全体中国人民共享数字经济发展成果,依托"互联网+医疗""互联网+文旅"等经济新业态,大力探索互联网平台在促进民生改善、推动乡村振兴等方面的建设性作用。

三、可控化:规范技术的使用边界

对于平台的发展与治理,我们需要看到技术是一把双刃剑:一方面,技术赋能平台,让其拥有创新驱动发展的可能;另一方面,技术赋权平台,也让其拥有"作恶"的风险,并且这种风险在平台规模不断壮大的当下趋于可能。随着平台经济的发展,规范技术的使用边界,避免技术异化已然成为网络治理需要直面的课题。

首先,谨防算法滥用。凭借算法技术,平台将用户和社会纳入被技术和算法所形塑的世界,从网络服务的提供者逐渐演化为信息的生产者、分发者,它让时空界限变得模糊、让现实与虚拟的区别不断弱化,并且通过对个人数据的精准掌握,进行个性化信息推送,建立人与平台的强连接关系。我们需要意识到,算法正在影响和主导网络空间中的信息流动,发展至今甚至处于"操控传播"进而"操控现实"的隐性垄断地位,算法的滥用会给社会传播秩序带来巨大风险。对于算法服务的提供方,即平台来说,需要在用户个人数据的采集、使用与管理上提升技术可控性,严格规范使用权限,避免"大数据杀熟"行为;对于算法服务的使用方,即用户而言,其应当具有自主选择获取内容以及是否接受平台算法推荐服务的权利,避免陷入算法推荐的"信息茧房"。

其次,维护数据安全。对于数据安全,我们应当将数据视为一种公共产品,采取与其他公共产品相似的方式进行管理。同时,鼓励数据去中心化存储,这一模式有助于规避数据集中存储所带来的垄断风险,减少数据泄露和滥用的安全隐患。除此之外,还应防范互联网平台对个人信息的过度收集与过度索权,加强对数据资源全生命周期的安全保护。

最后,坚守道德底线。互联网平台应坚守产业的伦理与道德规范,共同维护良性的市场竞争秩序。当前,互联网行业内尚未建立有效的道德约束制度,一些互联网平台将技术单纯视为工具,认为社会和个人让渡部分隐私权以交换便捷是合理的,这种论调把平台企业自身的逐利性和私有属性弱化、剥离出来,忽略了道德与伦理对于平台长远发展的重要性。因此,需要厘清技术中立、工具属性与互联网企业的道德底线等相关概念,凸显平台和技术的道德责任。企业应当将自身的发展权利与社会责任相统一,坚持"技术向善""算法向善"的伦理观,为人工智能赋予"以人为本"的理念,并将这种理念体现在平台的底层架构与运营管理的各个环节,积极追寻技术、道德与利益之间的平衡,让平台与技术的发展真正造福用户。

整体而言,互联网平台的责任履行与综合治理是一项兼具复杂性与重要性的时代命题,破解这一命题,既需要健全管理体制,也需要在平台内部压实主体责任,平衡各方利益,善用技术之利,防范技术之弊。互联网平台的治理能力与治理体系建设始终处于高速的发展变化之中,需要根据实践不断调整、动态更新,通过多方合力与制度化规范,引导其朝健康发展的方向稳步前行。

第七章 综合监督与网络环境

第一节 网络综合监督体系的基本构成与参与机制

中国社会加入互联网以来,网络信息技术的全面发展与普及深刻影响了中国社会政治、经济、文化等各个方面。网络综合监督作为当代民主政治与网络信息技术相结合的产物,构成了中国社会治理的重要组成部分。当前,网络综合监督体系形成了以公民、媒体为基本构成的网络综合监督主体。同时,伴随新媒体时代的快速发展,公共事务边界更加开放,在互联网多样化平台、多样态参与机制的支持下,网络空间中的监督对象也呈现更加多元化的趋势。其中,除了传统民主监督中常作为监督对象的公权力机构及其工作人员,网络综合监督还向企业、公众人物、社会组织、媒体等对象全面延伸,监督内容触及政治、经济、文化、民生、医疗、教育、社会保障等社会各个领域。随着法律法规和政策条例的不断完善,网络综合监督正在成为体现人民当家作主的重要实践形式。

一、网络综合监督的缘起与制度保障

(一) 网络综合监督的缘起与发展历程

网络综合监督在网络技术与现代民主政治相结合的背景下产生,是公民监督权在网络领域的延伸和拓展。1982 年颁布的《中华人民共和国宪法》

对公民监督权进行了规定,①其中批评建议权、控告检举权、申诉权构成了监督权的具体内容。传统形式下,公民行使监督权的形式主要包括信访举报制度、人大代表联系群众制度、舆论监督制度、监督听证会、民主评议会等。1994 年,网络开始全面而深入地渗透到我国社会政治、经济、文化的各个方面。一方面,评议政府、反腐、问政等传统的监督理念逐渐进入互联网领域,"网上评议政府""网络问政""网络反腐"等概念逐渐兴起,成为公民行使监督权的新形式、新方法;另一方面,互联网成为民众直接发声的重要渠道,"网络舆论参与"逐渐深入到对公权力体系运行的监督环节。

最初,以国内网站为平台来表达民意的标志性事件可以追溯到 1999 年 5 月 9 日人民日报网络版开通"强烈抗议北约暴行 BBS 论坛"一事。② 这是中国新闻媒体开办的第一个中文时政论坛,标志着我国网络舆论的发端。2004 年以来,互联网进入以用户参与为核心的 Web2.0 时代。传统的监督理念以及网络舆论参与逐渐渗透到对公权力运行的监督中,特别是 2007 年以来,网络舆论监督在网络媒体中引起了强烈的反响和激烈的讨论。③ 2009 年微博兴起后,"网络综合监督"的概念和内涵逐渐确立,网络综合监督进入了新的阶段。网络综合监督一般指网络综合监督主体通过网络对社会公共事务和公共权力运行中的行为进行监督的过程,尤其是对其中的偏差、失范行为进行批评和制约的一种新型舆论监督方式。④ 2009 年中央党校出版社出版发行的《党的建设辞典》将"网络反腐"一词收录其中,这是网络综合监督效力在反腐过程中得到认可的一个重要的标志性事件。⑤ 2016 年,习近平总

---

① 《中华人民共和国宪法》(1982 年)第二章公民的基本权利和义务第四十一条中规定:"中华人民共和国公民对于任何国家机关和国家工作人员,有提出批评和建议的权利;对于任何国家机关和国家工作人员的违法失职行为,有向有关国家机关提出申诉、控告或者检举的权利,但是不得捏造或者歪曲事实进行诬告陷害。"

② 林楚方,赵凌.网上舆论的光荣与梦想[N/OL].南方周末,2003-06-07[2021-05-23].https://tech.sina.com.cn/me/2003-06-07/1513195628.shtml.

③ 石国亮,徐媛.国内网络舆论监督研究综述[J].广东青年干部学院学报,2009,23(3):3-9.

④ 陈界亭.网络综合监督在反腐倡廉建设中的作用及其局限性[J].岭南学刊,2009(5):38-40.

⑤ 杜治洲.基于惩治腐败有效性模型的网络综合监督研究[J].中国行政管理,2010(7):15-17.

书记在网络安全和信息化工作座谈会上的讲话中谈到,"要把权力关进制度的笼子里,一个重要手段就是发挥舆论监督包括互联网监督作用"①。此后,随着传统媒体与新媒体的融合发展,互联网监督成为群众监督的主要方式。截至 2021 年 12 月,我国网民规模达 10.32 亿人,互联网普及率达 73.0%。②社交媒体平台的崛起,特别是短视频平台的兴起,使公众可以集体参与网络舆论监督过程,以实现对公共权力的监督、纠偏,网络舆论监督成为网络政治参与的重要方式之一。

(二) 网络综合监督的指导思想与根本遵循

在我国网络综合治理实践中,党对互联网的领导与其执政理念是一致的。一方面是坚持党性和人民性相统一的根本原则,另一方面是坚持正面宣传与网络综合监督相统一的基本理念,二者构成相辅相成、并行不悖的统一体。

"坚持党性和人民性相统一"是网络综合监督遵循的根本原则。新闻媒体开展网络舆论监督的内容、方法等,必须体现党的意志、反映党的主张、维护党的权威,在思想上、政治上、行动上同党中央保持高度一致。我国新闻媒体的舆论监督,从本质上看是人民群众的监督。坚持舆论监督的人民性,既是人民当家作主的体现,也是中国共产党全心全意为人民服务的根本宗旨的具体表现。随着互联网媒介技术的发展、民意表达平台的发展与完善,公民言论自由和行使监督权的主要阵地正向网络发生转移。利用网络综合监督有助于畅通群众监督渠道,完善社会监督体系。开展网络综合监督的同时,要把保障人民根本利益作为网络综合监督的出发点和检验网络综合监督效果的标准。

"坚持正面宣传与网络综合监督相统一"要求新闻媒体在新闻舆论工作

---

① 习近平:在网络安全和信息化工作座谈会上的讲话[EB/OL].(2016-04-19)[2022-04-15]. http://jhsjk.people.cn/article/28303771.

② 中国互联网络信息中心.第 49 次《中国互联网络发展状况统计报告》[R/OL].(2022-02-25) [2022-04-16].https://www.cnnic.net.cn/n4/2022/0401/c88-1131.html.

中,直面党政机关工作中存在的问题、直面社会的丑恶现象,激浊扬清、针砭时弊,同时发表批评性报道要事实准确、分析客观。① 当前,主流媒体发布政务信息、回应社会关切、接收建议意见、接受群众监督的渠道平台越来越丰富、多元。一方面,新闻媒体要构筑网上网下同心圆,让网络综合监督与传统舆论监督形成合力,为人民群众参政议政和监督国家权力提供有效途径;另一方面,新闻媒体要坚持正确的舆论导向,既准确报道个别事实,又从宏观上把握和反映事件或事物的全貌,使正面宣传和网络综合监督形成相辅相成、并行不悖的统一体,为新媒体环境下我国开展网络综合监督工作做好思想引领。

(三) 网络综合监督的法律机制与政策现状

当下,我国网络综合监督蓬勃发展,尽管有关网络综合监督的法律体系尚未完全成形,法律制度基础还较为薄弱,但以人民当家作主为根本原则的宪法为网络综合监督提供了法律机制的根本保障。同时,全国人大常委会、国务院、国家有关部门以及地方相关部门等颁布的法律条例、行政法规、行政规章等,在涉及互联网管理等方面为网络综合监督提供了法律机制层面的基本依据。

从《中华人民共和国宪法》来看,有关保障人权、权力监督、依法治国的法律法规,为网络综合监督提供了根本保障。2004 年 3 月第十届全国人民代表大会第二次会议审议通过《中华人民共和国宪法修正案》,把“国家尊重和保障人权”确定为宪法的一项基本原则。② “国家尊重和保障人权”上升到宪法规范,为公民在网络空间中行使监督权提供了可靠的宪法依据。在尊

---

① 习近平在党的新闻舆论工作座谈会上强调:坚持正确方向创新方法手段 提高新闻舆论传播力引导力[EB/OL].(2016-02-20)[2022-05-29].http://cpc.people.com.cn/n1/2016/0220/c64094-28136289.html.

② 2004 年 3 月 14 日,第十届全国人民代表大会第二次会议通过的《中华人民共和国宪法修正案》第二十四条规定:“宪法第三十三条增加一款,作为第三款:‘国家尊重和保障人权。’第三款相应地改为第四款。”

重和保障人权的基础上,宪法对公权力接受人民监督也提出了明确规定。① 宪法赋予了人民监督权的合法性,继而为人民开展包括网络综合监督在内的各项监督行为提供了又一宪法依据。此外,宪法还从依法治国层面规定了任何组织或者个人都不得有超越宪法和法律的特权。② 这意味着网络综合监督者和被监督者都要在法律框架下开展活动,法律面前人人平等,这有助于良性网络综合监督环境的建设和发展。

在其他法律建设方面,针对网络综合监督权的直接性法律条例规定出台较少,但自 1994 年加入互联网以来,中国各级法律或行政法规等制定机关已经出台了有关网络安全、网络虚假信息治理、网络新闻监督、网络信息保护等方面的法律与条例等。2012 年,全国人大出台了《全国人民代表大会常务委员会关于加强网络信息保护的决定》,其中针对有关公民个人隐私的电子信息的保护与维权内容,有助于网络综合监督安全参与的良性开展。③ 2013 年修改的《信息网络传播权保护条例》,进一步保护了著作权人、表演者、录音录像制作者的信息网络传播权。2016 年,全国人大出台的《中华人民共和国网络安全法》,针对网络参与主体在维护网络运行安全、网络信息

---

① 《中华人民共和国宪法(2018 年修正文本)》第一章总纲第二十七条规定:"一切国家机关和国家工作人员必须依靠人民的支持,经常保持同人民的密切联系,倾听人民的意见和建议,接受人民的监督,努力为人民服务。"

② 《中华人民共和国宪法(2018 年修正文本)》第一章总纲第五条规定:"中华人民共和国实行依法治国,建设社会主义法治国家。""一切国家机关和武装力量、各政党和各社会团体、各企业事业组织都必须遵守宪法和法律。一切违反宪法和法律的行为,必须予以追究。""任何组织或者个人都不得有超越宪法和法律的特权。"

③ 2012 年 12 月 28 日,第十一届全国人民代表大会常务委员会第三十次会议通过的《全国人民代表大会常务委员会关于加强网络信息保护的决定》对有关公民个人隐私的电子信息的保护与维权等内容进行了规定,如"国家保护能够识别公民个人身份和涉及公民个人隐私的电子信息。任何组织和个人不得窃取或者以其他非法方式获取公民个人电子信息,不得出售或者非法向他人提供公民个人电子信息","网络服务提供者和其他企业事业单位应当采取技术措施和其他必要措施,确保信息安全,防止在业务活动中收集的公民个人电子信息泄露、毁损、丢失"等。

安全等方面的权利与义务进行了规定,①推动了网络综合监督法律法规在中国范围内的进一步发展与完善。一系列行政法规的颁布,主要集中对互联网主体的运营规范以及权利人的信息网络传播权进行了规定。一些地方人大和政府部门也颁布了有关网络信息方面的法律法规。2005 年,吉林市人民代表大会常务委员会颁布《吉林市网络新闻监督管理条例》。2009 年,杭州市人民代表大会常务委员会颁布了《杭州市计算机信息网络安全保护管理条例》。2020 年,天津市人民代表大会常务委员会颁布《天津市网络虚假信息治理若干规定》。2021 年,湖南省人民代表大会常务委员会颁布《湖南省网络安全和信息化条例》。面对迅速发展的网络综合监督,法律法规能够起到根本的权利保障和约束作用。要"从全面的、发展的、辩证的观点出发,系统构建一个涵盖权利保障和行为约束的'双重多维'的公民网络综合监督法律机制。充分激发公民网络综合监督正面效应的发挥,凝聚'正能量',有力克服其负面作用的影响,抑制'负效应',以便更好地彰显网络综合监督应有的价值功能"②。

二、网络综合监督的构成要素

(一) 网络综合监督主体

在网络综合监督体系中,网络综合监督的基本主体包括网民和媒体,这两类主体主要通过互联网平台行使批评、建议、控告、检举、申诉等权利。从网民主体来看,当下巨大的网民群体构成了我国网络综合监督中重要的监

---

① 2016 年 11 月 7 日,第十二届全国人民代表大会常务委员会第二十四次会议通过了《中华人民共和国网络安全法》,其中对网络参与主体的权利与义务进行了规定,如:"国务院电信主管部门、公安部门和其他有关机关……在各自职责范围内负责网络安全保护和监督管理工作","网络运营者开展经营和服务活动,必须遵守法律、行政法规……接受政府和社会的监督","网络相关行业组织按照章程,加强行业自律,制定网络安全行为规范……","国家保护公民、法人和其他组织依法使用网络的权利……保障网络信息依法有序自由流动"等。

② 丁大晴.公民网络监督法律机制研究[M].南京:南京大学出版社,2013:2.

督主体之一。在互联网高速发展的当下，规模巨大的网民能够充分利用网络渠道、网络平台对社会各机构、组织、个体等进行监督，促进相应问题的解决。就公民的网络综合监督权本身而言，公民的网络综合监督权并不是一项独立的基本权利，而是监督权通过互联网行使的一种新型存在方式，具有广泛性、平等性及高效便捷等特征。① 从媒体主体来看，网络综合监督发展之初就离不开媒体的参与。随着互联网的发展，早期新浪、搜狐、网易等门户网站通过设立新闻专题，积极引导公民表达民意、参与到网络参政议政过程中。除了发布新闻报道，新闻网站也经常开展在线调查。主流媒体在新闻网站推出热门事件或话题的访谈，也在第一时间关注社情民意，推动政府决策作出适时调整。② 互联网普及的今天，各级各类媒体可以通过网络建立信息传播更畅通的平台，对各级国家机关及其他社会对象进行监督。有学者从更广义的角度指出，媒体进行网络综合监督不再局限于公开的传播行为，还包括媒体通过内参报送等非公开的形式实现的党风政务监督。③

(二) 网络综合监督对象

网络综合监督体系的对象一方面包括传统监督体系中的国家公权力机构及其工作人员。同时，随着新媒体时代的快速发展，监督对象呈现更多元化的趋势。从党和国家监督体系来看，传统监督体系是以公权力为监督的对象，即实现对党和国家组织机构及其工作人员的监督。④ 由此出发，网络综合监督体系的监督对象，也应包括公权力体系中的组织机构和工作人员。对党和国家组织机构及其工作人员的监督包括体制、行动、政策、道德、法制、文化以及政府官员个人的品性、能力等多个层面。⑤ 另一方面，除了对公

① 王昊宇.信息时代公民网络综合监督权的法治化路径[J].公民与法(法学版),2016(7):50-52,56.
② 陈喆,祝华新.网络舆论的发展态势和社会影响[J].国际新闻界,2009(10):17-21.
③ 张帆."媒体监督"概念使用的可行性分析[J].青年记者,2021(14):24-25.
④ 任建明,王璞.党和国家监督体系:对象、目标及其实现路径[J].学术界,2021(7):61-71.
⑤ 范维.自媒体时代网络监督与新闻侵权的界限研究[J].赤峰学院学报(汉文哲学社会科学版),2015,36(10):86-89.

权力进行包括反腐倡廉、程序正义、遵纪守法等多个层面的监督以外,对企业、公众人物、媒体的监督也被纳入网络综合监督的实际操作。对于企业监督对象而言,近年来网络综合监督对企业监督的范畴不断扩大。企业产品质量问题、企业及相关职员的作风、企业员工制度与文化等均成为网络综合监督的对象。同时,公众人物的道德面貌、行为方式等具有巨大的社会示范效应,因此将公众人物纳入现代社会网络综合监督范畴是应有之义。在网络综合监督中,政治公众人物、社会名流、明星,乃至当红的网红、主播等都成为被监督的"公众人物"。网络综合监督的范围已不再局限于角色相关性①的内容,即网络综合监督的内容除了公众人物在公开场合、公共领域中的角色、行为、活动之外,公众人物本人的道德、品行等也包含在网络综合监督的范围内。同时,媒体作为网络综合监督的主体,也是网络综合监督的对象。网络传播时代,除主流媒体外,商业媒体的技术推动与商业诉求,也使媒体的公信力、权威性受到挑战。媒体本身也成为网络时代监管的重要对象。

(三) 网络综合监督平台

当下,互联网监督平台已经形成政民互动网络平台、主流新闻媒体平台、社交媒体平台、各类消费服务监督平台以及疫情防控等新兴平台组成的多元化、多功能平台架构。具体来看,我国各级政府机关部门为满足人民表达政治态度、传递公共诉求的需要,逐渐将信息技术引入政务服务,推动网络政民服务建设。网络政民互动这一过程既包括公民参与表达诉求,又包括政府响应公民诉求、接受问责与监督。② 从搭建结构来看,目前政民互动网络综合监督形成了由中央到地方多级国家机关部门搭建的平台。其中包括国家信访局网站设立的"网上信访"渠道、人民日报社人民网为中央部委

① 汤啸天.媒体应当敢于对公众人物实施监督[J].青年记者,2011(4):41-43.
② 孙宗锋,赵兴华.网络情境下地方政府政民互动研究:基于青岛市市长信箱的大数据分析[J].电子政务,2019(5):12-26.

和地方各级党委和政府主要负责同志搭建的"领导留言板"、国家政务服务平台开设的"投诉"渠道、各级政府门户网站设置的"问政板块",以及各级政府提供的"市长信箱"等网络渠道。

主流新闻媒体平台方面,作为舆论监督的重要平台,在互联网产生后,主流媒体对自身舆论监督责任的认知、舆论监督工作机制和重心也相应地发生调整。为适应新媒体环境和公众日益多元化的需求,主流媒体通过网络对公众舆论及时跟进,解决与回应群众的问题和呼声。

社交媒体平台方面,随着博客、微博、微信、各类短视频平台、论坛类平台、社区类平台等社交媒体平台的出现,网络综合监督平台进入了新时代。在社交媒体平台上,用户不再是单一的接受者,而是成为信息的生产者、传播者。各类平台对于用户的性别、年龄、学历、身份等因素的限制减少,社交媒体平台成为天然的舆论场,为网络综合监督拓展了空间。除此之外,网络综合监督平台的边界也在不断拓展。例如,新的消费趋势、消费领域、消费模式不断涌现,相应地也出现了新的网络综合监督维权途径。消费者可以通过政府公共服务平台或者各类餐饮、旅游、交通等第三方线上消费平台行使监督权利。同时,慢直播所带来的"共景监狱"式监督,为网络综合监督增添了在场感、互动感;共享文档等多人协作的信息生态,成为新冠疫情防控期间颇受关注的新型监督工具。

(四) 网络综合监督内容

基于多元的监督主体、对象和平台,当下网络综合监督的内容开始走向全社会化,触及公权力运行、经济发展、文化、民生、医疗、教育、社会保障等社会各个方面,成为真正体现人民当家作主的重要实践形式。一是网络反腐成为网络综合监督的重要内容。在近些年的反腐倡廉建设中,陕西"表哥"杨达才、南京"天价烟"局长周久耕等官员的落马成为网络反腐的实例。2009年中央党校出版社出版发行的《党的建设辞典》将"网络反腐"一词收录其中,这是网络综合监督效力在反腐过程中得到认可的一个重要的标志性事件。① 二是针对政府、企业、行业运行机制及行为规范展开监督。国家政务服务平台从国务院到基层政府均为人民群众、市场主体、基层政府等对象开通了网络综合监督渠道。针对不同主体的投诉举报、反映的问题、提供的线索等，政府将对其进行汇总整理，督促有关地方、部门处理。三是针对事关人民利益的公共事件展开监督。近年来，网络话语权下移和去中心化使得网络舆论场的影响力逐步扩大，尤其是针对社会公共利益，网络综合监督的效应愈加显著。例如，"翟天临学术造假事件"引发了对中国学术监管体系与教育体制的反思；人教版插画"毒"教材事件在网络中曝光，引发国家、社会广泛关注，促进了对大中小学教材编写、审核、出版、印制发行、选用使用等进行全链条、规范化责任管理。四是针对公众人物行为和道德品行的监督。公众人物是媒介社会具有导向性和社会示范效应的群体，其知名度和影响力与社会公共利益密切相关。在网络空间中，高级官员、行业精英、文体明星等除了在公开场合、公共领域中的行为、话语会受到公众的审视，本人的道德、品行等也会受到公众的监督和评判。

三、网络综合监督的参与机制

（一）网络综合监督的平等准入机制

互联网的开放性、匿名性、互动性、便捷性等特征，为公民参与社会监督提供了平等的准入平台。公众舆论监督依托互联网传播能够迅速引发社会关注，凝聚社会共同意见，形成强大的舆论影响力，从而更直接地行使人民当家作主的权利。在传统的公众监督方式中，除信访、举报电话外，公民更多借助报纸、电视等传统媒体间接行使申诉、控告、举报等监督权。随着互联网技术的发展革新，人人可以成为监督者。公众可通过各类政务平台、新闻媒体平台、社交媒体平台等表达意见情绪，甚至与决策机关直接"对话"。例如"高铁男子装病耍赖霸座""武汉红十字会事件""街道主任拒不配合防

---

① 杜治洲.基于惩治腐败有效性模型的网络监督研究[J].中国行政管理,2010(7):15-17.

疫登记"等事件通过网络引发舆论热议,都是新时代下公民平等参与网络综合监督的现实画像。平等的网络综合监督准入机制有助于公权力运行机构及时了解公民的利益诉求、吸纳公民的意见监督,从而更好地实现科学决策、民主决策、依法决策。

(二) 网络综合监督的在场与互动机制

随着 5G、大数据、区块链等互联网技术的发展,网络传播的高速度、全时空、无边界趋势正在促成一种新的监督模式。公民针对公权力等监督对象的监督,不仅具有虚拟在场感,还能够通过实时互动传递意见、展开监督。新冠疫情防控期间,针对武汉火神山、雷神山医院的建设过程,央视频面向社会公众开启了的全程慢直播,引发了亿万名网民的"云监工"。慢直播模式增强了公民监督的个体参与感,人民群众可以通过观看直播获得虚拟在场感,并进行实时评论,从而直接参与国家重大公共卫生事件的运行和监管,使社会权力运行透明化、公开化。同时,在场与互动机制发挥了网络"社会安全阀"的功能,使事实传递、监督反馈、舆论平息更加通畅。基于互动与在场机制,人民的知情权、表达权、监督权通过网络综合监督得到了充分的行使。

(三) 网络综合监督的追踪与闭环机制

当前,网络综合监督行为从监督主体的介入到结果反馈形成了相对完整的追踪与闭环机制。一般来说,网络综合监督的过程为,首先公民通过互联网以发帖形式对事件进行曝光。其次,新闻媒体介入,大量转载,同时网民参与形成舆论,公权力机构或其他监督对象根据网络综合监督的意见情况,对事件进行调查。最后,由主流媒体和有关部门报道事件处理情况。[1]在整个网络综合监督的闭环机制中,跟进机制和发布机制成为网络综合监督

---

[1] 张玉强、韩建华.网络监督的兴起与政府行为模式创新研究[C]//中国行政管理学会 2010 年会暨"政府管理创新"研讨会论文集,2010:180-186.

的重点要素。在追踪机制上,信息技术的发展让监督过程中的智能化、及时性跟进成为可能。除了依靠庞大网民群体的信息追踪,作为监督主体之一的媒体通常会设立舆情监测中心,借助大数据、人工智能等技术了解舆论、进行议程设置、追踪进展。部分媒体借助 12345 政务服务便民热线系统收集汇总群众问题,通过第三方数据了解舆情、民意,构筑全方位立体的信息池。在进行网络舆论监督工作时,媒体还会参考客观指标,如转发量、阅读量、点赞数、评论数等,并结合后台的用户留言,及时将反馈应用于之后的工作中。① 及时的信息追踪、溯源、热点抓取等,有助于关键问题的调查、核实、反馈,最终达到监督效果。在发布机制上,新闻客户端、微博、微信、短视频平台等已经超越了传统的电视、报纸等媒体,成为社会各主体发布舆论监督报道的重要渠道。随着媒体融合转型进程的加快,媒体可以为网络舆论监督提供从曝光到反馈的闭环传播渠道,有助于增强网络综合监督的效力。

第二节 网络综合监督体系的建设成效与重点难点

当前,我国网络综合监督体系的建设成效与重点难点并存。一方面,网络综合监督的蓬勃发展,推进了各级政府权力在阳光下运行,网络综合监督成为防止权力腐败、回应百姓关切的重要民主路径,形成"以权利制约权力"的有效监督。随着融媒体发展的深入,各级媒体也在畅通公众参与渠道、发挥监督职能、发挥主流引导作用等方面,发挥了重要作用。另一方面,政府、媒体、网民作为网络空间中三大主体,在社会喧哗与治理冲突、商业诉求与功能平衡、知情权与隐私权边界划定等方面仍面临挑战与困境,这对充分发挥网络综合监督实效提出了新的考验。

---

① 李沁,刘入豪,塔娜.中国主流媒体网络舆论监督的观念嬗变与机制重构[J].当代传播,2021(6):47-50.

一、网络综合监督的建设成效

（一）网络综合监督与国家治理能力现代化

党的十八大以来，以习近平同志为核心的党中央高度重视互联网的治理与发展，网络治理成为国家治理体系和治理能力现代化的有力支撑。2022 年 4 月 19 日，中央全面深化改革委员会第二十五次会议审议通过了《关于加强数字政府建设的指导意见》。该意见强调要全面贯彻网络强国战略，把数字技术广泛应用于政府管理服务，推动政府数字化、智能化运行。近年来，网络综合监督的蓬勃发展，推进了各级政府数字化建设、搭建反腐倡廉平台，以及建设政务新媒体矩阵等，拓展了民意畅达渠道，使政府权力在阳光下运行，有效助力了国家治理体系和治理能力现代化。

第一，在网络综合监督中，反腐倡廉成为助力网络治理和国家治理能力现代化的重要组成部分。大数据时代，廉政监督平台建设拓宽了监督渠道，公众可以通过政府门户网站、移动 App、微信公众号等途径，参与民主监督，推动职能部门及时发现问题，清除腐败因素，建设廉洁政府。以湖南省政府为例，湖南省委、省政府为推进全面从严治党，加强对权力的制约与监督，创新推出"互联网+监督"平台，依托省电子政务外网云平台总体框架，利用现有基础设施、应用环境和系统资源进行建设，深化腐败问题专项整治。① 网络综合监督推进了反腐倡廉建设，有助于政府真正做到权为民所用、情为民所系、利为民所谋。第二，为更好地接受人民监督，全面推进国家治理能力现代化，数字化政府建设正在从中央到地方共同发力。当下，各级监督系统加快构筑"数字通道"，以信息化促规范化、高效化，推进监督信息数据依法有序共享。这有助于增强民主参与，共同监督、共同建设法治政府、廉洁政府、服务型政府。第三，利用融媒体拓展政务传播渠道，有助于加强政府信

---

① 湖南省人民政府."互联网+监督"平台上线运行 陈向群傅奎出席［EB/OL］.（2017-11-15）［2023-12-12］.http://www.hunan.gov.cn/hnyw/zwdt/201711/t20171114_4773380.html.

息的公开力、政务的服务力,在网络综合监督下建设法治阳光服务型政府。我国各级政府利用微博、微信、短视频等新媒体平台建设政务新媒体,形成了矩阵式的传播结构。政务新媒体的传播阵地逐渐拓展,入驻平台也逐渐增多,服务精准度不断提高、内容多样化不断增强、传播范围逐步扩大,便于政府机构深入了解民众所需,增强国家治理能力现代化。

(二)网络综合监督与媒体职能的有效发挥

新闻媒体是社会的守望者,舆论监督是媒体的重要职能。随着融媒体发展的深入,各级各类新闻媒体在畅通公众参与渠道、发挥监督职能、发挥主流引导等方面发挥了重要作用。第一,互联网技术的革新和媒介融合的推进使媒体搭建连接用户的多种渠道,调动了公众的监督积极性。例如,人民日报打造的"人民日报全媒体矩阵"、南方都市报上线的"众筹新闻"、湖北广电打造的"长江云"新媒体平台等,为社会意见信息反馈提供了精细化支持与服务。除主流媒体外,其他传统媒体也积极借助微信、微博、抖音、App等新媒体平台扩大用户规模,打造多元化群众问题反映渠道,形成了新型网络舆论生态,方便网民建言献策、反映民声。第二,媒体深度融合增强了媒体网络综合监督实效。媒体融合发展将深度融合贯穿于内容、渠道、平台管理等诸多方面,也渗透进舆论监督的各个方面。深度融合拓展了媒体网络综合监督的用户思维。如今,信息技术的发展让媒体的智能化、及时性追踪成为可能,媒体愈加重视用户群体在网络综合监督中的作用。在进行网络舆论监督工作时,媒体还会参考客观指标,如转发量、阅读量、点赞数、评论数等,并结合后台的用户留言,及时将反馈应用于监督工作中[①],敏锐捕捉需求,提升监督效果。

(三)网络综合监督与公民权利的有力保障

充分有效参与民主政治是民主的重要内容,也是中国特色社会主义民

---

① 李沁,刘入豪,塔娜.中国主流媒体网络舆论监督的观念嬗变与机制重构[J].当代传播,2021(6):47-50.

主政治的内在要求。从根本上看,网络综合监督拓宽了公民参政议政渠道,是进一步推进人民当家作主的有力保障。一方面,网络综合监督形式的发展作为民主政治机制的完善,实现了"以权利制约权力"的有效监督。有学者提到,网络综合监督属于国家体制外的社会监督,这在很大程度上体现了"以社会制约权力"的实际意义。① 网络的开放性、多元性和社会性,为网络综合监督的壮大提供了广泛的社会基础。随着各类网络社群、团体的形成,网络环境的制度化、社会结构的扁平化,网络综合监督越来越成为实现人民当家作主的有力保障。另一方面,网络综合监督的蓬勃发展,使公民权利在法律层面得到进一步的保障。2012 年,全国人大审议通过了《全国人民代表大会常务委员会关于加强网络信息保护的决定》,将保护网络信息安全,保障公民、法人和其他组织的合法权益落实到有关法律问题和重大问题的决定中。其中有关公民个人隐私的电子信息的保护与维权内容,有助于保障公民安全、良性参与网络社会的活动。2016 年,全国人大出台了《中华人民共和国网络安全法》,其中明确规定"网络运营者开展经营和服务活动,必须遵守法律、行政法规……接受政府和社会的监督。""国家保护公民、法人和其他组织依法使用网络的权利……保障网络信息依法有序自由流动。"此外,许多地方人大和政府部门也颁布了有关网络信息方面的法律法规。法律法规的完善使网民能更好地行使知情权、参与权、表达权和监督权,网络综合监督的常态化将加强公民权利的法律保障。

二、网络综合监督建设的优化空间

(一)政府:改善监管关系

网络综合监督的出现是政治民主化发展的必然结果,同时不断推动监

---

① 张燹,张润泽.论网络监督的逻辑及其民主意蕴[J].深圳大学学报(人文社会科学版),2014,31(4):63-68.

督体系的完善。① 在网络综合监督体系建构过程中,要全面的、发展的、辩证的看待网络综合监督中的主客体关系,平衡好权利与义务。一方面,对于作为被监督者的政府权力机关而言,要重视互联网传递社情民意的重要作用,主动接受媒体(包括网络媒体)和全体公民的舆论监督。②当下仍存在一些政府部门和工作人员,对网络综合监督重视不足,对网络综合监督现象存在回应滞后、消极压制的问题,政府权力机关部门要积极转变权力观念、行政思维和工作方式,正确对待网民监督。另一方面,要加强维护良性的网络综合监督环境。近年来,一些网络大 V 变"大谣"、媒体或个人以舆论监督之名破坏互联网秩序,危害社会稳定的案例,也说明了网络综合监督的必要性。网络综合监督准入的平等和便利,会滋生网络谣言、网络暴力、极端表达等问题。因此,政府部门要加强监管,树立事后追惩的法治理念,强调权利和义务的平衡意识,用法律手段规范网络舆论监督无疑是治理失范行为的根本之策。③

(二)媒体:优化监督渠道

当下,媒介生态发生深刻变化,呈现传统媒体和新媒体融合发展的新态势。面对多级去中心化的传播生态环境,网络综合监督需积极寻求并实践渠道创新机制。一方面,媒体要坚守舆论监督的工作使命,加强与党政机关等被监督主体的沟通机制建设,加大监督力度。舆论监督报道以解决问题为导向,离不开党政机关及其职能部门的支持和配合。围绕网络综合监督,增强党政领导部门对舆论监督工作的重视和积极性,能够促进各地党政部

---

① 吕静锋.从权力监督走向权利监督:网络空间下的民主监督刍议[J].深圳大学学报(人文社会科学版),2010,27(5):53-57.

② 包国强,黄诚,万震安."网络失智":智能传播时代网络舆论监督的"智效"反思[J].湖北社会科学,2020(8):161-168.

③ 顾理平.网络舆论监督中的权利义务平衡[J].社会科学战线,2016(3):152-157.

门逐步建立并完善督办、定期汇报通报、责任追究、效能考评等制度①,有助于增强网络综合监督的实效。另一方面,要拓宽与监督主体的沟通渠道,增强各级媒体与用户的沟通和反馈机制。在融媒体背景下,要加强新闻生产、传播、反馈等各个环节的互动板块建设。借助微信、微博、抖音、App 等新媒体传播渠道,扩大用户规模,打造多元化群众问题反映渠道,形成新型网络舆论生态,方便网民建言献策、反映民声。

(三) 网民:提高网络素养

与传统的监督机制相比,网络综合监督的去中心化和平等准入机制减少了把关人环节,在畅通公民意见监督的同时,产生了新的社会治理问题。网络空间的信息环境复杂、权力的滥用和监管机制的不完善,容易滋生网络谣言、网络暴力、侵犯隐私等新的监督问题,解决这些问题的关键之一是要提升网络公民的素养。有学者提出,事实信息传播者应有良好的社会责任感、媒介素养及信息真假的鉴别能力;观点传播者或评论者应有理性精神和辩证思维。②针对网络综合监督中监督主体出现的情绪化或非理性行为,要通过完善法律法规对其进行规范。同时,要加强思想教育,加强监督主体的法治观念,厘清知情权与隐私权、言论自由和人身攻击的界限与范围,理性参与网络综合监督,维护网络空间的运行秩序。

三、网络环境综合监督的难点

(一) 政府:众声喧哗与社会治理的冲突

网络综合监督主体多元复杂,在增强对公权力的监督效力的同时给社会治理提出了新的考验。监督主体身份具有隐匿性,监督时间和地点具有全天候、在场性、不确定性等特点,监督主体史无前例地庞大和多元,冲击着

① 李沁,刘入豪,塔娜.中国主流媒体网络舆论监督的观念嬗变与机制重构[J].当代传播,2021(6):47-50.
② 顾理平.网络舆论监督中的权利义务平衡[J].社会科学战线,2016(3):152-157.

网络舆论的调控机制,同时导致舆论把关难度增大。① 一方面,众声喧哗中监督信息质量参差不齐,信息的准确性难以考证和辨别。信息生产与传播的大众规则和传统媒体的专业化规则正在发生有力的碰撞。② 虚假信息的出现,不利于公权力机构权威性、公信力的提升,从而为社会治理埋下隐患。另一方面,网络综合监督在丰富监督者信息来源渠道的同时,为非理性、极端化的传播行为提供了媒介渠道。公权力的运行边界被打破,舆论激增在短时间内对政府工作的开展造成了巨大压力,甚至侵犯了国家网络安全,形成危害社会稳定的煽动性言论等。在现代条件下,政治体系是开放的,应当遵循有机的社会稳定观。2020 年 2 月,中央网络安全和信息化领导小组成立,这一举措将网络安全和信息化上升为国家战略,也意味着网络综合监督与社会治理的关系进入新的阶段。政府作为舆论监督体系的制定者,同时作为被监督的公权力主体,要正确认识社会外部对政治体系的监督,充分发挥网络综合监督的实效,也要明确网络综合监督行为的边界,促进形成民主、公平、正义的社会。

(二)媒体:网络综合监督与媒体功能的平衡

在新的时代条件下,媒体舆论监督常态化,是社会昌明、民主政治进步的重要表现。其中,实现网络综合监督与媒体功能的平衡是当下重要的网络社会治理命题。在流量思维和经济利益驱使下,依据用户偏好判断内容价值的算法使娱乐、低俗、劣质、虚假、消极内容"野蛮生长",致使网络空间内信息混杂,庞大的内容压缩了主流意识形态的话语表达和传播空间,导致公众在信息获取和反馈时,价值判断和认知产生偏离与错乱。同时,媒体的内容生产受到技术与数据的影响。为了在以开屏、热搜、精选、热门、榜单、

① 刘国元,徐凤琴.一种新的舆论监督模式:"云监工"——基于武汉火神山、雷神山医院建设的慢直播研究[J].前沿,2020(2):86-93.
② 刘振磊,张维克.网络舆论监督的行为边界与法律规范[J].山西师大学报(社会科学版),2014,41(5):70-74.

弹窗为代表的排序规则中获取更多的流量，内容生产者往往更倾向于对更吸引眼球、有热度、有"爆点"的主题进行创作，这更加考验媒体的社会责任感。在针对媒体网络综合监督的功能平衡中，如何使自上而下的政治运行机制与新闻媒体发展规律有效结合，是仍需进一步探索的重要问题。

（三）公众：权利与个人隐私之间的矛盾

公众通过网络平台能够更快速地了解社会实践、发表监督意见，民意自下而上直接传达，民意表达渠道更加通畅。但与此同时，在多元化的网络言论平台中，个人数据与信息隐私面临极大的挑战，尤其是在当前复杂的互联网环境下，网络信息冗余问题、数据安全与隐私问题等已经成为互联网治理的顽疾。一方面，信息活动的高度便利性，大大增加了个人信息主动暴露和被抓取收集的机会。而出于社会秩序维持所需的各种视听监控设备的普遍化存在，使个人生活经常性的曝光成为不可避免的现实。另一方面，隐私权、人格权边界面临被动打破。民法典颁布以来，在网络综合监督过程中，如何让人民群众感受到公平正义、更有安全感越来越受到关注。2020 年，浙江省杭州市女子取快递被造谣"少妇出轨快递小哥"，当事人名誉受到严重损害，同时经网络空间迅速传播，严重扰乱了网络社会公共秩序，最终两名被告人以诽谤罪定罪。2021 年 1 月，该案入选最高人民检察院公布的 2020 年度十大法律监督案例。类似案例在近年来的网络社会中频发，如 2022 年 4 月上海一女子因打赏骑手 200 元被网暴而自杀、2022 年 1 月寻亲男孩刘学州因网暴而自杀等，案件中受到伤害的对象均因网络用户的攻击、谩骂，名誉权和隐私权受到严重损害，最终酿成悲剧。如何在网络综合监督的时代保护好公民隐私，是重要命题，也是网络综合监督进一步发展的难点，需要多方共同努力。法律层面，要积极推进法律法规的制定和落实，使个人信息在被收集、存储、利用的过程中得到立法保护。道德层面，要加强公民在道德层面对权利与义务的认识，提升媒介素养，理性参与网络社会监督。技术层面，要使"技术规训"成为推进网络民主和保护公民权利的利器，使技术发展为网络综合监督有效赋能。

第三节　网络综合监督体系构建的多元主体与路径

十九届五中全会提出了建设更高水平的平安中国的总体要求,强调要在坚持总体国家安全观的基础上,加强国家安全体系和能力建设。① 我国的网络治理模式属于政府主导型,政府在网络空间的治理中扮演重要的引领角色。但当下的网络环境复杂,众声喧哗中网络综合监督体系要想摆脱当前建设困境,不能独立依赖公权力机构、媒体组织或公众个人的力量,而是要形成政府、媒体、公众多元主体构成的网络综合监督环境共同体,形成党政、媒体、民众环环相连的多路径实践经验,在社会共治的背景下营造健康、积极的网络综合监督环境。

一、政府:深化公权力网络综合监督路径

(一)建立健全网络综合监督的法律法规与工作机制

中华人民共和国成立以来,中国共产党始终坚持依法治国,尤其是党的十八大以来,国家治理法治化水平不断提升,社会矛盾得以有效缓解。网络治理法治化和制度化的进程不断推进,为建立健全网络综合监督体系提供了法律保障。

在法律法规方面,要从互联网治理的实际情况和需要出发,不断建立健全网络治理法律体系,完善国家信息安全、保护公民隐私、打击网络犯罪等方面的法律,使网络综合监督在开展过程中有法可依。例如,2020 年 12 月,中共中央印发《法治社会建设实施纲要(2020—2025 年)》,将"依法治理网

---

① 习近平总书记在中共十九届五中全会上的重要讲话[N].人民日报,2020-10-30(01).

络空间"作为法治社会建设的重要内容。① 2021 年 11 月 1 日起正式实施的《中华人民共和国个人信息保护法》，作为总领个人信息保护的专门立法，构建了权责明确、保护有效、利用规范的个人信息处理和保护制度框架，为个人信息处理活动提供了明确的法律依据。② 目前，我国在互联网立法，尤其是网络综合监督方面的立法仍不够具体和完善。有学者提出，要大力推进权利保障和行为约束的双重多维的公民网络综合监督法律机制，充分激发公民网络综合监督正面效应的发挥，凝聚正能量，有力克服其负面作用的影响，抑制负效应，以便更好地彰显网络综合监督应有的价值功能。③

在制度建设方面，要制定并实施相关政策制度，明确责权分配，切实维护、保障及发展人民群众的网络空间合法权益，让广大人民群众共建共享互联网技术成果，提升个体的参与感、幸福感与安全感。政府要增强信息透明性，推进建设政府信息公开制度，民意信息收集、反馈机制等是网络综合监督进一步发展的重要制度保障。互联网发展到今天，除了以往的社会组织活动或者信访、举报、媒体发声等传统发声渠道，政府还应建立网络信息收集、反馈机制，以此来了解民众的心声和诉求。对民众有疑问的内容做到反应快、回复快、落实快，真正提升网络综合监督的能力。

（二）增强政府主体接受网络综合监督的自觉意识

随着互联网技术的不断发展，网络空间逐步成为我国社会舆论斗争的主战场，政府要增强接受网络综合监督的自觉意识，优化政务服务，推进治理能力现代化。一方面，政府要不断完善信息公开制度。信息公开既是民

---

① 《法治社会建设实施纲要（2020-2025 年）》在第六点依法治理网络空间中提道，从"完善网络法律制度""培育良好的网络法治意识"以及"保障公民依法安全用网"三个方面，全面推进网络空间法治化。

② 中华人民共和国最高人民检察院.党的十九大以来网络法治典型案事例[EB/OL].(2021-11-19)[2022-05-21].https://www.spp.gov.cn/spp/zdgz/202111/t20211119_535923.shtml? ivk_sa=1024320u.

③ 丁大晴.公民网络监督法律机制研究[M].南京：南京大学出版社,2013:2.

众监督政府工作的重要途径,也是公民与政府之间紧密联系的桥梁。我国国务院常务会议于 2007 年通过《中华人民共和国政府信息公开条例》,这标志着我国信息公开制度在立法层面上正式确立。① 新冠疫情发生以来,网络空间政府信息公开已经成为处理重大突发公共事件的一个关键环节。② 当前,在信息公开制度和技术赋能的协同作用下,我国网络空间政府信息公开平台建设逐步加强,信息公开渠道丰富多样,指南和目录持续更新,行政权力运行信息公开深入推进,公共资源配置信息公开不断加强③,较好实现了公开、接收、吸纳、反馈的完整治理闭环。此外,技术手段推动了网络空间政府信息公开渠道与平台的不断丰富和完善,扩大了信息公开的范围,满足了公众日益增长的信息需求,拉近了政府与民众之间的距离。在具体实践中,政府部门对新媒体的应用从信息发布、舆情回应向政务服务不断演进,服务的交付模式从网站的移动化走向"新媒体原生政务服务",成为探索社会治理新模式、实现治理能力现代化的重要途径。④ 各级行政机关、承担行政职能的部门及其内设机构在微博、微信等第三方平台上开设的政务账号或应用,以及自行开发建设的移动客户端等政务新媒体的蓬勃发展连接了信息公开"桥梁"两端的政府与民众,让"指尖上的网上政府"新格局得以形成。

(三)拓展政府主体多元化网络综合监督路径

新媒体不仅是一种具体的媒介形态,还是一种网络化的媒介环境、泛在

---

① 2007 年 4 月 5 日,中华人民共和国国务院令第 492 号公布《中华人民共和国政府信息公开条例》,该条例自 2008 年 5 月 1 日起施行。该条例中具体规定了有关政府信息公开的主体、范围、程度、监督和保障等要求。如,第一章总则 第三条规定:"各级人民政府应当加强对政府信息公开工作的组织领导。"第三章主动公开 第十九条规定:"对涉及公众利益调整、需要公众广泛知晓或者需要公众参与决策的政府信息,行政机关应当主动公开。"

② 刘晓娟,王晨琳.基于政务微博的信息公开与舆情演化研究:以新冠肺炎病例信息为例[J].情报理论与实践,2021,44(2):57-63.

③ 谢炜,桂寅.城市规划建设类政府信息公开的基本特点、实践问题与推进策略:基于上海市 J 区的实证研究[J].华东师范大学学报(哲学社会科学版),2018,50(1):128-135,180.

④ 侯凤芝.政务新媒体服务功能的提升方略[J].青年记者,2021(2):47-48.

的信息场域和多态的存在方式。① 因此，在移动互联网时代，政府不应该是网络空间内容治理的唯一主体，网络中的所有成员都是主体，推动网络的发展需要多方主体共同努力。各级党政机关和领导干部要学会通过网络走群众路线，在此基础上打通多元主体网络综合监督路径。有学者提出了多元主体参与的治理模式应当包括公安、工商、文化、通信、教育、广电、法制办、共青团等诸多机构。② 此外，应当注重提升社会组织的参与度和个体的网络素养，调动网民参与网络空间内容治理的积极性以实现多元主体参与协同治理。政府作为维护网络安全的决定性力量，应起到引导和带头作用，在新媒体的治理上，向社会团体、企业、自治组织等治理主体放权，号召社会参与监督，与其他治理主体共同维护好网络空间秩序。③

二、媒体：增强环境建设与提升舆论监督能力

(一)推进舆论监督主体的多元协作

随着多层级主流媒体、各类自媒体主体在互联网领域的延伸和拓展，为了进一步优化网络空间环境，提升媒体的舆论监督能力，要大力推进媒体网络综合监督形成"主体多元化、渠道多样化"的发展趋势。第一，要加强县级融媒体中心等一体化媒体平台建设，及时了解基层民意、报道基层民声、汇集民意民智，推进民主决策和科学决策。互联网发展到今天，除了以往的社会组织活动或者信访等传统发声渠道，媒体应在网络问政中做好网络舆论监督的新渠道，促进网络综合监督更好地开展。第二，要增强异地监督体系的协同作用。媒体在网络舆论监督中可以起到监测舆论、反映舆论、引导舆论等作用，当前我国多层级、多类别媒体的舆论监督辐射范围和影响力不同，舆论监督效力受到覆盖面和权威性的影响。同时，媒体舆论监督在运行

① 谢新洲. 新媒体将带来六大变革(大势所趋)[N].人民日报,2015-04-19(05).

② 王雷鸣. 网络文化治理研究[D].武汉:武汉大学,2013.

③ 何扬鸣,郝文琦. 新媒体视域下网络空间治理新维度[J]. 出版广角,2017(23):16-18.

过程中受到对应及更高级别政府宣传部门的领导和监管,一些本地媒体会因"地方保护主义策略"而缺乏足够空间进行舆论监督,尤其是包含"分级管理、分类管理、内容管理和属地管理"在内的传统媒体,其管理体制更面临挑战。因此,积极发挥网络舆论监督的"异地监督"效应,可以有效推动舆论监督实效。第三,充分发挥传统媒体和新媒体的合力,提升网络综合监督主体作用。在众声喧哗中,媒体要做到及时、真实、不缺位,通过传统媒体渠道和互联网平台优势共同赋能,增大流量、提高声量,合理研判舆论动向,充分放大舆论监督的主流价值观。以"聂树斌案"为例,从此案发生到平反的 11 年中,《河南商报》《南方都市报》《新京报》、澎湃新闻网等媒体持续发力,成为推动"聂树斌案"再审,最终使其得以平冤昭雪的重要社会力量,这说明传统媒体和网络舆论监督的协同合力,有助于充分发挥舆论监督作用。

(二)舆论监督方法与效果的优化

随着信息化迅速发展,互联网成为舆论监督主阵地,媒体作为舆论监督的重要主体,加强有关舆论监督方法与效果的优化,有助于提升舆论监督水平与实效。一方面,要把握互联网传播规律,把握新兴技术优势。依赖新闻门户网站、论坛、微博、微信、短视频平台等多种渠道,现实生活中的热点、焦点问题在网络中形成舆情不断发酵。媒体针对舆论监督的热点问题,首先要抓住主动权,及时进行舆情预警并跟进舆论监督的相关议程设置,其次要与时俱进地运用网络视听互动等技术手段增强舆论监督中的反馈与沟通机制。要以积极的态度拥抱新技术,同时注重技术理性和技术规训,使技术真正服务于网络舆论监督的过程。另一方面,媒体行业要加强自我约束,扮演好"把关人"的角色。随着网民互联网信息生产、传播、互动的意愿和能力增强,UGC 模式的普及率日趋提高,假新闻、虚假交易信息、低俗内容等不断涌现,在互联网平台产生恶劣影响。媒体和互联网平台作为内容的管理者与责任人,须主动承担责任,对内容进行严格把关。部分内容生产者采用同音字替换、形近字与繁体字替换等方式,躲过人工智能内容识别,对网络综合监督的良性开展造成了干扰与阻碍。要优化网络综合监督效果,媒体和互联网平台要在外部加强网络综合监督法律机制建设的基础上,对内扮演好行业"把关人"的角色,履行好监督主体责任。

(三) 强化新闻工作者的监督角色与智能

面对网络社会媒介多元主体的崛起,要强化全媒体人才队伍建设。习近平总书记在党的新闻舆论工作座谈会上强调,"媒体竞争关键是人才竞争,媒体优势核心是人才优势。"①第一,要增强舆论监督能力,全面提高新闻从业者的职业素养。面对愈加复杂的舆论环境,新闻从业者的政治站位、专业知识、媒介融合技能、综合素养等都对网络综合监督工作的良性开展起到了重要作用。在实践中,要以马克思主义新闻观为网络综合监督工作者坚持正确的政治方向、舆论导向和价值取向的重要指导思想。加强各级各类媒体从业者的行为规范与思想指引,提升整体新闻工作者的职业素养。第二,要改善职业环境,增强职业认同感。职业环境的优化可以增强职业认同感。除了提高新闻工作者队伍的整体素质,还要调动舆论监督工作的积极性,让舆论监督成果可以更广泛地被"看见"、被"承认"。可以通过相应地调整和修改激励机制,增强调查记者经济收入的稳定性,提升舆论监督工作者的社会保障与职业声望。

三、公众:培育权利、责任意识与提升网络素养

(一) 强化公众权利与责任意识

互联网去中心化、共享性等特征打破了政府与公众信息单向度、非对称性互动的局面,公众能够更加平等、方便地参与网络综合监督的过程。这有利于实现民意主体的多元参与,充分保障公众对公权力机构和社会其他方

---

① 习近平在党的新闻舆论工作座谈会上强调:坚持正确方向创新方法手段 提高新闻舆论传播力引导力[EB/OL].(2016-02-20)[2022-05-29].http://cpc.people.com.cn/n1/2016/0220/c64094-28136289.html.

面行使舆论监督的权利。但与此同时,网络主体的多元化、隐匿性等,使网络舆论成为一把"双刃剑",易产生非理性、激进性,甚至网络暴力行为,对公民私权利和国家公权力运行造成危害与破坏。因此,一方面,要充分增强公众的自我权利意识,在法律和社会制度的合法规定和保护下,依法有序参与网络综合监督,牢固保障监督主体的知情权、参与权、表达权和监督权。另一方面,公众必须认识到自身的责任意识。其中,法律法规、社会制度在保障公民权利的同时,对公民的网络行为进行了监管。公民自身也要增强对信息的辨识能力,提高媒介素养,使网络综合监督行为在法律法规和社会制度的框架下良好运行,让网络舆论监督能够最大限度地发挥其应有的职能。

(二)增强公众法律意识

党的十九大报告提出,"增强党自我净化能力,根本靠强化党的自我监督和群众监督"。这一论述将群众监督上升到了新的高度。人民群众是我党的力量源泉和胜利之本,群众路线是党的生命线和根本工作路线。因此,更需要营造良好的网络舆论环境,彰显中国特色社会主义监督制度的强大生命力。姜岭君认为,"法"的支持是基础,"网"的建设是保障,而"人"的培养是关键。[1] 要通过立法明确界定网络综合监督中群众监督与造谣诽谤、知情权与隐私权、言论自由与人身攻击等之间的界限,加强网民的法治观念,让群众在享有网络综合监督权的同时,严格遵守国家的法律法规,在法律法规允许的范围内进行监督。党和政府要掌握网络话语主导权,运用好互联网平台进行法治宣传教育,从而维护网络安全意识形态。[2]

(三)形塑公众伦理规范与增强道德自觉性

网民主体地位的提升和移动互联网技术的普及,使高度组织化的大众传播在媒介格局中的垄断地位受到挑战[3],以"双微一抖"为代表的社交平台

---

[1] 姜岭君.对完善网络舆论监督的理性探讨[J].青年记者,2008(23):58-59.

[2] 崔晓琴.新时代网络监督机制建设研究[J].人民论坛·学术前沿,2020(13):88-91.

[3] 隋岩.群体传播时代:信息生产方式的变革与影响[J].中国社会科学,2018(11):114-134,204-205.

的出现,标志着互联网群体传播时代的来临。在各个异质群体内部,成员间充分交流互动逐渐形成了自由而共通的话语体系与意义空间,群体的个体意见在短时间内整合为某种群体意志,导致网络舆论呈现群体喧哗的景观。① 只有认清社会化内容平台舆论生成与传播机制的复杂性,才能更清晰地把握其对整个舆论生态产生的冲击和影响。社会化内容平台赋予网民群体生产内容与传播观点的自由,但同时形塑公众伦理规范与增强道德自觉性是净化社交媒体环境、营造清朗网络空间的应有之义。因此,对于社会化媒体群体传播下的网络热点事件,在国家政府加强监管、优化传播环境的同时,网民群体需要提升与增强媒介素养和公民意识,明确网络空间中的行动边界、道德底线与法律位置。通过增强自我把关意识,对社会化内容平台所传递的庞杂信息进行思考与辨别,从而作出理性的判断和科学的监督,在社会共治的背景下营造健康、充满正能量的网络综合监督环境。

第四节 构建清朗的网络空间与网络环境

在网络综合监督的实践开展中,民众、媒体、党政部门对发挥网络综合监督效能都有着重要的作用。为构建清朗的网络空间与网络环境,要构建理性的网络秩序,坚持依法监督、准确监督、科学监督、建设性监督的基本原则。同时,要坚持推进网络综合监督与舆论引导辩证统一,既要激发网络综合监督的积极性,也要加强民意引导与舆论监督的平衡统一。总体而言,要坚持贯彻网络综合监督总体国家安全观、明确互联网监督秩序与各主体责任、建设共享共商的互联网平台监督体系,不断推进网络综合监督良性生态建设与网络参与。

---

① 杨秀国,刘洪亮.基于社交媒体的网络舆论生成与引导[J].传媒,2021(11):92-94.

一、网络综合监督的基本原则与构建理性的网络秩序

(一)依法监督

依法治国是党领导人民治理国家的基本方略,依法监督是网络综合监督的基本准绳。网络综合监督必须符合宪法和法律法规的要求,在法律范围内进行,维护法律尊严,同时受到法律保护。就网络综合监督主体而言,我国宪法赋予人民群众"对于任何国家机关和国家工作人员,有提出批评和建议的权利"。如《中国共产党章程》第三十六条要求党的各级领导干部"自觉地接受党和群众的批评和监督",《中华人民共和国公务员法》《中华人民共和国法官法》《中华人民共和国检察官法》《中华人民共和国人民警察法》《中华人民共和国公司法》等都相应地对公务员、法官、检察官、人民警察和公司等主体作出规定,要求其接受人民群众的监督和批评。相应地,媒体在开展舆论监督时,也必须遵守法律法规,坚守职业操守,在宪法和法律法规允许的范围内开展网络综合监督工作,既不能失职不作为、选择性作为,也不能越权乱作为。

(二)准确监督

"发表批评性报道要事实准确、分析客观"[1]是网络空间中新闻媒体开展舆论监督的应有之义。真实是新闻的生命,也是舆论监督的生命。新媒体时代,网络成为舆论的集散地和放大镜,网络舆论监督往往问题复杂、牵涉多方利益,且受到社会多方关注。媒体要以对社会负责、对人民负责的态度进行监督报道。在监督报道时,既要保证细节、局部的真实准确,还要重视社会的宏观真实状况,满足整体、本质真实,不能以偏概全。同时,客观公正是准确监督的题中之义。作为监督主体,媒体要深入现场、深入一线,认真

---

[1] 习近平在党的新闻舆论工作座谈会上强调:坚持正确方向创新方法手段 提高新闻舆论传播力引导力[EB/OL].(2016-02-20)[2022-05-29].http://cpc.people.com.cn/n1/2016/0220/c64094-28136289.html.

调查核实,避免先入为主、主观臆断,要多方取证新闻事件的信源线索,更要听取相关部门与专家的看法,不轻信、不偏信、不回避,正面引导,在网络综合监督的整体过程中明辨是非、把握真相。

(三) 科学监督

科学监督是网络舆论监督的关键,要以科学的态度和方法全面统筹,在有序中开展网络舆论监督。在报道内容上,要抓住重点,把握主要矛盾。当今社会进入转型期,舆论场上众声喧哗,社会问题复杂多样,这就需要当下多元的监督主体科学研判,以维护人民群众根本利益为出发点和落脚点,揭露问题、纠正错误,回应人民关切。对于有利于深化改革、防止权力腐败、提升人民生活水平、推动社会进步的方面和内容,要进行依法、科学、有力的监督。在运行机制上,科学的机制是创新舆论监督的内生动力,也是网络舆论监督可持续推进的重要保障。社会化网络平台中人人可以成为舆论监督的主体,信息传播机制打破了以往传统媒体的线性传播和网络媒体的网状传播,形成了链状、环状、树状等多样化的对话结构,为网络舆论监督提供了更为广阔的路径。科学的网络综合监督体系要围绕舆论发声、媒体报道、群众参与、部门互动、跟踪反馈等各环节,建立健全常态化、长效的舆论监督机制。当新冠疫情在全球迅速蔓延并成为重大公共卫生事件时,舆论场的热点事件始终吸引着社会最广泛的注意力。由于疫情防控所涉及的社会领域多元且复杂,有关新冠疫情的热点话题、事件的舆论监督也呈现以公共卫生领域为中心的跨界态势不断扩散,涉及城市管理、医疗体系、社会心理、公安司法、经济民生等各个领域。重大公共卫生事件考验着网络综合监督机制各环节的科学性和完善性。在重大舆情实践中,科学研判、多元互动、正确引导,是保证长期有效监督的重要原则。

(四) 建设性监督

网络综合监督的目的在于发现问题、揭示问题,最终通过监督促进问题的解决。因此,多元监督主体在揭露问题和矛盾的同时,要深刻剖析问题和矛盾产生的原因,理性提出建议,推动解决问题,这对于网络综合监督的价值实现和体系完善具有推进作用。一方面,通过建设性的舆论监督,推动实际问题得到解决,使人民群众的切身利益得到保障,增强人民群众的幸福感和获得感;另一方面,通过建设性的网络综合监督,可以将群众的意见和建议反馈给公权力机构,并可持续地发挥建设性作用,通过监督跟进、多元监督主体合作进一步推动舆论监督"落地"发挥效能。近年来,多元监督主体在实际工作中不断吸收建设性监督理念,以解决问题为导向,在人民群众与政府机构、专家群体的理性对话和互动中寻求共识和解决方案。建设性监督成为当下主流媒体进行舆论监督的主要发展方向。

二、网络综合监督与网络舆论引导的辩证统一

(一) 搭建网络综合监督协同治理体系

在网络综合监督的实践开展中,民众、媒体、党政部门缺一不可,各个环节对发挥网络综合监督效能至关重要,要强化和完善网络综合监督机制,利用好当下的网络技术与信息平台,搭建网络综合监督协同治理体系。党的十九届四中全会提出,"社会治理是国家治理的重要方面","必须加强和创新社会治理","坚持和完善共建共治共享的社会治理制度"。在开展网络综合监督的过程中,媒体作为公共监督的参与主体之一,通过媒体监督形式参与公共治理活动。同时,媒体更要充分发挥政府、公众主体间互动的渠道与平台作用,增强社会动员力,推动民众参与社会治理活动。[1] 中国信息通信研究院发布的《互联网平台治理研究报告(2019 年)》显示,超大平台成为具有准公共产品属性的新型基础设施。作为信息枢纽,平台依托技术、数据等优势,塑造互联网信息秩序,具有信息壁垒打破者与重构者的双重身份。社会影响网络舆论监督的效力。通过信息平台的建设,民众、媒体、党政环环相连,从而建立一套舆论监督闭环机制,形成由市民举报、媒体调查报道、市

---

① 丁继南,韩鸿.基于建设性新闻思想的媒介社会治理功能[J].青年记者,2019(12):25-26.

委支持、相关职能部门整改落实、媒体回访反馈构成的舆论监督闭环，舆论监督功能的效果凸显。

（二）构建网络舆论引导新格局

当前，5G、大数据、云计算、人工智能等信息技术的广泛运用，对互联网社会治理和舆论引导格局产生了深刻影响。加强网络舆论引导，一方面要顺应媒体融合发展趋势，参与进去、深入进去、运用起来。在舆论引导过程中，要加快适应分众化、差异化传播趋势，构建舆论引导新格局。另一方面，要用主流价值导向驾驭"算法"，大数据、人工智能等技术本身具有价值中立性，要用主流价值导向驾驭"算法"，在网络信息采集、生产、分发、接收、反馈中发挥"技术规训"效能，顾全大局，构建网络舆论引导新格局。

（三）推进网络综合监督与舆论引导辩证统一

网络综合监督的关键是要从总体上把握好平衡，把握舆论监督和正面宣传的平衡是媒体履行职责的要点与难点。在网络综合监督当中，媒体若不能保持舆论引导与舆论监督的平衡，就会造成媒介审判，或会动摇公权力的权威。一方面，要加强党对网信工作的集中统一领导，"让互联网成为我们同群众交流沟通的新平台，成为了解群众、贴近群众、为群众排忧解难的新途径，成为发扬人民民主、接受人民监督的新渠道"[①]；另一方面，网络舆论的自我纠偏、自我修复等功能正在逐步形成，网络舆论传播机制也在不断完善。要坚持推进网络综合监督与主流价值观引导相统一，坚持大局意识、参与意识，科学推进民主政治建设。

三、网络综合监督生态建设与良性的网络参与

（一）贯彻网络综合监督总体国家安全观

信息全球化之下，各国信息技术竞争已经上升到"信息化战争"的高度，

---

① 中华人民共和国国家互联网信息办公室.习近平总书记在网络安全和信息化工作座谈会上的讲话［EB/OL］.(2016-04-19)［2022-05-14］.http://www.cac.gov.cn/2016-04/25/c_1118731366.htm.

网络综合监督生态建设与良性的网络参与,从根本上要把握总体国家安全观,以维护国家和人民的利益,以维护总体国家安全观为核心要义。当前,世界范围内各种思想文化交流、交融、交锋,一些西方发达国家加紧向全世界推销其意识形态、社会制度和发展模式,[①]我国党和政府要正确引领媒体融合向纵深发展,运用信息技术的先进成果加强互联网监督,对错误行为和思想观点进行批驳纠正,对反华和渗透行为进行剔除和打击,深入建设清朗的网络综合监督环境。

(二)明确互联网监督秩序与各主体责任

互联网具有开放性、平等性等特点,在网络综合监督中能够起到促进资源整合、促进沟通对话、促进科学决策等作用。后疫情时代的到来,对网络综合监督的全天候追踪、及时性反馈、问题的有力解决提出了更高的要求。因此,网络综合监督生态建设要着力优化从源头到效果端的监督秩序,明确网络综合监督各主体责任。第一,从内容生产的源头来看,媒介作为舆论监督主体之一要更新和完善内部的自律与监督机制。自律是传播主体按照一定的标准对传播活动进行自我约束、自我管理的过程。媒介机构可以在传统把关人的基础上增强算法把关、人机协同作业,弥补单一自我监督的不足。这在重大突发事件中,更有助于精准反馈监督问题,把握信息的真实性、准确性。第二,要加强监督主体间他律及互律机制。他律主要指的是社会各界如公民对媒介机构的监督,而互律则是指媒体机构之间的互相监督。就他律这一层面而言,网民与媒介组织有时会处于不对等地位,难以对其形成有效的制衡力量,如网民通过微博、微信等社交媒体渠道就媒体机构的相关报道提出批评、表达意见时,会遭到删帖、禁言、屏蔽等。而媒介组织之间也少有相互监督。这种他律和互律机制的不完善在一定程度上使得整个监督体系存在一定的完善空间。第三,还需按照"谁发布谁负责"的原则强化监督效果,尤其是在重大突发事件的信息传播过程中,信息极易发生变化。

---

① 王灵桂.遵循新媒体传播规律 提高舆论引导能力[J].传媒,2021(14):9-11.

除了自媒体和一般大众会产生谣言之外，媒体组织也可能成为谣言生产的重灾区。因此，在网络综合监督体系中，不仅要重视媒体机构的内部自律监督，还要建立内部的负责人制，做到权责统一、权责分明，坚持"谁发布谁负责"原则，落实责任归属。

(三) 建设共享共商的互联网平台监督体系

互联网的开放性、平等准入等特点在应对网络综合监督的复杂性问题时赋予了其桥接多元主体实现协作的可能性和合法性，这为充分调动各方力量共享共商，形成多元联动的网络综合监督格局提供了条件。在技术层面，要积极整合、吸纳包括高校、科研机构以及其他相关社会组织的力量，打造网络综合监督的技术协作与分享共同体，尤其是在当前复杂的互联网环境下，信息冗余问题、数据安全与隐私问题等已经成为互联网治理顽疾，要想摆脱当前的治理困境，不能简单地依靠某一相关社会组织或政府的力量，要形成技术协作的共同体，共享经验，实现技术协作与交流。在其他如政策、资金层面，政府、企业等其他互联网内容建设参与主体也是网络综合监督可以联合的重要力量。在互联网领域中，相关政策、互联网行业标准与规范的制定一般是由互联网行业组织完成的，但规范政策的实施、落地通常还要经过相关政府部门的批准和授权，因此在政策制定过程中，加强与政府部门的协作，成为推进网络综合监督制度化、法制化的必要环节和重要保障。此外，社会组织与企业主体的合作也逐渐成为潮流，尤其是网络综合监督技术研发环节往往需要投入大量的人力、财力和智力。一些互联网组织力图与企业进行资金、技术方面的合作，以达到"一石二鸟"的效果，如中国网络社会组织联合会成员中的阿里巴巴、腾讯、百度、京东等各领域内的商业巨头，在技术标准制定、开发等多个领域展开了深度合作，有助于进一步保护公众合法权利，同时提升网络综合监督效能。

第八章 公众网络素养与社会共识

公众是网络综合治理体系中的重要行动主体,随着移动互联网、大数据、人工智能等新一代信息技术的发展和社会数字化转型的不断加速,公众网络素养的内涵和外延得到进一步扩充与拓展,其中涵盖了公众如何利用各类网络资源实现自我发展、社会参与和社会化生产。由于现实因素和自身条件的差异,公众的网络素养呈现不同的水平,具有不同价值取向和文化特质的群体相互交织,在社会参与和互动中催生多元话语形态。公众网络参与的水平影响社会治理的综合效能,从个体自律、技术赋能和官方力量介入等多个方面构成了公众的网络素养,依托数字化技术提高公众社会参与的意愿和能力,搭建对话协商的综合型平台,拓展主流价值的思想阵地,对当前谋求话语共识、凝聚社会合力具有重要意义。

第一节 公众网络素养的内涵、特征与现实状况

一、网络使用的基本情况

(一) 网民群体

互联网技术的普及深度重构了社会生态,作为重要的信息基础设施和媒介,互联网是人类生活生产方式转变和社会经济发展模式变革的重要推动力,助力大众步入网络化与信息化时代,培养了新一代网络"原住民"。在

政策支持、运营发展和认知提升的共同促进下，网络功能和数据的扩充吸引了各个需求层次的人们，社交网络的便捷性和必要性吸引了公众接入，网络和网民相互促进与推动。近年来，我国总体网民规模呈稳步增长态势。①

根据第 49 次《中国互联网络发展状况统计报告》，当前我国互联网普及率达到 73.0%，网民群体占据了总人口的主要部分。从城乡结构来看，农村网民规模占整体网民的 27.6%，城镇网民规模占整体网民的 72.4%；从性别结构来看，当前我国网民男女比例为 51.5∶48.5，与整体人口中男女比例基本保持一致；从年龄分布来看，50 岁以下的网民数量明显多于其他年龄段，但随着适老化政策的持续细化，互联网产品进一步向中老年群体倾斜，50 岁及以上的网民数量实现逐步增长。随着移动设备的轻量化实践，手机已经成为网民上网的最主要设备，截至 2021 年 12 月，我国网民使用手机上网的比重高达 99.7%，手机变成社会生活中必不可少的一部分，也是大众接入网络世界的最直接通道。

我国的互联网应用主要分为基础应用类、商务交易类、网络娱乐类以及公共服务类，其中，即时通信、网络视频(含短视频)、网络支付的用户规模分别排前几位。随着"十四五"规划纲要提出"加快建设数字经济、数字社会、数字政府，以数字化转型整体驱动生产方式、生活方式和治理方式变革"，截至 2021 年 12 月，我国互联网政务服务用户规模达到 9.12 亿人，公众通过政务服务平台参与社会治理的成效初步显现。

(二) 非网民群体

就社会参与而言，参与者及其观点在多大程度上能够代表全体公民及其观点，是考察社会参与有效性的重要向度，若互联网参与存在较大的代表性偏差，就会不利于公共决策和民意共识的达成。当前我国仍然存在规模不小的非网民群体，其由于无法接入网络，在出行、消费、就医、办事等日常

① 杨威，张秋波，兰月新，等.网民规模和结构对网络舆情的驱动影响[J].现代情报，2015，35(4)：145−149，158.

生活中有诸多不便,同时作为信息弱势人群,非网民群体容易处于信息闭塞状态,使其在社会参与中缺席。

从地区分布来看,我国非网民的分布仍然以农村地区为主,农村地区非网民的占比为 54.9%;从年龄结构来看,60 岁及以上的老年群体是非网民的主要群体,其占非网民总体的 39.4%。总体来看,实用技能缺乏、文化程度限制、设备不足和年龄因素是群体不上网的主要原因,其中不懂电脑或网络是主要限制因素。

互联网媒介的应用已经渗透到社会生产生活的各个领域,成为公众生活中不可或缺的一部分,对个体发展和社会融入具有重要意义。但从目前情况来看,我国网民仍具有较大的发展空间,但也面临巨大的转化挑战。对于一些老年群体及信息障碍人群,我国正在积极推动数字社会适老化建设,依托先进科技探索信息无障碍模式,开发更多智能化、人性化的网络产品,助力非网民群体积极接入网络。

二、公众网络素养的基本概念与特征

(一) 公众网络素养的概念

当前社会正进入互联互通的新时代,网络开辟了人类生存的新空间,并成为人类栖息和发展的重要场所,它不仅是人的一种工具,还重塑着人的生存方式。互联网访问与连接能力成为新时代公众的基本素养,网络素养关系着人们的信息化生存质量,也成为当前衡量公众综合素养的重要维度。

"网络素养"这一概念最先由美国学者麦克卢尔(C. R. McClure)在 1994 年提出,指用以描述个人识别、访问并使用网络中的电子信息的能力。[①] 麦克卢尔认为,互联网的发展使信息和资源以难以置信的速度源源不断地产生与互联,因而在网络社会中,只有具备在复杂网络中获取、利用资源的能

---

① MCCLURE R C.Network literacy:a role for libraries? [J].Information technology and libraries,1994 (2):115-225.

力,才能适应未来的工作与生活。[1] "网络素养"的概念一经提出就受到学者的强烈关注,随着人们认识的动态发展,其内涵也不断地进行更新与丰富。

纵观"网络素养"的概念与内涵可以看出,"能力本位"的素养观构成网络素养的主流认识,网络素养不仅是网络技术的外显操作性技能,还涉及"如何用网""怎样用好网"等内隐性问题。[2] 随着媒介融合实践向纵深推进,如何在复杂的网络世界中充分利用各类网络资源,进行自我发展、社会参与和社会化生产,都对个体的网络素养提出了更高的要求。此外,对网络素养中道德与安全要素的探讨,也逐渐成为国内外学者的关注重点。

在持续的反思与建构中,"网络素养"的概念与内涵不断变化和完善。同时,随着网络承载能力的增强,网络素养也囊括了信息素养、媒介素养、数字素养等概念,成为当前个体生存和发展必备的综合性素养。

(二)信息素养与媒介素养

21世纪以来,突飞猛进的信息技术带动了信息社会的全方位发展,推动了人类进入信息爆炸时代,尤其是当以网络社交平台为代表的新媒体的产生,形塑了更加复杂多元的信息环境。"信息素养"首次提出于20世纪70年代,其应用场景逐渐从工作部门转向图书馆和学术场景,演变为与信息技术、电子数据库和专门技术知识密切相关的概念。针对当前的新媒体环境,信息素养的内涵也被不断地完善,并衍生出一系列相关概念。

在"万物皆媒"的泛媒介化时代,媒介在社会中扮演越来越重要的角色,人们为了在社会中实现参与和维护权利,必须进行媒介相关知识和技能的培养。"媒介素养"的概念由英国学者利维斯和汤普森首次提出,1992年美国媒体素养研究中心将媒介素养定义为"人们面对不同媒体中各种信息时所表现出的信息的选择能力、质疑能力、理解能力、评估能力、创造和生产能

---

[1] 李爽,何歆怡.大学生网络素养现状调查与思考[J].开放教育研究,2022,28(1):62-74.

[2] 安涛.人的发展理论视野下的网络素养本质探析[J].终身教育研究,2022,33(2):39-46.

力以及思辨的反应能力"①。数字时代,媒介素养建立在对虚拟世界和现实社会融合的深刻认识上,媒介的充溢性、网络虚拟社区的繁荣使增强网络空间共同意识、规范虚拟世界行为成为数字时代媒介素养的重要内容。② 随着媒介和传播技术的不断演进,媒介素养的内涵与外延在全媒体时代得以丰富和拓展。

由于"信息素养"和"媒介素养"之间的联系十分密切,在实际应用中不可分割,2014 年 UNESCO 发布的《媒体与信息素养策略与战略指南》将媒介素养与信息素养概念合二为一,称为"媒介与信息素养"(Media Information Literacy,MIL),并正式给出了定义:媒介与信息素养是一整套的能力,它赋权于公民,使其能够以批判、道德与有效的方式,运用多样化工具去存取、检索、理解、评价、使用,乃至创造、分享各种形式的信息与媒介内容,以便参与和从事个人的、职业的、社会的活动。③

(三)数字素养

数字素养是信息素养和媒介素养在数字时代的升维与进阶,其内涵、外延、场景、受众和目标更加宽泛。"数字素养"这一概念最早由保罗·吉尔斯特(Paul Gilster)提出,他将其界定为获取、理解、整理和批判数字信息的综合能力。④数字素养是新兴互联网环境下公众的必备技能之一,正确使用数字工具和设备、合理利用数字资源,并以恰当的方式进行数字化传播,是个体拓展社会行动能力、提升自我效能感的重要支撑。

当前,数字素养已经成为全球主要国家提升国民素质、增强国际竞争力

---

① CONSIDINE D. An introduction to media literacy: the what, why and how to[J]. The journal of medial literacy, 1995(41):34.

② 李岭涛,张祎.数字时代媒介素养的演进与升维[J].当代传播,2022(2):107-109.

③ 刘彩娥,李永芳.新媒体环境下公众信息素养教育思考[J].北京工业大学学报(社会科学版),2021,21(1):97-105.

④ 苏岚岚,彭艳玲.农民数字素养、乡村精英身份与乡村数字治理参与[J].农业技术经济,2022(1):34-50.

和软实力的重要内容和指标,我国对于数字素养的认识也在不断深化。2021 年 11 月 5 日,全民数字素养与技能上升为国家战略。2021 年 12 月 27 日中央网信委发布的《"十四五"国家信息化规划》,将"全民数字素养与技能提升行动"作为十大优先行动之首。提升公众数字素养已经成为实现数字化转型的基础条件,对推进我国国家治理体系和治理能力现代化具有重要的现实意义。

(四) 公众网络素养的特征

网络素养是公众在信息时代进行网络化生存与发展的基本素养,提升网络素养已经成为世界各国的普遍共识,个体既要能够利用网络充分发展自身,也要协调好自身与网络之间的关系。网络素养是特定环境下的适应性产物,有内在本质,但同时表现出鲜明的时代性与发展性。

首先,网络素养遵循"认知—观念—行为"这一演进逻辑,贯穿从大众接触网络到建立情感思维,再到协同参与的全过程。此外,国内外的学者一致认为,网络素养超越了单纯的知识和技能范畴,还应该包括态度和价值观,是涵盖了知识、技能和态度的综合性素养。

其次,公众网络素养受到社会政治、经济、文化等因素的影响。网络素养的成长是无法在孤立的环境下进行的, 它必然受到更为宏观的政治、文化、经济及社会因素的影响, 同时反作用于这些因素。[1]网络媒介与技术的发展渗透到社会各领域,政治参与要求公众能够合理利用网络发表意见,文化形塑公众网络素养的价值维度,同样公众的网络素养状况也反过来对社会产生影响。

最后,网络素养的内涵有其在地性语境。在制定公众网络素养的衡量标准时,需要依据所处社会的实际网络环境。第 49 次《中国互联网络发展状况统计报告》显示,当前我国网民群体集中于 20~49 岁,但随着网络助老

---

[1] 喻国明,赵睿.网络素养:概念演进、基本内涵及养成的操作性逻辑——试论习总书记关于"培育中国好网民"的理论基础[J].新闻战线,2017(3):43-46.

化水平的上升,老年人口的互联网普及率持续增长,互联网也日益成为未成年人的学习工具,因此在考察公众网络素养时,其维度与范畴要依循群体状况作出适配调整。

三、公众网络素养面临的主要挑战

(一)实际参与差距扩大数字鸿沟

网络社会是一种新的人类社会组织方式,网络素养的一个重要维度就是提高公众社会参与的水平,进而推动整个社会的良性运转。而在现实社会中,公众由于知识文化水平、设备使用技能以及个体意愿等因素的差异,辨识网络背后价值意义的能力有所不同,媒介素养高的公众相较于媒介素养低的公众更有能力参与社会治理。在实际参与差距之下,群体间的数字鸿沟进一步扩大。

数字鸿沟是不同社会群体对信息、网络技术的拥有程度、应用程度以及创新能力的差别,导致出现信息落差以及贫富进一步两极分化的趋势。数字鸿沟通常被分为接入沟和使用沟两个方面。当前,数字技术和信息资源在我国不同地区的分布并不均衡,在某些农村地区,互联网基础设施建设和信息传播技术水平不高,当地民众通过网络实现社会参与的程度也相应较低,导致该地区民众数字化知识与技能的欠缺,数字素养较低,城乡间的数字鸿沟拉大,进而影响城乡居民的获得感与幸福感。

信息技术的应用提高了社会参与的现实门槛,政府、企业与公众等不同主体间权利的非均衡性,导致了他们在社会参与中差距拉大。现实社会的群体差异,导致只有部分使用者能够更多地利用互联网功能提高自身的社会机遇,而其他群体则将互联网用于娱乐或匿名互动,甚至成为互联网边缘群体。

(二)信息混杂生态干扰理性判断

由网络技术构建的新媒体生态更加丰富多样,但随着媒介技术的普及与传播权力的下放,各类生产主体不断涌现,信息的多媒体化和巨量化加大了公众筛选、整合与利用信息的难度,网络舆论的无序性和复杂性既挑战既有的社会秩序,也对公众的网络素养提出了更高要求。

日新月异的网络技术推动了信息获取和流动的变革,产生了日趋丰富的传播内容和更加现代化的传播方式,但海量化的信息同时消解传播生态的有序性和精准性,传播主体隐匿混杂、信息碎片化、阅读浅表化等问题共同构成了新媒体的复杂环境,伴随网络谣言的大范围滋生、舆论生态的复杂多变,公众的理性思维被进一步蚕食,难以对事件作出理性判断。一方面,当前移动互联网作为信息传播的集散地,各种意见、观点、思潮在其中交融交锋,网络的圈层化样态催生形形色色的亚文化,不同形态的思想与价值观互相碰撞,对主流意识形态造成冲击,也干扰公众态度和观点的形成。另一方面,在"流量至上"的价值导向下,一些自媒体采用情绪化、娱乐化的表达吸引公众注意力,意图通过挑拨大众情绪来获取流量,间接导致了群体意见的极化,不利于公众理性的讨论。同时,一些专业媒体为了追赶新闻的时效性忽视了对事实的核查,致使虚假新闻、新闻反转等现象层出不穷,新闻真实让位于商业利益、媒体社会责任缺失,让公众在混乱的信息环境中难以明辨是非。

(三)认知思维差异阻碍价值认同

公众在道德认知、自律意识、价值理念等层面存在的客观差异,致使不同群体对于网络素养的界定和衡量标准不一致。在社会公共事件发生时,群体的认知情况影响其快速反应的做出,群体在研判筛选信息、道德自律以及甄别负面舆论中的各类行为表征,体现了社会价值的分化、增加了网络素养整体提升的难度。

当下,我国一些群体仍然存在网络安全意识薄弱和批判性思维欠缺等问题,在互联网场域中,网络安全意识薄弱的群体对某些网络事物存在盲目追捧与效仿的情况,在媒体话语权分化的背景下,媒介"把关人"的角色逐渐弱化,价值导向的失衡与乏力影响公众对事物的正确认知。

第二节　公众网络参与的群体分类与实践路径

一、公众社会参与的历史逻辑与现实图景

(一)公众参与社会治理的制度性安排

出于对美好生活的向往和追求,公众一直试图通过调动和挖掘自身力量建立更加和谐稳定的社会,公众作为社会的主要组成部分,是社会治理的重要参与者、积极贡献者以及利益相关者。公众参与是指公众通过自下而上的参与渠道对公共决策和治理产生实质性的影响,其参与程度与水平决定着社会治理的效能。公众参与社会治理经历了从自发实践到制度规划的过程转变,通过有意识的制度安排、运用现实手段为公众参与提供理论和实践指导,有助于增强公民意识和提升公众的综合素质,对社会文明程度和国家治理能力的提高具有重要意义。

在我国,公众参与基层社会治理的制度化法治化安排,是随着改革开放的步伐逐步完善的。公众参与最早成为党中央决策部署是在 2004 年 9 月党的十六届四中全会上,此次全会明确提出"建立健全党委领导、政府负责、社会协同、公众参与的社会管理格局"①。党的十八大报告进一步强调"加快形成党委领导、政府负责、社会协同、公众参与、法治保障的社会管理体制",党的十九大报告指出要"扩大人民有序政治参与"。公众参与社会治理,是构建我国社会治理体系的必然要求,随着我国社会治理理念、治理模式和治理能力的进步,公众在参与社会治理中的身份定位和价值转化也越来越明晰,社会治理的重心逐渐向基层延伸,公众从被动接受向主动参与的主体角色

---

① 王大广.公众参与基层社会治理的实践问题、机理分析与创新展望[J].教学与研究,2022(4):
45-55.

跨越。

网络不仅构建了我们新的社会形态,也通过其逻辑实质的扩散不断改变我们的生产、生活、权力和文化。[1] 网络社会中新的结构秩序和话语形态相互交织,使得社会治理的复杂程度进一步提高。当前,公众参与社会治理的渠道更多地迁移至网络,搭建网络综合治理体系,不断优化参与规则设计和政治决策程序,加强和创新社会治理,正成为未来制度规划与决策的要义。

(二) 新媒体生态公众主体的权利呼唤

当前社会正处于转型期,新媒体环境大大释放了传播主体的活力,拓宽了公众获取信息的渠道和途径,公众社会参与的主体意识和公共精神不断增强,参与程度也在持续提高。

首先,公众具有社会参与的基本需求,通过行使参与权在了解社会发展状况、改善生活环境的同时发挥自身主体性,这是公众进行社会参与的内在驱动力。大众传播时代,政治、经济、文化、技术等社会各领域的要素实现重组,在互动式、参与式文化的盛行中,大众的主体地位、主体能力和主体价值进一步觉醒,个人意识得到前所未有的发掘。社会参与是社会治理中的一个重要环节,公众积极进行社会参与,一方面能够有效汇集社会意见进而推动公共事件的解决;另一方面有助于自身价值体系的建立,在融入集体的过程中获得参与感和认同感。

其次,随着网络数字技术的应用与普及,新媒体已经成为公众进行社会参与的主要场域,绘制着社会互动和社会治理的新图景。新媒体环境中,大众能够更加便捷地收集与发布信息,多样化的媒介功能丰富了公众的参与方式,发表意见观点的渠道的拓宽提高了公众社会参与的意愿。此外,新媒体还展现出较强的开放性,公众的身份实现了从"被动接受者"到信息"产消者"的转变,主体参与和分享意识得到前所未有的增强,新媒体环境塑造出

---

[1]　卡斯特.网络社会的崛起[M].夏铸九,王志弘,等译.北京:社会科学文献出版社,2001:569.

独特的社会交往模式,推动了公众合理表达自身诉求。

(三) 互联网环境中社会参与的机制变迁

社会参与是公众显示利益需求的一种社会表达方式,不同时代的技术发展水平和思想价值取向影响社会参与的内容、方式,甚至划定了社会参与的基本边界。公众的社会参与包含从政治参与、经济参与到文化参与的多维面向,在互联网技术革新和社会环境变迁的大背景下,公众社会参与的机制也随之发生改变。

在社会的组织动员下,公众参与到政治、经济、社会、文化等各个领域,互联网普及之前,大众主要借助群体的力量,通过加入各类组织来拓宽社会参与渠道,参与方式以线下活动为主,范围较为受限。

互联网普及之后,网络平台的搭建促进了资源和服务在全社会范围内的共享,公众依靠网络来获取资讯并与他人互动,网络参与成为一种重要的社会参与方式。网络中涵盖了多类社会主体,使社会各界各部门之间的联动更加高效,网络加速了信息和意见的流通,使社会参与的辐射范围进一步扩大。此外,互联网功能的泛化为网络参与提供了更多的路径选择,其方式也日益复杂多变,各大权威媒体纷纷开辟了新媒体平台,营造网络互动氛围,公众可以在媒体平台上自由加入群聊或者讨论组,随时进行评论、留言或转发,甚至通过线上参与助力线下活动的推进,在以网络为先导的理念下,社会参与的便捷性和灵活性显著提升。

二、网络参与主体的行动差异和群体区分

(一) 动机差异:主动参与和被动参与的划分

网络参与呈现复杂性趋向,由于参与主体间性别、年龄、职业、兴趣等特征的差异,加之群体间参与意愿和参与诉求的不同,当前我国公众社会参与的动机呈现多元样态,主要可以分为主动参与和被动参与两类动机。

互联网环境显著激发了公众社会参与的活力,快速增强的主体意识和

公共精神成为当前激发、维持和强化公众社会参与的动力来源,出于责任感自发形成的自组织式团体越来越多,公众在社会参与动机上更加表现出主动性、自愿性和无偿性。主动参与的主要动力不是国家或组织的集体动员和号召,而是更多地从个体角度出发的认识与行动。公众对社会现象和问题有自身的思考,并且迫切地希望将想法付诸实践,这些因素共同促进了主动参与的动机达成。但同时,受参与者素质不均、主体间冲突等因素影响,某些群体的盲目跟风现象往往会加重事态发展,主动参与中的非理性情况时有发生。

在被动参与中,出于自身素养、客观情势等原因,公众本身并非具有强烈的参与意愿,但由于外界环境的作用,在某种必要性或者群体氛围的号召下,相关权威主体会鼓励或要求公众参与社会治理。此外,渠道不通畅、机制不健全等因素的制约,也会使得公众社会参与偏向消极。相较于被动参与,主动参与社会治理的公众具有更强烈的权利意识和公共责任感,对于真实意愿的披露也更加完全,能够推进社会治理进程,有助于社会共识的达成。

(二)程度差异:浅层参与与深层参与的并存

社会参与离不开公众与各主体间的互动,在不同层次和类型的社会事件中,根据公众社会参与程度的不同产生了浅层参与和深层参与的分野。在实践中,参与程度与社会参与的限制性因素相关,对事件的了解情况、个体的知识文化水平、使用的方法与技术等因素均影响着公众社会参与。

20世纪六七十年代以来,社会参与的思想在几乎所有的治理和管理理论中都占有重要位置[①],有学者将社会参与程度划分为知情、咨询、协商和共同决定四个层次。在知情层次上,只存在公众了解信息或情况这一单向过程,参与开始于信息发布,但是如果没有后续的积极行动则会立即终结;在咨询层次上,公众会形成具体的意见建议,并对事件发展进行反馈;在协商

① 刘红岩.国内外社会参与程度与参与形式研究述评[J].中国行政管理,2012(7):121-125.

层次上,公众的参与权利进一步扩大,公众凭借自身话语或者行为的力量对事件进程产生影响;在共同决定层次上,公众与其他主体形成协同局面,获得一定的资源和权威支持,实现了更深层次的参与。

社会参与程度的不同也会出现在不同群体之间。由于数字鸿沟的存在,青年群体的利益需求和表达意愿更加强烈,对新技术和新事物的接受程度更高。相较于网络使用技能较为不熟练的老年群体,青年群体更容易通过互联网拓展社会参与的领域与渠道,开展线上线下的参与活动,发表自己的意见,进行有效决策,最终影响社会治理的进程。

(三)技能差异:"数字贫民"和"数字富民"的分离

在互联网社会建设背景下,数字技术逐渐嵌入社会治理各领域,对硬件基础和软环境保障均提出较高的要求,使用数字工具、利用数字资源进行数字化生产与传播能力的差距,能够区分出具有不同数字素养的社会群体。网络社会中的数字贫富差距逐步显现,信息技术的使用状况造成了不同群体间的分层,导致了"数字贫民"和"数字富民"的出现。

"数字贫民"主要指缺乏数字信息接入基础、缺少数字信息使用能力的个人或群体。在我国一些农村地区,数字基础设施建设较为薄弱、数据资源的开发利用不足、信息与数字化教育滞后,导致了当地民众数字素养整体偏低,在网络接入和使用上表现出知识与技能缺乏的窘态。"数字贫民"依托数字化手段进行社会参与和个人发展的能力有限,难以在复杂的信息生态中对虚假消息、负面舆论进行有效辨识。

相较于"数字贫民","数字富民"的信息数据使用机会较多、使用能力较强、使用量较足,在获取、理解、整理和批判数字信息方面的综合能力更强。在当下的网络生态中,信息传播呈现碎片化、海量化等特点,凭借自身较强的认知和理解能力,借助相应的技术手段,"数字富民"对媒介信息的评估能力更强。此外,依托互联网功能和平台的发展,"数字富民"更容易享有互联网发展红利,在社会参与中获得更高的自我效能感。

数字贫富差距的表象之下,是社会经济、认知和文化资源差异造成的互联网使用不平等,事关社会的公平正义。如何缩小数字化水平差距,提高数字社会治理的公平程度和有效性,是未来一段时期内亟须解决的问题。

三、公众网络参与的实践路径

(一)政治参与:多媒体渠道协同创新参与样态

政治参与可以被界定为普通民众自愿通过各种合法方式参与政府活动、影响政府行为的政治活动。[1] 除了官方网站之外,随着新媒体的发展,网络视频、网络直播凭借其准入门槛低、接受度高等优势,成为公众表达观点态度、进行政治参与的新型载体,微信、微博、抖音等媒体平台占据大部分流量,在满足大众社交需求的同时,为大众提供更为多样化、日常化的政治参与渠道。通过社交应用发表言论、表达立场和态度,已经成为当今公众进行政治参与的重要方式。

武汉抗击新冠疫情期间,中央广播电视总台采取"慢直播"的方式报道火神山、雷神山医院的建设情况,相关直播参与人数超千万人,引发社会各界"云监工"热潮,网民以"监工"的虚拟身份参与方舱医院的建设过程,在热烈的讨论之中督促工程推进,对政府起到监督作用。

在互联网构建的虚拟环境中,公众具有表达意愿强、参与热情高、思维活跃等特点,但受到某些非理性情绪因素的干扰,也会因缺乏思考而作出冲动和盲目的行为。

公众对政治领域的知识储备、对政治规则的认知、对参与政治活动能力的自我评价等,都会显著影响其政治参与意愿和行为。政治参与是公众参与社会治理的重要渠道,也是社会治理的重要组成部分,更是社会进步的重

---

① 肖传龙,张郑武文.空间与效能:乡村治理中的农民政治参与影响因素探析——基于福建 D 村与四川 X 村的对比研究[J].湖北理工学院学报(人文社会科学版),2022,39(1):69-74,86.

要标志和公民个体现代性的重要体现。①

（二）文化生活：主体意识表达重塑社会互动

开放、互动与包容的互联网极大丰富了大众的参与式体验，也成为社会公众利益表达并寻求发展的重要平台。随着网络的快速发展以及公民意识的崛醒，公众参与的领域也从政治、经济延伸至文化、生活的各个方面。

2019 年伊始，演员翟天临因在直播中回答网民提问时反问"知网是什么"，引发网民对其博士学位的质疑。此事一经爆出，网民主动介入调查，搜集相关资料，在知网对其公开发表的文章进行重复率检测，后又发现其博士毕业论文未被知网收录，质疑其存在学术不端、学位注水等问题。北京电影学院随后启动调查程序，最终撤销了翟天临的博士学位。在这一事件中，学术不端问题是公众关注的焦点，学术打假成为公众维护社会公平的正义之举。

近些年，"饭圈"文化在年轻网民群体中盛行，粉丝群体通过应援、"打投"等方式与偶像产生心理上的链接，在亲身参与中获得满足感，但是资本逻辑的干扰，加之粉丝群体的狂热化、非理性化，导致文化参与中的乱象频出。2021 年，一段"大量牛奶被倒入沟渠"的视频在网络上广为流传，起因是一档网络综艺指定粉丝购买某赞助商的饮料，用瓶盖内的二维码为自己的偶像投票，因此出现粉丝大量购买饮料喝不完只能倒掉的现象，在相关部门的介入下，该节目被暂停播出。泛娱乐化时代，部分公众为了追星将理性消费理念抛之脑后，这种畸形的追星行为严重侵蚀了社会的价值导向。

文化生活与大众息息相关，公众有权利以及义务参与社会文化现象，网民作为参与主体营造舆论氛围，其参与的过程和方式能够有效推动事件进展，甚至最终决定事态的动向。

---

① 崔岩.当前我国不同阶层公众的政治社会参与研究[J].华中科技大学学报(社会科学版),2020,34(6):9-17,29.

(三) 公共事务:公众利益诉求汇聚社会力量

公共事务关涉百姓民生,是社会参与的重点领域。随着我国全面深化改革的持续推进,经济社会不断发展,社会的多样性和风险性显著增强,公共危机频发。在虚拟世界向现实世界的渗透下,大众的公共参与逐渐转向网络场域,更加及时、有效地推动问题解决。

2021 年 7 月,河南省受到台风"烟花"的影响发生特大暴雨洪涝灾害,多个城市遭受暴雨袭击,多处房屋受损、道路交通瘫痪,市民的生命安全遭受严重威胁。一名昵称为"Manto"的网友联合几十名同学创建了一份名为《待救援人员信息》的在线文档,核实并录入从各个渠道搜集到的求助信息。随着这份文档在网络平台的传播,不断有更多志愿者加入文档维护,从最初简单的统计表格更新至数百版,成为多用途的民间抗洪资源对接平台,对救灾起到了关键作用。

新冠疫情防控期间,除了官方渠道的援助,公众还自发开辟了各种网络救助渠道,整合共享资源信息、促进社会互动,依靠民间力量有效应对了公共卫生危机。新冠疫情防控期间,由普通民众创建的在线互助文档、社区团购文档、医疗信息汇总文档、隔离宠物互助文档在上海大量涌现,成为疫情之下公众互帮互助的渠道,也吸引了更多人加入文档维护,为更多公众解决生活难题。

公众在社会系统中扮演着重要角色,公共事件中的大众参与有其特定的实践逻辑和共性特征,在应对重大的突发性事件时,公众行动可以推动实现社会资源整合和社会力量参与,作为对政府治理的有益补充。

第三节 网络空间的多元话语与社会共识

一、网络互动中群体话语的多元建构

（一）青年流行话语的快速迭代

在我国的互联网生态中,青年群体使用互联网的占比较大,已经成为网民中的主体部分。大众媒体打造了一个开放包容的空间,为不同群体间的思想文化交流搭建平台,公共话语空间潜力的充分释放,推动青年话语在文本、语义、社交及思维等方面发生快速迭代,催生丰富多样的亚文化形态。

话语的交融与碰撞持续打造新的社会交流图景,成为群体特质的外在表征。作为网生代的青年群体思想活跃,为了融入同辈话语体系和提升自身话语地位,他们创造出一系列具有鲜明特色的词汇、微观话语体系及模式,拥有了独特的话语表达风格。当下,青年流行话语具有新颖性、活泼性和流行性等特征,社交媒体中各类饭圈文化、嘻哈文化、土味文化的涌现,在塑造青年群体的独特身份标识之下,表现出他们的个性化追求。另外,不断衍生的表情包和网络流行语备受年轻人追捧,这些娱乐符号成为他们缓解日常压力的窗口,也成为他们相互交流的谈资,在互动中进一步带动话语创新。

与现实话语类似,青年网络话语创新也深受环境影响,与网络发展、社会热点和流行话题息息相关,青年话语不断蜕变更迭,呈现典型的流行性特征。①在新媒体环境中,媒介内容的生产活力被大幅度激发,青年群体能够迅速捕捉新的语言亮点,将其二次加工后在网络上作为迷因广泛传播,但除紧跟潮流的流行性特征之外,青年网络话语也呈现持续周期短的特点,在新热

---

① 阎国华,宋京姝.青年网络话语创新的样态透视与竞合思考[J].中国青年研究, 2021(11):105-112,104.

点的不断更迭中，青年群体的注意力一次次发生转移。

（二）社会价值信仰面临的挑战

互联网在传播效能、主体性和宏观环境等方面的多维重构，助推网络空间中的多元意见表达、特殊社会心理及价值观念嬗变，进而形成不同的社会思潮。互联网综合了多种传播渠道和内容元素，形成了强大的传播力，促进了各种思想价值在不同主体之间的传播，这在一定程度上侵蚀了社会空间的共识话语。

就网络空间现状而言，当前多元话语主要体现为网络民族主义、网络民粹主义、新自由主义和消费主义。[①]

近年来，西方的一些个人主义、利己主义、享乐主义的价值观对我国集体主义、爱国主义等传统的价值观造成了一定的冲击，[②]这些价值观在网络中具有一定的心理认同基础和民众市场，但其性质与社会主流价值观存在较大的分歧，对我国网民群体造成一定的影响与分化。

（三）网络舆论场域的变化

在新媒体生态下，随着技术的赋权和公民意识的觉醒，网络言说主体呈现多元崛起的态势，致使网络空间的话语权被重新分配，网络舆论场域在去中心化的过程中发生结构性转向，多元话语在复杂多变的舆论格局中交融碰撞。

网络舆论场域是现实话语力量在网络空间的延伸。当前，在我国的网络环境中主要存在三方场域，分别是以主流媒体为主体的官方舆论场域、以商业媒体为主体的媒体舆论场域，以及以民众为主体的民间舆论场域。[③] 其

---

① 曾振华，邵歆晨，汤晓芳.主流媒体网络空间社会共识话语的建构[J].江西社会科学，2021，41（9）：229-237.

② 彭慧敏，胡屏华.新时代青年网络政治参与问题研究[J].华北水利水电大学学报（社会科学版），2022，38（2）：109-114.

③ 刘艳.新时代中国网络意识形态话语权建构的三维审思[J].理论月刊，2021（6）：46-53.

中,官方舆论场域的发声主体主要是由党政部门开设的新媒体账号,以及各类政务平台组成的,官方舆论场域是主流意识形态宣传的主阵地,在舆论事件中起着拨乱反正的价值引领作用;媒体舆论场域在事件进展中起着重要的推动作用,各家媒体遵循自身的商业运营模式以及价值评价标准,能够有效设置议程、广泛发动公众,促进信息和观点的充分流转;民间舆论场域观照大众的日常生活及权利,是映射民众真实意愿的集散地,有时公众会自发引爆舆情热点并引导舆论走向,在舆论场域中表达自身对权威的反抗,体现了公众的个性化、平权化追求。

每个舆论热点事件的发酵过程,都离不开这三方场域中意见主体的沟通与话语力量的博弈。媒体舆论场域和民间舆论场域的出现打破了以往由官方舆论场域主导的单向舆论格局,个体传播与圈层传递嵌套、主流声音与负面信息对冲,社会大众与主流意识形态的话语隔阂进一步加剧,影响社会共识的达成。

二、网络空间中的社会共识

(一) 网络巴尔干化引发群体分化

在网络空间中,用户基于相似的兴趣爱好或者价值观念聚集在一起,搭建各种群聊或者讨论小组,在细分出来的群体内部进行分享交流,信息在群体之间传递,圈层化已经成为互联网的一种基本结构,形塑新的社会交往关系。但是,圈层化在给社会成员带来新的社会生存方式的同时,造成了离散与沟通层面的圈层阻隔,①一体化的社会被分割成多个空间,形成了网络巴尔干化。

"群体内同质、群体间异质"是网络巴尔干化的特征,群体内部成员间具有相似的兴趣观念和一致的行为准则,然而圈层之间用户的信息沟通则处

①　喻国明.有的放矢:论未来媒体的核心价值逻辑——以内容服务为"本",以关系构建为"矢",以社会的媒介化为"的"[J].新闻界,2021(4):13-17,36.

于不同程度的隔绝状态。例如,在微信群聊或者豆瓣小组中,由于处在单向循环的传播环境下,成员对现实社会事件的看法和诉求往往具有一致性,群体认同感在情感互动、意见交流的过程中得到加强,群体内部更加容易达成共识。但在内部意见得到固化的同时,每个意见群体的外缘都包裹着厚厚的意见"过滤气泡",彼此隔绝,因而在网络场域中常常出现多元意见共存的局面。在彼此不相融的状态之下,当一些热点事件发生时,持有不同观点的群体间极易产生对抗,使得舆论共识难以达成,社会群体出现撕裂。

(二)多元权力主体形成话语博弈

网络世界是现实世界的映射,政府、公众、媒体、资本等不同主体共同构成了网络空间生态,在公权与私权、强权与弱权、主流与非主流等话语权力的斗争中,互联网中的话语博弈愈加激烈,形成了复杂化、动态化的社会话语系统。

福柯认为话语与权力紧密相关,权力的争夺也是话语的争夺,话语的拥有意味着权力的实现。网络空间中的不同主体掌握各自的信息资源和流通渠道,分别代表不同的利益与立场,在相互交织间进行力量博弈。资本力量延伸至网络空间影响了话语权的分配,在资本的运行逻辑下,部分媒体沦为资本主导的工具和喉舌,"流量至上""利益至上"的思想蔓延在网络之中,形成了具有消费主义倾向的话语符号。

此外,在民众意愿与互联网技术的结合下,网络社会组织这股新兴力量应运而生,例如贵州"中原网络达人联谊会"、西安"蒜泥咖啡"、杭州"公羊会"等都是网络社会组织的代表,它们在社会参与中表现积极、主动,代表特定群体的利益诉求或价值主张,但由于缺乏规范,组织成员发表的言论往往过于偏激,情绪化色彩强烈,甚至刻意制造公众与政府的冲突对立,[①]在舆论场域中形成一股强大的话语力量。

---

① 刘美萍.演化博弈视角下网络社会组织参与网络舆情治理研究[J].南通大学学报(社会科学版),2021,37(6):71-80.

多元话语权力主体的出现,使网络空间场域中的意识形态话语权争夺更加复杂,随着线上与线下、现实与虚拟的双向互动,社会共识在凝聚过程中面临各种矛盾、风险与阻力,严重冲击了公众对主流话语的理性认同。

(三)价值尺度不一侵蚀共识导向

网络环境中,思想的发布、传播和交流变得更加自由开放,在网络群体的圈层化结构和各种话语力量的博弈之下,各个群体因为彼此不同的利益诉求而产生分化,并在相应的价值观念上表现出多样化的认知。

随着社会的快速转型,网络中的分众化与差异化趋势凸显,在社会主体的不同文化背景和话语交锋下,人们的价值观念走向多元与冲突,价值尺度发生分化。此外,网络空间的复杂性特质在道德领域产生了一个更加突出的问题,即个体的信念、意见、观念以及态度被抛进或卷入网络场域后重新获得意义。① 在多元价值并存的环境中,后真相时代的情绪化心理、圈层化结构中的群体极化等问题,让网络中的道德分歧和秩序紊乱现象愈演愈烈,当一些热点事件发生时,公众在非理性情绪的煽动下容易做出冲动、危害性行为,加之自媒体的大肆渲染,导致网络暴力现象频频发生。同时,泛娱乐化倾向稀释网民的注意力,它追求感官刺激,运用调侃、恶搞式的表达对抗理性说理,容易让公众在娱乐化内容中丧失甄别选择和独立思考的能力。在这种环境下,主流的价值与道德体系备受冲击,诸多不稳定因素造成了社会共识的撕裂。社会共识的凝聚过程,是让各种不同的价值观念和利益诉求能够在公众之间形成最大限度的理解、共存与发展。

三、多元话语与主流话语的融合及挑战

(一)亚文化发展与社会主流文化

伴随社会结构的复杂重组,群体差异性催生了多样化的利益诉求,网络

---

① 赵丽涛.网络复杂性视域下的道德共识凝聚与道德建设[J].思想理论教育,2021(1):15-20.

文化也发生全方位的转向,亚文化是一种特殊文化价值体系,是当下青年群体心理诉求和价值兴趣的直接表征。亚文化群体具备强烈的个性与反抗性,在主流文化建立社会认同的过程中加剧了群体的分割,但随着网络互动的加深和信息壁垒的消解,主流文化和亚文化在对抗中逐渐走向兼容,形成了多元文化并存的局面。

社交媒体的繁荣生态之下,公众活跃在不同圈层之间,圈层群体内部形成了特有的文化价值观念,并在网络空间进行交锋。亚文化素有"小众""非主流"等印象标签,传统的亚文化理论认为,抵抗性是亚文化与生俱来的特性。[①] 当前网络空间中出现的游戏文化、嘻哈文化、弹幕文化等亚文化形态,一方面蕴含群体对个性的张扬;另一方面带有鲜明的民意表达和话语权争夺的特征。2020 年五四青年节前夕,Bilibili 策划的视频《后浪》在央视新闻、光明日报等多家主流媒体上播出,由国家一级演员何冰以老一辈的口吻向年轻人表达羡慕与鼓励,但却在网络上掀起较大争议,部分群体认为这则视频过于理想化而掩盖了他们焦虑的现实境遇,网络中一时出现众多解构式的话语,主流价值引导陷入困境。

随着亚文化群体话语力量的延伸,主流文化对待亚文化的方式逐渐从拒斥、收编走向包容与共存,在保持各自独立性的前提下,加强协商,寻找共同的关注点与价值点。主流文化开始主动靠近亚文化群体的表达语态,吸纳亚文化的精华部分,进而覆盖更多的年轻用户、加强主流舆论的辐射力量,推动实现了多元文化的共同繁荣发展。

(二)价值观念多元与主流价值观念

数字化社会中,网络文化内容生产呈现参与主体多样、技术与内容形式创新叠加、互动参与创造内容、生态化非线性传播等新特征,[②]网络中的对话与交流日益频繁,传统价值与新兴价值观念的摩擦不可避免。同时,智能化

---

① 杨子强,林泽玮.青年网络亚文化的变迁与治理[J].思想教育研究,2022(2):87-91.
② 高宏存.网络文化内容监管的价值冲突与秩序治理[J].学术论坛,2020,43(4):82-88.

技术和产品的应用颠覆公众的媒介使用习惯,在传播方式和传受权力的深刻变革中,不同的价值标准接连涌现,隐含在不同主体间的利益、需求分化引发社会层面的价值冲突。

如前文所述,民族主义、民粹主义、新自由主义和消费主义共同构成了当前网络中价值观与信仰撕裂的主要来源。网络民族主义将民族情感推向极端化,并且极易演化成非理性的暴力行为,在情绪煽动中偏离了文明、和谐等正确价值导向。民粹主义过度强调社会草根的力量而极力反对精英,对民族文化和民族精神造成摧残,与我国主流价值观所提倡的平等、友善等存在分歧。与此同时,新自由主义和消费主义逐渐成为网络中的流行趋势,在公众间滋生放纵、享乐、符号化消费等畸形价值观念,与社会主义主流价值共识形成冲突。

在庞杂的社会环境中,价值观念差异的出现不可避免,在面对邪教、落后民俗等一些极端不良价值观时,主流文化必须毫不犹豫地予以打击和限制。对于网络中流行的享乐主义、功利主义、娱乐至上等倾向,主流文化应当进行适当的引导,尽力弥合当代风尚和传统价值间的割裂,在扬弃中孕育新的社会价值观念。

(三)舆论意见多样与社会共识达成

公众是具有思考、表达和行为能力的主体,在主体性意识的觉醒中逐渐从被动转向主动。社会热点事件的发生,通常会在网络中引发各种势力、各个意见领袖、各类社会群体的广泛关注与热议,迥异的态度、观点和诉求屡见不鲜,舆论场也因此出现一种彼此不同、相互分离的状态。

一方面,涉及公众切身利益的社会事件,往往具有争议性强的特点,网络舆论容易出现多元趋向,不同群体对同一事件的看法大相径庭,对事件人物、事件原因、事件进展等方面掌握信息的不同,同样造成了群体观点的差异;另一方面,网络圈层化结构加速舆论场域的分化,比如年轻网民更多聚集于微博、Bilibili、网络直播等平台,一些中等收入者则热衷于知乎、果壳等社群,在思想文化的区隔下对立言论出现,造成舆论的对抗。此外,网络中除了代表不同立场的意见领袖之外,还存在大量活跃的网民群体,他们热衷于对社会事件进行评价和参与,共同塑造多样化的舆论意见场域。

有学者提出,在舆论主体自发参与、传媒意见整合和政府舆论监管的共同作用下,舆论从多元最终会走向共识,其中大抵存在三个阶段:舆论模型期、舆论博弈期和舆论消退期。[①] 一开始,个人舆论上升为公共舆论,在公众对议题的讨论中多元话语出现,随后意见领袖的二次传播加上媒体力量的渲染,使得一部分舆论被消解,另一部分舆论慢慢占据上风,公众的意见开始走向统一,最终随着议程的消解社会达成一定程度上的共识。

第四节　提升公众素养与凝聚社会共识的路径探析

一、激发个体基本道德,形塑公共交往行为规范

(一)培养个体自律,坚守道德伦理底线

网络的功能性和匿名性在增强公众参与意愿的同时,使网络空间容易成为公众宣泄情绪的场所,其发言和行为常带有随意性和情绪性,隐私泄露、网络暴力、舆论审判等道德失范现象时有发生,对事件当事人造成伤害,网络空间道德秩序趋于混乱。为此,从个体层面出发,公众要加强行为自律,自觉承担网络参与责任,坚守道德伦理底线。

网络信息的泛滥造成了网络空间的无序性,在从众心理和群体动力的作用机制下,群体的冲动与非理性导致了个体的盲从。为避免失范行为的发生,个体应秉持对弱势群体的同情心和对不同意见的包容心,在平等、尊重的基础上合理表达个体情感与自身诉求,自觉维护网络空间秩序。

---

① 许科龙波,郭明飞.价值认同视角下网络舆论场中的共识再造[J].学校党建与思想教育,2021(1):75-78.

网络中道德伦理问题的出现源自公众参与责任意识的缺失,根本上是由于网民群体法律意识的淡薄。因此,我们要加强网络空间道德共识的法治化建设。让人们对应该遵循的道德规范形成基本一致的认识与理解,依靠法律法规划定清晰边界,防止网络空间成为法外之地,有效抑制"人肉搜索"、恶意攻击、造谣生事等不良现象的发生。

(二)训练理性思维,有效甄别错误信息

网络技术的出现使人和社会获得了空前的发展,媒介产品的智能化转向和海量信息的涌现加剧了传媒生态的复杂程度,虚假新闻、新闻反转屡屡发生,严重削弱了主流媒体的专业性,错误信息进一步分散大众的注意力,社会共识达成受阻。因此,要重视培养公众对信息的浏览、理解、评估能力以及批判性思维,保持主体性的自觉,摒弃畸形的价值观和文化思潮,树立个体理性思维。

首先,面对数字时代的海量信息流与数据流,公众要培养一定的数字化应用知识与技能,依托智能媒介获取资源、生产信息,满足个人的社会交往需求,为构建有序的网络参与空间打好基础。同时,公众要理性看待数字技术的发展,主动突破"信息茧房"带来的认知固化,在泥沙俱下的信息环境中,提高对虚假信息的鉴别能力,对信息的客观性、真实性、可靠性作出理性分析。

其次,当前的网络空间面临各种意识形态与思潮的冲击,动摇了主流价值观的话语地位,对整个社会思想领域的稳定发展造成干扰。为此,公众要提高自身知识文化水平、批判评估信息价值导向、有效识别内容背后的目的动机,让冲突消弭于理性思考的氛围之中,在公共理性的引导与规范下促成社会共识。

(三)净化网络空间,及时纠偏不良行为

新时代下,公众进行网络参与的手段方式更加多样化,但由于监管的不到位、不充分,网络成为虚假和有害信息滋生的土壤,暴力行为时有发生,各种网络乱象严重干扰了网络空间和社会参与的有序性。因此,加强对网络空间的监管治理、扩大对失范言行范围的划定、完善法律法规以及及时纠正不良行为,对提升公众素养、净化网络空间具有重要意义。

互联网不是法外之地,加强网络监管是抑制不良现象发生的行之有效的措施。首先,应当考察当前网络环境中具体存在的问题,对失范、无序、恶性的参与行为作出清晰规定,培养公众的底线思维和责任意识,坚决遏制触碰底线行为的发生。针对网络暴力、谣言散播的行为,要通过有效的手段监管日常的网络参与行为,通过责任追究机制追踪不良言论和行为,发挥警示和震慑作用,营造清朗的网络空间。当前,中央网信办部署开展"清朗·网络暴力专项治理行动",要求网站平台集中整治,建立健全长效机制,针对首发、多发、煽动和跟风发布等不同倾向,分类处置相关账号,严肃处罚失职主体。

二、推动公众素养的提高,驱动差异群体整体认同

(一) 完善基础设施,着力提升数字水平

由于资源分布不均,我国各地区的信息化建设水平参差不齐,对数字化产品掌握技能的差异使不同群体间出现数字鸿沟,使部分公众的网络素养较低,制约了思想文化在社会层面的交流与对话,不利于群体间共识的达成。因此,要想提高公众素养、凝聚社会共识,首要的是加大对基础设施建设的投入,将其作为提高公众认知水平与数字技能的基石。

一方面,要加大财政、人才、政策等方面的投入,加强对落后地区的新型基础设施建设,例如铺设 5G 基站、建设大数据中心,发展电子政务、电子商务,将当地民众纳入数字化发展的轨道,助力落后地区迈向智能化、移动化和数字化。同时,适当降低乡村地区购买数字技术产品和服务的成本,让数字技术真正深入、普惠群众生产生活的各方面。

另一方面,老年群体作为数字时代的弱势人群,是社会参与的重要组成

部分,急需得到充分的社会支持,实现增权赋能。当前,我国的互联网适老化改造持续推进,各类网站和 App 在现有产品的基础上推出老年模式,使其能够更加便利地享受智能化服务,助力老年群体共享数字化发展成果。

(二)优化网络素养教育,促进公众全面发展

新媒体时代,现实空间与网络空间深度交融,在数字化技术的影响下,网络社会的参与方式和渠道日益多样化,在参与范围扩大的基础上,对公众利用网络参与社会治理的能力提出更高要求。因此,要提升公众的认知水平,促进群体间的理性对话、共识凝聚,优化网络素养教育成为新媒体时代的必修课。

网络素养教育的优化可以从能力提升和价值树立两个方面展开,同时注重覆盖不同年龄段的人群。

首先,在能力提升方面,政府和社会组织率先引导发力。腾讯公司此前发起 DN.A(数字原住民)计划,通过与政府、高校等第三方机构合作,针对未成年人设计专门的网络素养课程与工具。对于部分农村群体,要依托智能技术培养他们在电子商务、线上医疗、生活服务等方面的基本操作能力,发挥网络素养教育的普适性。

其次,在价值树立方面,要聚焦培育公众的社会和文化包容视野,信息生产者、平台运营者以及个体用户都应当充分尊重多元化的文化价值取向。[①] 同时,面对算法机制营造的单一意见氛围,要训练公众打破"过滤气泡"带来的偏见与保守,拥有社会宏观视野,在包容和谐的气氛中促进理性对话与共识的达成。

(三)强化个体权责意识,提升社会参与意愿

公众网络参与的水平与效能影响社会共识的达成,当前社会中部分群体存在消极参与心理,对公共事务和公众利益表现出冷漠的态度,在集体行

---

① 史安斌,刘长宇.全球数字素养:理念升维与实践培育[J].青年记者,2021(19):89-92.

为中缺乏行动力,社会参与意愿较低,对社会的长远发展造成潜在威胁。因此,强化公众的社会责任意识、拓宽与畅通网络参与的路径和渠道、提升公众的社会参与意愿,对于凝聚社会共识起到重要推动作用。

党的十九届四中全会指出,要"建设人人有责、人人尽责、人人享有的社会治理共同体",社会治理事关广大人民的切身利益,公众作为社会治理共同体的主体承担参与的责任。为此,我们要强化个体的社会责任意识,鼓励公众以主人翁的身份参与社会事务,积极表达自身利益诉求,运用线上线下渠道向相关部门反映意见和提出建议,进行事前、事中、事后的监督,在参与和履责的过程中推动构建社会治理共同体。

同时,相关部门要进一步建立健全社会参与的渠道,提高公众获取信息的便捷程度,尤其是针对一些数字贫困人群,要依托人工智能、大数据等技术帮助其拓展线上社会资源,利用互联网平台进行创意输出表达,提升公众参与的效能感。

三、加强主流价值引导,打造多元话语讨论空间

(一)健全舆论监测机制,把控社会意见风向

社会共识是在舆论的交流互动中逐步形成的,舆论引导的价值在于凝聚人心和再造共识,因此,网络社会治理必须要将舆情监测和舆论引导放在重要位置,对非主流的思想动态与价值取向的变化进行实时监测与引导,及时识别与化解不良思想与极端意见,在社会范围内汇聚构建大致一体的价值观念体系。

当前,舆情热点具有显著的随机性和突发性,公众倾向于采用音视频的方式进行信息交流,网络互动元素的复杂程度影响社会稳定。主流媒体要利用现有的信息化、智能化手段,建立网络舆情信息监测平台,及时捕捉公众意见,在舆情生成初期即形成干预,同时要根据舆情客体的实际情况、针对不同类型的危机事件制定行动方案,让舆情监测向舆情预测转型,更好地

把控社会意见风向。

相关部门应积极开展舆情疏导工作,寻找群众利益诉求与主流价值观念之间的平衡点,主动设置公共议程,积极建立回应机制,通过环境营造、舆论引领的方式,建立矛盾与冲突的化解机制,巩固主流思想阵地,增强公民对主流价值观和网络文明的一致认同。①

(二)调和多元话语冲突,建构新式共识话语

新媒体连接一切的特点颠覆了传统的媒介生态,传播格局的改变促进了表达的平权化。当下,人人都成为传播者,人人都是话语主体,不同话语主体的话语表达带有明显的倾向性,每个群体都围绕各自立场发言或讨论②,形成了多元话语在网络空间并存的局面。凝聚社会共识,一方面要为多元话语打造良性的对话空间,最大限度实现求同存异;另一方面要联动各方主体积极建构新式共识话语,推动公众的普遍价值认同。

多元话语涌现的背后,是隐藏在不同话语主体中的物质条件、精神追求和族群文化的差异,而这些是达成共识的必要考量因素。因此,要想达成社会共识,需要搭建长效的对话协商机制,采用协商的方式对其他话语进行引导,为各主体提供良好的对话渠道和互动平台,尽力化解和弥合群体间的冲突与撕裂,为达成整体性的社会共识打下基础。

在多元话语协商的基础上,社会各主体应当合力构建顺应时代发展的新型话语体系,以实现信念及价值规范在不同群体间的共享。坚守中华民族与党的领导这一整体性社会共识,在继承与弘扬社会主义核心价值体系的基础上,结合我国现实价值导向,创造具有新的时代内涵与文化样式的话语形态。

(三)加快数字化转型进程,扩大主流价值辐射范围

社会的良性运转和共识凝聚需要主流价值观的感召与引领,当前媒体

① 王喆,韩广富.新媒体时代公民网络参与的引导理路分析[J].行政论坛,2019,26(6):129-132.
② 漆亚林,王俞丰.移动传播场域的话语冲突与秩序重构[J].中州学刊,2019(2):160-166.

融合发展进入深水区,在参与主体繁杂、技术种类多样、媒介形态多元的新传播格局下,要加快媒体的数字化转型进程,利用 5G、人工智能、大数据等技术赋能主流价值辐射和舆论引导,推动建立凝聚社会合力与社会共识的新机制。

加快媒体的数字化转型进程,关键在于强化数字技术在新闻传播领域的渗透,打造智能化的主流价值平台,将智能技术赋能主流价值话语内容的生产、分发与消费等各个环节,促使媒介智能产品与主流议题相融合,通过移动化场景、智能功能设置、在线智能编辑等方式深入日常场景,推进主流价值的日常化、场景化、互动化传播。[1] 与此同时,公众作为价值引导的直接关涉主体,主流媒体要善于利用数字资源丰富内容主题、创新表达方式。在近些年的两会报道中,人民日报、新华社等多家媒体相继推出 AR 眼镜、AI主播、全景直播等智媒产品,打造全新的沉浸式体验。

全媒体时代,主流价值传播的机遇与挑战并存,除了依托数字技术实现媒体信息的智能化与公共化、深化与用户的连接,还要从根本上扭转传统的工作思维,改进传播语态,提高主流价值对算法的驾驭能力,从政治方向、舆论导向、价值取向多维度出发扩大主流价值的辐射范围。

互联网技术的普及深度重构了社会生态,在人类生产方式的转变和社会发展模式的革新中,助力大众步入网络化与信息化时代。当前,我国的网民规模急剧扩张,在政策关怀与技术普惠的机制下,越来越多的非网民群体也实现了互联网接入,数字包容性社会正在逐渐成形。在媒介生态的复杂性视阈下,公众的网络素养内涵进一步扩充,囊括了信息素养、媒介素养、数字素养等相关概念,成为当前个体生存和发展必备的综合性素养。但是由于群体间数字鸿沟和认知差异的存在,加之复杂化的信息舆论生态,当下公众的网络素养面临着认知、技能、行动等不同层面的挑战。

---

[1] 王润,南子健.嵌入式认同:智媒时代主流价值传播的新机制与未来展望[J].中国编辑,2022 (4):46-50,56.

公众参与社会治理是构建我国社会治理体系的必然要求,党和政府从理念和实践层面为其提供制度性支撑。在行动主体参与动机、程度、技能的差异下,当前网络中分化出具有不同行动方略和价值取向的群体,并通过多元渠道、多种手段参与政治、文化、公共事务,绘制出社会参与的综合图景。

在多主体共同参与的社会背景下,网络空间形成了多元话语并存的格局,舆论场域发生结构性转向,在意见得到充分释放的氛围中,一些偏颇的社会思潮冲击着主流价值信仰,不同的话语权力主体之间形成博弈,阻碍了社会共识的达成。引导达成社会共识,需要政府、媒体、公众三方主体协同发力,依托人工智能、大数据、算法等核心技术革新引导方法,最大限度地将主观性言论转化为群体共识。最后,社会共识的根本落脚点始终是我们党和国家的主流意识形态,需要我们坚定不移地贯彻与坚守。

附录 我国网络综合治理发展脉络与大事记

一、网络平台发展时间节点

　　我国网络平台的发展可大致分为四个阶段。从基础探索到平台初创,从产业形成到进一步融合发展,网络平台的演进历程既映射着中国互联网的发展走向,又成为与中国社会发展同频共振的重要部分。

　　以下内容梳理了我国网络平台的发展脉络及关键事件,以纵向视角把握中国网络平台的演进历程。

第一阶段：探索阶段（1986年—1993年）

互联网于1969年诞生于美国，其不断发展壮大，吸引了全世界人民的目光。随后，中国也积极地加入了这一全球性的网络时代潮流中。

我国非常重视互联网的接入工作，积极筹备国内互联网络的基础建设，并逐步建成一些高水平的科技专用网络以及校园网络，例如NCFC（中国国家计算机与网络设施）的主干网、清华大学、北京大学两所高校校园网，以及中国科学院院网都于1992年年底顺利建成。这些基础设施为我国全面接入全球互联网打下了坚实基础，预示着中国网络即将迎来与世界信息互联互通的历史性时刻。

1989年
教育与科研网络建设启动

1989年10月，在科技界人士积极申请接入国际互联网的同时，国家计委利用世界银行贷款的重点学科项目——国内命名为"中关村地区教育与科研示范网络"，世界银行命名为"The National Computing and Networking Facility of China"（中国国家计算机与网络设施，简称NCFC）立项。11月，该项目正式启动。

1990年
.CN域名注册完成

　　中国要接入国际互联网，同样需要一个能够代表国家的顶级域名，这就是.CN域名。1990年11月28日，得到中方授权的措恩教授在德国卡尔斯鲁厄大学内建立.CN顶级域名服务器，在SRI-NIC注册登记中国的顶级域名.CN及开通.CN的国际电子邮件服务，当时负责行政联络的钱天白教授被登记为管理联系人员。

1992年
NCFC工程的院校网完成建设

　　1992年年底，清华大学校园网（TUNET）建成并投入使用，是中国第一个采用TCP/IP体系结构的校园网。

　　1992年年底，NCFC工程的院校网全部完成建设，包括中科院院网（CASNET，连接了中关村地区三十多个研究所及三里河中科院院部）、清华大学校园网（TUNET）和北京大学校园（PUNET）。

1993年
中国科学院高能物理所通
过卫星链路接入国际互联网

　　1993年3月，中国科学院高能物理所成功通过卫星链路接入了国际互联网，这一重大突破使得国内的部分科学家得以率先体验并接入美国的科研网络，从而开启了中国与国际科研领域紧密交流与合作的新篇章。

1993年4月

中国域名体系确定

1993年4月，中国科学院计算机网络信息中心召集在京部分网络专家调查了各国的域名体系，提出并确定了中国的域名体系。

1993年

"三金工程"建设

继1993年美国提出建设信息高速公路计划之后，中国也在同年提出建设实施"三金工程"（金桥工程、金关工程和金卡工程），即建设中国的"信息准高速国道"以更好地为经济社会发展服务。1993年年底，中国正式启动了这项国民经济信息化的工程，此举宣告了我国互联网基础设施建设的起步。

第二阶段：门户平台为主的信息分享（1994年—1999年）

实现全功能接入国际互联网后，中国进入了约六年的基础初创期。这一时期对中国互联网及平台的发展具有举足轻重的意义，"积极发展、加强管理、趋利避害、为我所用"的原则思路为整个行业的发展指明了方向。中国基础网络建设如火如荼地进行，关键资源的部署也逐渐步入正轨。网民数量迅速攀升，达到了千万量级的规模。同时，以门户网站为代表的各种应用服务如雨后春笋般涌现，拉开了互联网创新、创业的壮丽序幕。这一时期奠定了中国互联网未来发展的坚实基础，成为中国互联网行业不可或缺的重要组成部分。

1994年：中国互联网元年

4月20日

中国成功接入互联网

1994年4月20日，NCFC工程通过美国Sprint公司成功接入了Internet的64K国际专线，标志着中国正式实现了与全球互联网的全功能连接。

5月15日

中国第一个Web网站出现

1994年5月15日，中国科学院高能物理研究所设立了国内第一个Web服务器，推出中国第一套网页，内容除介绍中国高科技发展外，还有一个栏目叫"Tour in China"。

7月

中国教育科研网开始筹建

1994年7月初，清华大学等六所顶尖高校联手打造的"中国教育和科研计算机网"（CERNET）试验网络正式开通。该网络运用了先进的IP/X.25技术，成功将北京、上海、广州、南京、西安五大城市紧密相连，并通过NCFC的国际出口实现了与Internet的无缝对接，构建了一个高效运行TCP/IP协议的计算机互联网络。同年8月，CERNET项目建议书正式获得立项，项目可行性研究报告的编制工作紧锣密鼓地展开了。经过严格的评审，最终选定东北大学、华中科技大学、电子科技大学和北京邮电学院共同参与CERNET示范工程的筹备。11月2日，国家计委正式批准了"中国教育和科研计算机网CERNET示范工程可行性研究报告"，为项目的全面推进奠定了坚实基础。

1995年：商业化探索年

8月8日

水木清华BBS站点成立

水木清华BBS是清华大学官方BBS，也是中国教育网的第一个BBS，正式成立于1995年8月8日。网名为ace的网友为使清华内部能有自己的BBS，在实验室的一台386/Linux上架设了BBS，采用的系统是台湾大学椰林风情站的PalmBBS。其后ming和lucky也参与进来，并将系统转移到一台SUNSparc20（64M内存）的机器上。8月8日，这个BBS系统正式开放，定名为"水木清华站"，此时的IP是166.111.1.11。10月，水木清华站提供MUD功能。11月27日，水木清华站可以通过WWW方式访问。到1995年底，水木清华的注册用户大致在数十人左右，1996年4月底向全体清华学生开放，上站人数急剧上升，常突破百人。

8月

中国科学院"百所联网"工程

1995年8月25—27日，中国科学院在北京隆重召开了"百所联网"工程总体组工作会议，标志着院计算机网络互联工程的正式启动。该工程计划综合利用公用分组网（HINAPCA）和共用电话网（PSTN）等多种先进通信手段，致力于在全院范围内构建一个多网点互联、高效稳定的计算机通信网络，以推动科研工作的蓬勃发展。

1996年：公共服务与互联网创业元年

4月

四通利方推出"利方在线"

1996年4月29日，四通利方的第一个中文网站建设启动，当时由汪延和李嵩波创建的新驿多媒体小组融入四通利方，四通利方成立以他们两位为主的国际网络部，负责建设网站"利方在线"（SRSNET）。由于当时国内Internet骨干网之间缺少互联信道，同时为了方便全球华人来访，四通利方国际网络部决定将服务器设置在美国。四通利方以其高远的眼识和战略性的发展策略，涉足世人瞩目的Internet事业，推出首家Internet专为网上用户设计的一个中文平台RichWin for Internet。

8月

搜狐前身——爱特信公司创立

1996年8月，张朝阳创建了爱特信公司，建立爱特信网站，成为中国第一家以风险资金建立的互联网公司。爱特信网站中一部分内容是分类搜索，称作"爱特信指南针"。因为与搜索相关，结合中国传统文化"之乎者也"改名为"搜乎"。1997年11月，"搜乎"改为"搜狐"。1998年2月，爱特信公司成功地向广大中国网民推出中国人自己的搜索引擎搜狐（SOHOO），搜狐品牌正式诞生。

10月，SOHOO域名改为SOHU.COM，"出门靠地图，上网找搜狐"，搜狐由此为中国网民打开了通往互联网世界的神奇大门。1999年，搜狐英文名称改为SOHU。

1997年：中国互联网热潮渐起

1月1日
人民网开通

1997年1月1日，《人民日报》主办的人民网开通。这是中国开通的第一家中央重点新闻宣传网站，内容包括所出版的系列报刊。

人民网发展二十多年来，始终立足于搭建政府与大众沟通桥梁，在新闻门户网站中最早开通时政论坛"强国论坛"，建设全国第一个言论频道"观点频道"，设立从部委到县区全覆盖的"部委领导留言板""地方领导留言板"2200多个，是建言献策、传递民意的重要网络互动平台。

6月3日
中国互联网络信息中心成立

1997年6月3日，受原国务院信息化工作领导小组办公室的委托，中国科学院在中国科学院计算机网络信息中心正式组建成立中国互联网络信息中心，行使国家互联网络信息中心的职责。中国互联网络信息中心是我国域名注册管理机构和域名根服务器运行机构，负责运行和管理国家顶级域名.CN、中文域名系统。同时，负责开展中国互联网络发展状况等互联网络统计调查工作，与相关国际组织以及其他国家和地区的互联网络信息中心进行业务协调与合作。

6月

网易公司创立

1997年，搜狐、网易、四通利方（新浪前身）等一批互联网门户的前身开始出现在大众视野中，面向大众提供互联网应用服务，迎来了互联网商业化元年。1997年6月，年仅26岁的丁磊创办了网易公司，并先后推出了免费主页、免费域名、虚拟社区等诸多互联网服务项目，引导大众体验多样化的上网服务。丁磊用50万元注册的网易公司，成为当时中国南方乃至全国最有名的网站。

10月

中国公用计算机互联网与中国科技网、中国教育和科研计算机网、中国金桥信息网实现了互联互通

1997年10月，中国公用计算机互联网（CHINANET）与中国科学技术网(CSTNET)、中国教育和科研计算机网（CERNET）、中国金桥信息网（CHINAGBN）实现了互联互通。四大互联网络的互通，使国内网络用户实现直接的通信沟通，促进了科技、教育、商业应用的信息互通，加快了将互联网络建成我国国民经济信息化的基础设施的步伐。

1998年：门户网站崛起

新浪网易转型门户
官方新闻门户也纷纷建立

1998年，互联网业界纷纷向门户网站转型。法国世界杯的盛大举办不仅吸引了全球目光，还催生了国内中文论坛四通利方。该网站迅速对国外世界杯新闻报道进行即时翻译，以快速、全面、及时的资讯服务赢得了广大用户的青睐和极高的人气。同年10月20日，四通利方论坛更名为四通在线，并宣布正式推出网络门户站点。两个月后，它又成功收购了资讯网站——华渊，进而推出了新浪网，迅速崭露头角，成为备受瞩目的新闻资讯门户网站。1998年9月，网易将主页改成网络门户，启用了netease.com的域名，后来又改为163.com。

同年，光明日报社下属的光明网正式开通，这是最早的新闻门户之一。地方门户也在不断涌现，上海热线、武汉热线、南京金陵热线、成都天府热线、西安古城热线、广州视窗等都是当时逐步成熟的整合区域信息的门户网站。

互联网思想交汇聚合平台
"数字论坛"成立

1998年，"数字论坛"应运而生，成为国内领先的专业性互联网论坛组织。这是一个沟通业界、汇聚思想的平台，以推动互联网产业的蓬勃发展。在"数字论坛"的早期阶段，活动以"互联网俱乐部（iClub）"的名义每月定期举行，迅速成为互联网热潮中最具影响力和号召力的活动之一。

"数字论坛"的成功在于它汇聚了业界领袖、思想家、创业者以及服务人员等多元化背景的人士。这些人士在论坛中分享经验、碰撞思想，共同探讨互联网的前沿趋势和发展方向。这种跨界的交流与碰撞，不仅促成了前沿互联网思想的形成和交汇，还对国内互联网产业的发展起到了重要的思想启蒙作用。

1999年：网络媒体年

5月18日

首家B2C电子商务网站8848诞生

1999年"中国电子商务第一人"王峻涛创办8848，并在当年融资260万美元，标志着国内第一家B2C电子商务网站诞生。9月，8848网站成为"72小时网络生存测试"中志愿者访问量最多的电子商务站点，同时与招商银行合作，成为首家在全国19个城市开通网上在线支付功能的网站。10月，8848网站与中国速递总公司签署协议，开通全国441个城市的货物快速配送系统和货款代收系统。

6月19日

强国论坛诞生

1999年5月，科索沃战争中，北约声称误炸中国大使馆。5月9日，人民日报网络版果断开设了"强烈抗议北约暴行BBS论坛"，这是中国官方媒体所办网络版的第一个论坛，大量网民以高度的爱国情怀积极参与其中。该论坛开设短短3天时间内，就收到来自全球华人发来的超过4万个帖子。6月19日晚，"抗议论坛"改版为"强国论坛"。强国论坛为此事件提供了强大的舆论声援，传达了人民群众真实的呼声，从此也被视为中国政府与民意对话的第一窗口。历经多年发展，强国论坛影响力日渐深入，被誉为汇聚大时代"民声"的中文第一时政论坛。

第三阶段：产业形成阶段
（2000年—2004年）

　　21世纪之初的约五年时间，是中国互联网及平台发展的产业形成期。在这一阶段，随着网民规模的不断扩大，网络平台迅速崛起，并形成了以搜索引擎、电子商务、即时通信、社交网络、游戏娱乐等为主要业务的多元化格局。平台的兴起不仅极大地丰富了人们的网络生活，也为中国互联网产业的后续发展奠定了基础。

2002年下半年

三大门户网站先后实现季度盈利

　　2002年，中国的三大门户网站——搜狐、网易和新浪开始展现出强大的盈利能力。搜狐在7月17日公布的第二财政季度财报中显示，其营运现金流已经转为正值；8月5日，网易也发布了第二季度财务报告，宣布已经实现盈利。到了第四季度，新浪也首次实现季度盈利，当季盈利达到150万美元。这一连串的盈利喜讯标志着互联网公司的商业模式日趋成熟，它们已经初步具备了自我造血的能力，不再完全依赖外部融资，这是中国互联网产业发展历程中的重要里程碑。

2002年8月

方兴东、王俊秀引入"博客"概念

并创办"博客中国"

　　2002年堪称博客的诞生之年，这一年，Web2.0的概念初露端倪。7月，方兴东与王俊秀共同为Blog赋予了中文名字——博客，并精心起草了《中国博客宣言》。他们积极向各大媒体推介博客的概念，为其在中国的发展铺设了坚实的基石。

2003年
三大门户首次实现全年赢利

2003年，中国互联网迎来了一个历史性的时刻——三大门户网站搜狐、网易和新浪全部实现盈利。这一成就不仅证明了这些企业自身的实力和运营能力，还标志着互联网企业的商业模式是可靠且可行的。

2003年
阿里巴巴推出淘宝网和支付宝

2003年5月，阿里巴巴以1亿元的投资创立了淘宝网，正式进军C2C市场。这一举措不仅扩大了阿里巴巴的业务范围，也为消费者提供了一个全新的在线交易平台。同年10月，阿里巴巴再次创新，推出了"支付宝"服务。支付宝作为一种网络支付工具，为交易双方提供了安全、便捷的第三方支付担保服务。

2003年12月
携程网、慧聪网上市，
启动新一波上市浪潮

2003年12月，携程网、慧聪网实现海外上市，标志着第二波上市潮的开启。12月10号，携程网在纳斯达克上市，首日交易股价上涨89%；12月17号，慧聪国际在香港交易所挂牌上市。之后的几个月内，增值服务运营商掌上灵通在纳斯达克上市，盛大、百度、腾讯也积极准备上市进程。上市潮的出现表明中国互联网行业在资本层面再次获得高度认可。

2004年
腾讯在港成功上市

2004年6月16日，腾讯公司在香港成功上市，这一里程碑事件标志着腾讯在资本市场上的崭露头角。截至同年3月，QQ的注册用户已经高达2.91亿，最高同时在线用户人数更是达到了600万。上市后的同年12月，腾讯进军门户网站领域，进一步扩大了其互联网业务版图。

第四阶段：发展融合阶段
（2005年至今）

从2005年年末网民规模突破1亿人至今，是中国互联网及网络平台的快速发展期。这一时期，宽带网络建设被提升为国家战略，为互联网的普及和发展提供了坚实的基础。随着网民数量的快速增长，网络零售和社交网络服务成为产业发展的两大亮点，极大地推动了互联网经济的繁荣。移动互联网的兴起更是推动网络平台发展迈入了一个全新的阶段，为人们提供了更加便捷、高效的网络服务。同时，网络综合治理体系在探索中逐步完善。

2005年
博客元年开启Web2.0到来

建立博客逐渐成为互联网企业的崭新抉择。2005年，博客成功吸引了顶级风险投资机构的瞩目，获得了千万美元的投资，这笔资金不仅在当时堪称全球博客领域的巨额投资，还为博客的新产品打造和建设提供了强大动力。同时，QQ不甘落后，推出了博客服务Qzone，为用户提供了一个全新的个性化空间。新浪和搜狐也紧跟潮流，分别推出了博客公测版。新浪博客更是运用名人效应，成功吸引大量用户入驻。至此，互联网的博客之风全面刮起，以博客为代表的Web2.0时代正式来临。

2005年3月4日
北大BBS限制校外用户访问

2005年3月，按照教育部规定，中国内地大学开始陆续推行校园BBS实名制，并有条件允许或限制校外用户的访问。此次实名制工作，为我国高校网络治理工作提供了有利试点，也为后来的网络治理工作进行了有益探索。

2005年8月5日

百度赴纳斯达克挂牌上市

百度的上市为中国互联网上市企业阵营注入了新的活力。通过这一里程碑事件，百度不仅获得了资本市场的认可和支持，还因此直接晋升至中国互联网的第一阵营，与业内领军企业并肩站立。

2006年1月1日

中华人民共和国中央人民

政府门户网站正式开通

中国政府网于2006年1月1日正式开通，是中华人民共和国国务院和国务院各部门，以及各省、自治区、直辖市人民政府在国际互联网上发布政府信息和提供在线服务的综合平台。中国政府网作为中国电子政务建设的重要组成部分，是政府面向社会的窗口，是公众与政府互动的渠道，对于促进政务公开、推进依法行政、接受公众监督、改进行政管理、全面履行政府职能具有重要意义。

2006年3月

两会博客开通

两会博客的开通，是在中国政府网成功运行之后的又一重大创新。博客平台的建立，为博主们提供了一个及时有效的信息传递渠道，使他们能够将获取的第一手资讯迅速分享给广大网民。同时，这一平台极大地便利了网民们表达自己的观点和想法，他们可以方便快捷地通过博客与博主进行互动交流。这种高效互动的模式畅通了国情的上传下达，使得政府和民众之间的沟通更加顺畅。

2006年10月23日

千橡互动收购校内网

校内网成立于2005年12月，在中国"211工程"院校拥有几十万名忠实的用户；千橡互动旗下的5Q校园网成立于2006年4月，在中国非"211工程"院校拥有上百万名忠实用户。两家专注于不同细分校园市场的Web2.0社交网站，在2006年12月实现了合并。2011年5月，人人网（原校内网）在美国纽交所成功上市，足以证明了千橡互动在那个时代中国校园互联网市场的垄断地位。

2007年12月18日

"2008年北京奥运会中国地区

互联网和移动平台传播权"协议

2007年12月18日，国际奥委会与中国中央电视台共同签署了一项具有历史意义的协议——"2008年北京奥运会中国地区互联网和移动平台传播权"协议。这一协议的签署，标志着奥运史上首次将互联网、手机等新媒体平台作为一个独立的转播渠道，正式纳入奥运会的转播体系。

2008年5月12日

"5·12"汶川地震

网络媒体成为主流传播平台

2008年5月12日,汶川发生了里氏8级大地震。在抗震救灾过程中,网络平台发挥了重要作用。网络平台及时、准确、全面地报道了抗震救灾的进展情况,让全国人民第一时间了解到灾区的实际情况。同时,网络平台持续关注受灾群众的生活安置、卫生防疫以及灾区基础设施的恢复等工作,并在寻亲、救助、捐款以及灾后重建等各个环节中都发挥了不可替代的作用。无数网友通过网络平台传递信息、表达关爱,为抗震救灾贡献了自己的力量。在汶川地震中,互联网展现了其在舆论引导及监督方面的强大力量。无论是灾难现场的救援报道,还是国内外的相关活动和正面评价的传播,都体现了网络媒体的责任感和使命感。各大综合网站纷纷采用素色调,网络游戏停运,以及论坛、QQ群、短信等渠道开展集体哀悼活动,共同营造了抗震救灾的团结氛围。

2008年

网络媒体全面加入奥运报道

2008年6月12日,备受国际奥委会赞誉的新版北京奥运会官方网站正式上线,标志着奥运会网络报道进入了新的阶段。同年7月,网易、新浪、腾讯这三大门户网站携手组成了奥运报道联盟,通过整合各自的新闻、博客、播客、社区、即时通信(IM)、邮箱等多元信息平台,为广大网友提供了丰富而全面的奥运报道内容。

网络视频转播成为2008年奥运会报道的一大亮点。央视网、搜狐、新浪、悠视网等9家拥有奥运视频直播和点播权的互联网企业,都采用了"网络视频+网络图文"的报道方式,为观众带来了更加生动、直观的奥运观赛体验。

2008年6月20日

国家主席胡锦涛通过

强国论坛与网友交流

这是中国最高领导人首次与网民进行在线交流。胡锦涛总书记在回答网友提问时说道："通过互联网来了解民情、汇聚民智，也是一个重要的渠道。"

2009年

SNS网站兴起

"偷菜""抢车位"成时尚

自2008年5月起，以交友为核心功能的开心网、校内网等SNS（社交网站）开始在网络世界中迅速传播，引领了一股新的社交网络风潮。2009年年初，开心农场游戏的上线更是将这种趋势推向了新的高潮。这款游戏在被腾讯接手并改名为QQ农场后，用户数量呈现爆炸性的增长，影响力前所未有。随着SNS的兴盛，"不要迷恋哥"等带有谐音新词和独特句式的网络用语也开始在网络中迅速流行。

2009年，"偷菜"运动在全网风靡。这个游戏玩法简单却极富吸引力，一时间，"今天你偷菜了吗"成为人们在网上交流时的常用语，反映出这款游戏在当时的广泛影响和超高人气。

2009年12月4日

BT中国联盟网被关闭

自2009年12月4日下午起，众多网友纷纷察觉，曾经备受欢迎的BT影视下载网站BTChina已无法访问。紧接着，国家广电总局接连关闭了更多类似网站。其中，BT中国联盟网因未获得国家广电总局颁发的"信息网络传播视听节目许可证"，遭到工业和信息化部的网站备案注销处理。这一事件不仅令广大网友震惊，还标志着我国网络视听监管政策正逐步趋向严格。

2010年1月

团购网站兴起 "千团大战"局面形成

2010年1月，国内第一家团购网站满座网上线。截至2010年年底，中国网络团购用户数达到1875万人，团购网站数量超过2000家，"千团大战"的局面开始形成。

2010年9月起

微博平台助力裂变式传播

"我爸是李刚"事件激起民愤、方舟子微博上的打假行动让唐骏陷入"学历造假"风波、"3Q大战"在微博上引发激烈讨论等事件都因微博的广泛传播而产生了更大的社会影响。同时，在王家岭矿难救援、抗旱救灾等关键时刻，微博充分展现了其作为新媒体开放平台的强大传播力，以核裂变式的方式迅速传递信息，为救援和救灾工作提供了有力支持。

2011年

各大互联网企业推出"开放平台"

2011年，国内互联网公司纷纷确立以"开放平台"为核心概念创新发展策略，"平台生态圈"成为当年的热门词语。

2011年1月21日

腾讯微信发布

2011年1月21日，腾讯公司推出针对iPhone用户的移动即时通信软件——微信，标志着其在移动社交领域的布局进一步优化。盛大公司也紧跟潮流，于4月11日推出了自家的移动即时通信软件"Youni"。与此同时，市场上已经涌现米聊、陌陌等多款同类产品，这些移动即时通信软件的竞相推出，使得整个市场迅速升温。

2014年9月19日

全球最大的电子商务交易

平台企业阿里巴巴成功上市

阿里巴巴在美国的成功上市无疑将成为全球互联网行业的重要里程碑。其独特的商业模式不仅引领着互联网未来的发展方向，还预示着整个产业将迎来更加迅猛的发展阶段。

2015年11月11日

"双十一"热潮

2015年11月11日，零点的钟声敲响后，刚过了1分12秒，2015天猫"双十一"交易额超10亿元。

从2009年的5200万元到如今的巨大数字，"双十一"已经从天猫扩散到全电商平台，从国内扩展到全球。而11月11日也正逐渐从单一的电商营销日变成了全球消费者的购物狂欢节，这种扩展带动了整个中国电子商务领域的巨大变革。

2016年

直播平台火爆

2016年，直播平台成为最为火爆的自媒体形式。熊猫TV、斗鱼、六间房、映客、一直播、9158等各家直播受到网民的欢迎。2016年被称为"网红经济元年"。

2016年

"平台+增值业务"的新业态

为经济服务化赋能

"互联网+"作为一种新兴经济模式，主要通过打造"平台+增值业务"的新业态，为经济服务化提供强有力的支持。以2016年为例，物流平台的迅速崛起和快递业务的广泛布局，不仅推动了电子商务在城乡的蓬勃发展，还在深层次上促进了经济结构的优化和升级。

2017年

短视频平台爆发元年

2017年，短视频独立App行业的用户数量已激增至4.1亿人，相较于2016年，其增长率高达116.5%。在经历了2016年被直播行业短暂压制后，短视频平台于2017年强势回归，实现了华丽的逆袭。如今，短视频平台的发展已成为当下最大的市场红利，吸引着众多企业和投资者的目光，预示着该行业未来将继续保持强劲的增长势头。

2018年

积极推进工业互联网建设

2018年7月9日，随着《工业互联网平台建设及推广指南》和《工业互联网平台评价方法》的发布，我国明确提出了在地方普遍建设工业互联网平台的基础上，到2020年，将分期分批精心遴选出约10家跨行业跨领域的领先工业互联网平台，培育一批专注于特定行业或特定区域的企业级工业互联网平台。同年8月12日，工信部发布的《推动企业上云实施指南（2018—2020年）》指出，到2020年，我国将新增上云企业达到100万家，有力地推动了工业和产业的互联网化发展。

2019年

我国工业互联网实现全方位突破

2019年，在"护网杯"网络安全防护赛暨第二届工业互联网安全大赛闭幕式及颁奖仪式上，工业和信息化部党组成员、总工程师张峰表示，我国工业互联网的网络、平台、安全三大体系实现全方位突破发展，标识解析体系不断完善，平台供给能力持续提升，融合应用范围加快拓展，安全保障体系初步建成。国内具有一定行业和区域影响力的工业互联网平台总数超过了50家，重点平台平均连接的设备数量达到了59万台。

2019年

电商平台进入全渠道融合新时期

在多数品牌商积极打造多样化电商平台的同时，综合电商平台在着手构建线上线下联盟，以更全面地收集消费者数据，深入洞察其购买行为。此举不仅将更多触点融入消费者购买周期，也推动了线下零售门店的线上化、数字化进程。这一变革趋势凸显出三大核心特征：以消费者体验为核心、数据驱动商业决策，以及多元场景共同构成的泛零售新形态。

2020年

数字政府服务效能显著提升

2020年，全国一体化政务服务平台基本建成，已联通31个省（区、市）及新疆生产建设兵团和46个国务院部门，实名用户人数已超过4亿人。截至2020年年底，全国一体化政务服务平台发布53个国务院部门的数据资源9942项，为各地区各部门提供共享调用服务达540余亿次，支撑身份认证核验15.6亿次、电子证照共享交换4.6亿次。全国政府网站集约化水平和网上服务水平持续提高。

2020年

疫情期间网络平台推进复工复产复课

国家政务服务平台、31个省（区、市）政务服务平台和政府门户网站开设疫情防控专题专栏，第一时间发布疫情信息和防控动态。一半以上省级政府网站和政务新媒体开通复工复产咨询热线，公布利企惠企政策措施，帮助企业坚定信心、有序复工复产。工业和信息化部在全国遴选94项支撑疫情防控和复工复产复课的大数据产品与解决方案，全力保障"国家中小学网络云课堂"开通运行。人力资源和社会保障部开通返岗复工、毕业求职等用工对接服务平台和小程序，助力企业复工复产。

2021年

加强平台数据收集使用管理

2021年1月10日，最高人民法院强调要加强司法在反垄断和反不正当竞争领域的作用，深入研究平台企业垄断的认定标准、数据收集与使用的管理规范，以及数字领域中消费者权益的保护措施。同年3月31日，广州市市场监管局与市商务局联合召开会议，专题调研平台大数据"杀熟"问题，并规范市场竞争秩序。会上，京东、美团等10家知名平台签署承诺书，承诺不利用大数据进行价格歧视。然而，7月4日，网信办经过检测发现滴滴出行App严重违法违规收集用户个人信息的行为，因此被责令立即下架并进行整改。

2021年

网络平台互联互通

10月，国家市场监督管理总局发布了《互联网平台落实主体责任指南（征求意见稿）》，强调各平台应享有平等的权利和机会，并必须向其他平台的店铺开放，旨在促进平台间的公平竞争和合作。9月，阿里巴巴旗下的多个产品，如盒马、1688、菜鸟裹裹、淘票票电影、优酷视频以及高德打车等，都已在微信平台上推出了相应的小程序，极大地提升了用户体验和便利性。与此同时，微信也发布了《关于〈微信外部链接内容管理规范〉调整的声明》，宣布在一对一聊天场景中开放对外部链接的访问，进一步增强了微信平台的开放性和互联性。

二、网络综合治理典型案例

自 1994 年中国正式加入国际互联网大家庭以来,互联网在这片土地上迅速释放出巨大的潜力和红利,推动了社会的快速发展。与此同时,互联网的普及也带来了一系列网上网下的社会问题。在过去的二十多年里,中国针对网络综合治理这一复杂而紧迫的议题,进行了持续而深入的探索。

1994 年至今,我国在互联网综合治理方面的举措逐渐从稚嫩走向成熟,在探索过程中坚持因时制宜、因事制宜的原则,紧密结合实际,从实践中不断总结提炼出符合中国国情的互联网治理经验。这些宝贵的经验不仅有力地推动了我国互联网的健康有序发展,也为全球互联网治理提供了重要的借鉴和参考。

2002年6月

蓝极速网吧火灾推动网络经营场所规范管理

6月16日，位于北京海淀区学院路附近的蓝极速网吧发生了一场严重的火灾，造成25人丧生，12人受伤。这场悲剧震惊了全国，也引发了社会各界对网吧安全问题的深刻反思。火灾事件发生后，公安部、文化部、信息产业部和国家工商行政管理总局迅速行动，联合在全国范围内开展了上网经营场所的专项治理行动。截至9月底，专项治理行动取得了显著成效，共关闭了存在各种问题的网吧达8万多家。这一数字占到了事发前全国20多万家网吧的相当一部分，显示了政府部门对网吧安全问题的重视和决心。

2003年3月

"孙志刚事件"网络传播助推收容制度废除

2003年3月20日，湖北青年孙志刚在广州不幸被收容并遭到殴打致死。这一事件激起了我国各大网络媒体的广泛关注与积极介入，互联网展现了其强大的媒体舆论监督力量，有力地推动了有关部门对此案的深入调查和公正处理。三个月后，国务院发布《城市生活无着的流浪乞讨人员救助管理办法》，同时废止了《城市流浪乞讨人员收容遣送办法》，这一重大改革正是对孙志刚事件深刻反思的结果。孙志刚事件不仅标志着中国公民开始积极利用网络平台表达对社会问题的关切，参与公众话题的热烈讨论，还开启了中国舆论生态的深刻变革。通过网络的力量，许多腐败行为被无情曝光，社会不公事件得以进入公众视野，弱势群体也获得了前所未有的关注和帮助。

2003年8月

李宏晨案推动网络虚拟财产界定

2003年8月，网络游戏玩家李宏晨在北京市朝阳区人民法院对网络游戏红月的运营商提起诉讼。李宏晨在过去两年里，共花费几千个小时和上万元的现金，在此游戏中购买了虚拟武器几十种，但在2003年年初不翼而飞。此案引出了法律上网络虚拟财产的界定问题。

北京市朝阳区人民法院就李宏晨案作出一审判决，判令恢复原告在网络游戏红月中丢失的虚拟装备，并返还原告各种费用。

2006年

人民网设立"领导留言板"

提高网上治理能力

2006年，人民网创新设立了地方领导留言板，专门服务于国家部委和地方各级党委政府的主要领导干部，旨在增进与民众的沟通与互动。自设立至今，留言板已成功推动了近280万项民情民意的及时反馈与切实落实，展现了政府对于民众诉求的高度关注与有效回应。

2007年2月

"熊猫烧香"病毒制造者伏法

2006年10月，一位名叫李俊的年轻人编写了一种蠕虫病毒的变种，并在网络上将其出售，导致该病毒在互联网上疯狂传播，使数百万名用户的电脑遭受感染。随着病毒不断变种和扩散，国内的杀毒软件厂商也面临巨大压力。各地警方积极展开行动，努力追踪并抓捕病毒的制造者。2007年2月3日，李俊在武汉被捕。

2007年7月

炒股博客涉新型涉众型经济犯罪

2007年7月，在中国股市热浪中号称"天下第一博客"的带头大哥777博主王晓被吉林警方刑事拘留，案件定性为新型涉众型经济犯罪。此前，自2006年5月10日起，带头大哥777以王晓的身份开始在新浪网上设群传授股票经验，最终被炒为散户的保护神，通过缴费方式申请加入带头大哥777QQ群的人员多达九百余人。

2007年10月

"华南虎事件"网络热议助推事件发展

2007年10月，陕西省镇坪县农民周正龙声称拍到了野生华南虎的照片，这一消息经陕西省林业厅鉴定后被证实为真实。然而，这张照片的真实性却遭到了广泛的质疑，不仅在中国国内引发了轩然大波，还引起了国际社会的关注。经过长达数月的调查和审讯，2008年6月，周正龙最终承认照片是伪造的，涉及此事件的13名官员也受到相应处理。这一事件展示了网络在揭露真相和监督公权力方面的重要作用。

2008年1月

"艳照门事件"引发隐私
与网络净化讨论

2008年1—2月，一批香港女艺人的不雅照片被泄露到网上，并迅速流传，被称为"艳照门事件"。直至春节假期结束，各大网站、监管部门，甚至各地公安机关开始发布禁止传播艳照的通知并采取相应措施。

该事件引发了社会公众对网络环境净化及网络个人隐私保护问题的讨论。

2008年9月

博客揭露"娄烦垮塌事故"

2008年8月1日，山西省娄烦县山体垮塌，使寺沟村被掩埋在黄土之下，这场事故曾被定义为自然灾害。9月4日，孙春龙在博客上发表《致山西省代省长王君的一封信》，指出娄烦事故是重大责任事故。

2008年9月17日，国务院总理温家宝对此做出批示，要求核查该起重大尾矿库溃坝事故。互联网的舆论监督功能进一步受到党中央领导的重视。

2008年11月

中央电视台曝光百度"竞价排名"弊端

2008年11月,央视在《新闻30分》连续报道了百度"竞价排名"的运作内幕,揭示了其中所潜藏的问题,包括为了利润而放任非法药品上网销售,并助长网络虚假医疗等。

该事件引发网民对搜索引擎的信任危机,搜索引擎竞价排名模式的利弊也成为社会舆论关注的热点。

2009年

躲猫猫等案件中网络成民意表达重要渠道

2009年,云南的晋宁躲猫猫案、南京的周久耕天价烟案、湖北巴东的邓玉娇案、河南灵宝的跨省抓捕事件,以及杭州的"70码"事件等众多引人关注的社会事件,都在网络媒体的广泛参与下被载入史册。互联网以惊人的速度揭示出各种丑闻和社会不公,展现出其不可忽视的舆论力量。

2009年7月

卫生部叫停电击治疗网瘾

2009年5月7日,全国知名的戒网专家杨永信所采用的治疗网瘾的独特模式被公之于众,引发了广泛的争议和关注。他所独创的"醒脑疗法",涉及在网瘾青少年的太阳穴或手指部位接通电极,施加1—5毫安的微弱电流刺激脑部。7月13日,卫生部在其官方网站上紧急发布通知,明确要求全国各地立即停止使用这种电刺激(或电休克)方法来治疗网瘾。

该通知的发布,使得网瘾治疗问题迅速成为社会的关注焦点。众多医学和心理学专家纷纷表达了一致的观点,电刺激(或电休克)技术在治疗网瘾方面的安全性和有效性尚未经过充分验证,存在很大的不确定性,因此暂时不适合应用于临床治疗。

2010年10月

"3Q大战"引发互联网反不正当竞争第一案

2010年10月29日，北京奇虎科技有限公司推出名为扣扣保镖的安全工具，11月3日，深圳市腾讯计算机系统有限公司指出"扣扣保镖"劫持了QQ的安全模块，并决定在装有360软件的电脑上停止运行QQ软件。两家公司上演了一系列互联网之战，并走上了诉讼之路。11月10日，政府主管部门介入调查，在有关部门的干预下，双方的软件恢复兼容。

2014年10月16日，最高人民法院判定：腾讯旗下的QQ并不具备市场支配地位，驳回奇虎360的上诉，维持一审法院判决。该判决为互联网领域垄断案树立了司法标杆。这起被称为互联网反不正当竞争第一案的案件，是迄今为止互联网行业诉讼标的额最大、在全国有重大影响的不正当竞争纠纷案件。

2011年2月

"微博打拐"解救男童微博公益走向社会治理

2008年，彭高峰的儿子彭文乐被人拐走失踪。自此，彭高峰踏上漫漫寻子路，不放过任何一丝线索。博主邓飞深感同情，借助微博之力多次扩散寻子信息。终于在2011年春节期间，得益于网友的热心帮助，彭高峰在江苏找回了失散三年的儿子。

事件展现了微博在寻人方面的巨大潜能。家长们借助这一平台发布失踪儿童的信息，社会各界纷纷伸出援手，共同织就了一张寻人的大网。2011年年初，微博打拐活动更是如火如荼地展开，拍照解救乞讨儿童的行动在微博上引起轩然大波，形成了势不可挡的舆论力量。邓飞等公益人士敏锐地捕捉到这一机遇，利用微博的传播优势，广泛发布失踪儿童信息，成功地将寻子的意识植入了亿万名网民的心中。

2011年3月

百度产品版权问题频出

2011年3月起，百度文库、百度MP3等产品相继受到作家、出版业、音乐界代表及音像协会的侵权指控。12月，土豆网与优酷网就版权问题发生争端。

12月16日，最高人民法院发布意见，明确了网络环境下的著作权侵权判定规则。

2011年7月

网络平台成为甬温线动车事故最快信息员

7月23日晚20点30分，甬温线北京南至福州D301次动车组列车与杭州至福州南D3115次动车组列车发生追尾事故，四节车厢出轨，事故最终造成40人死亡。关于此次事故的第一条消息出现在新浪微博平台，并由此引发了事故应急救援全过程的微博直播，微博平台主导了本次事件舆情的发展方向。

本次事故中微博传播的即时性特征非常突出，越来越多关于事故的微博被发布，内容包括事故现场、寻人信息以及对事故责任的讨论。另外，24日晚在温州召开的发布会上，铁道部新闻发言人王勇平面对记者对掩埋车厢的质疑，以"不管你信不信，反正我信了"的回答，在互联网上引发讨论，并造成严重负面影响。

2011年12月

CSDN网站用户数据泄露涉案人员被查处

12月21日，被命名为"CSDN数据.rar"的下载文件在一些IT技术人员QQ群内流传，并迅速在网络上传播开来，引发用户恐慌。该文件包含2010年9月前的用户信息，有600多万个明文的注册邮箱账号和密码。用户信息泄露事件引发网民对网络和信息安全的高度关注。

12月28日，工业和信息化部发表声明称，已经启动应急预案。

2012年7月

北京官民微博合力救灾

2012年7月21日至22日，北京及其周边地区遭遇61年来最强暴雨及洪涝灾害，以@北京发布为代表的北京政务微博联合16区县政务微博，24小时不间断发布灾害预警和救灾信息。

同时，北京政府通过微博平台收集受灾求助信息，并及时做出反应。

2012年11月

"3B大战"被调停 《互联网搜索引擎服务自律公约》签署

"3B大战"为奇虎公司（360）新推出的搜索引擎和百度相互争夺搜索引擎市场的一场网络资源战争。2012年8月21日，奇虎公司将360浏览器默认搜索引擎由谷歌正式替换为360自主搜索引擎，网络资源战争就此爆发。

针对风口浪尖上的"3B大战"，政府主管部门果断介入，严正要求双方立即"停止炒作与恶意争斗"，从而有效避免了重蹈前几年"3Q大战"时用户被迫二选一的覆辙。同时，业界强烈呼吁加快制定关于互联网不正当竞争的具体防范规则，以维护市场秩序和保障用户权益。

11月1日，在中国互联网协会组织下，百度、奇虎360等12家搜索引擎服务企业签署了《互联网搜索引擎服务自律公约》，促进了行业规范的形成。

2015年12月

"e租宝"事件升温使互联网金融风险引关注

2014年，"e租宝"平台上线，以"网络金融"的华丽外衣吸引眼球，而背后却暗藏着非法吸收公众存款和集资诈骗。该平台以高额回报为诱饵，大肆敛财，让无数投资者陷入困境。2015年12月8日，"e租宝"网站以及关联公司在开展互联网金融业务中涉嫌违法经营活动，接受有关部门调查。在本案中，犯罪嫌疑人利用网络平台公开向全国吸存，还对外承诺还本付息，其行为涉嫌非法吸收公众存款罪。

2016年8月

电信网络诈骗犯罪案件引重视

8月21日，山东省临沂市高考录取新生徐玉玉被诈骗导致心脏衰竭死亡；8月23日，山东理工大学学生宋振宁被诈骗导致心脏骤停；8月29日，广东省惠来县高考录取新生蔡淑妍被诈骗导致身亡。这些事件暴露出我国大量网站和公共服务安全投入不足，安全责任不清，以及过量采集信息，不妥善保管信息，导致个人信息泄露严重，被网络犯罪利用，最终酿成人员死亡和财产损失的惨痛教训。

为破解这个多年顽疾，相关部门从三大路径着手，取得了显著突破。第一，开展技术升级，落实网络实名制，加大对改号电话的拦截力度；第二，打击团伙犯罪，专项整治"诈骗之乡"，公安部督办62起电信网络诈骗案；第三，堵住资金流，公安和银行联动，前10个月避免损失48.7亿元。

2017年2月

央视曝光网上贩卖个人信息

2017年2月16日，央视新闻频道深入报道了记者亲身购买个人信息服务的经历，揭示了个人信息泄露黑市的惊人内幕。记者暗访得知，在这一地下黑产交易时，只提供一个手机号码，就能买到一个人的身份信息、通话记录、位置信息等多项隐私，连打车的时间记录都可以精确到秒。

2017年6月

网信办遏制追星炒作，卓伟等账号被关闭

6月7日下午，北京市网信办依法约谈微博、今日头条、腾讯等网站，责令网站采取有效措施遏制渲染演艺明星绯闻隐私、炒作明星炫富享乐、低俗媚俗之风等。随后，微博、今日头条、腾讯等网站关闭了"全明星探""中国第一狗仔卓伟""名侦探赵五儿"等一批违规账号。

2017年8月

杭州、北京、广州互联网法院相继成立

为顺应互联网发展趋势，适应网络空间治理法治化要求，杭州互联网法院作为中国乃至全世界第一家专业互联网法院，于2017年8月18日正式挂牌。一年后，2018年9月，北京、广州互联网法院相继成立。

互联网法院将管辖多类互联网案件，包括互联网购物纠纷、互联网著作权权属和侵权纠纷等。

2018年3—6月

各地查处网络平台违法案件

2018年3月，北京公安网安部门发现"360搜索"中出现大量违法图片，包括出售各类枪支、网络招嫖信息等。公安机关依法对该网站进行了行政处罚，并责令其限期改正。

2018年5月，北京公安网安部门调查发现，知乎网络问答社区中涉及求购枪支、非法代开发票、网络招嫖、贩卖公民个人信息、制贩假证、兜售考试作弊工具等7类违法信息。公安机关依法对该网站予以行政处罚，责令其限期改正，全面清理违法信息。

2018年6月，上海公安网安部门调查发现，拼多多商城存在出售开刃刀、伪基站设备等违法违规商品的情况。公安机关已对拼多多商城开展网络安全执法检查，责令其全面整改。

2018年

微博上线 媒体政务辟谣共治平台

2018年，微博隆重推出了媒体政务辟谣共治平台，汇聚了中央及地方重点媒体账号1600余个，同时为公安、网警等1300余个具备辟谣能力的政务账号开通了辟谣功能权限。借助这一平台，各方力量共同发布权威辟谣信息，显著提升了辟谣工作的及时性和权威性，为营造清朗的网络空间作出了积极贡献。

2019年3月

抖音上线青少年模式

2019年3月,在国家网信办的指导下,抖音上线青少年模式。2021年9月18日,抖音进一步加强了对青少年的保护,宣布全面升级其青少年防沉迷措施。在用户每日首次登录时,抖音将主动弹出提示窗口,引导用户选择开启青少年模式,以提供更加健康、适合的内容。

2019年4月

"剑网2019"专项行动整顿自媒体乱象

2019年4月26日,在盛大的2019中国网络版权保护与发展大会上,国家版权局、国家互联网信息办公室、工业和信息化部、公安部四部门联手启动了"剑网2019"专项行动,旨在打击网络侵权盗版行为,特别将整顿自媒体乱象纳入其中。行动明确要求严厉打击未经授权转载主流媒体新闻作品的侵权行为,并严肃查处自媒体通过"标题党""洗稿"等手段剽窃、篡改、删减主流媒体新闻作品的恶劣行径。同时,依法取缔和关闭了一批非法新闻网站及相关微博账号、微信公众号、头条号、百家号等互联网用户公众账号。

2019年8月

ZAO换脸软件被约谈

2019年8月30日,AI换脸软件ZAO"一夜爆红",用户只需上传人脸信息,就能将自己换成影视剧主角。这一应用随即被网友质疑存在用户隐私协议不规范、数据泄露风险等网络安全问题。9月3日,工业和信息化部网络安全管理局约谈ZAO的孵化团队北京陌陌科技有限公司,要求其组织开展自查整改。

2020年

360等国内安全厂商助力国家网络安全保障

2020年，国内安全厂商安天、奇安信、360等持续对外方的网络攻击进行跟踪与分析，追踪其攻击行动、溯源幕后团伙，曝光相关攻击活动，并发布多篇分析报告。例如，360披露美国中央情报局黑客组织（APT-C-39）对中国关键领域进行的长达十一年的网络渗透攻击。安全厂商正在全面担当起国家网络安全保障和能力支撑的责任。

2020年7月

杭州谷女士公诉网络诽谤案件引关注

2020年7月，杭州市民谷女士在取快递时被郎某偷拍。郎某与何某编造"谷女士出轨快递小哥"的对话内容发至微信群，在网上迅速发酵，谷女士向警方报警。公安机关对郎某、何某作出行政拘留处罚。但因造谣者道歉态度消极，谷女士向法院提起刑事自诉。其间，谣言在网络持续传播发酵，严重损害了被害人的名誉权，扰乱了网络公共秩序。

2020年12月25日，杭州市公安局余杭分局对郎某、何某涉嫌诽谤案立案侦查。2021年2月26日，余杭区检察院对郎某、何某提起公诉；4月30日，余杭区法院开庭审理，当庭判处郎某、何某有期徒刑1年，缓刑2年。

2020年8月

大胃王吃播被禁止

2020年8月，央视针对"大胃王"吃播浪费严重现象提出了严厉批评，强调这种行为不仅浪费粮食，而且对身体健康造成伤害。8月31日，国家网信办召开了一场重要的整治会议，深入推进对商业网站平台、自媒体传播秩序以及网络直播行业的专项整治工作。会议透露，在过去的一个月里，已成功处置1.36万个违规吃播账号。

2020年12月

国家对阿里、美团等企业开展反垄断调查

2020年12月,国家市场监督管理总局依法对阿里巴巴集团控股有限公司实施"二选一"等涉嫌垄断行为开展立案调查。

2021年4月,阿里因"二选一"垄断行为被处以182亿元罚款,这也是平台企业因反垄断法被处罚金额最大的一笔,超过中国往届所有反垄断罚单之和。

2021年2月

侵害英雄烈士名誉罪第一案

近年来,一些歪曲历史、恶搞英烈、诋毁先辈的网络违法行为,污蚀网络环境,引起社会谴责。2021年2月19日,仇某明在微博上使用其个人注册账号"辣笔小球"发布信息,贬低、嘲讽卫国戍边的英雄烈士。相关信息在微博等网络平台迅速扩散,影响恶劣。

5月31日,建邺区法院认定被告人仇某明犯侵害英雄烈士名誉、荣誉罪,判处有期徒刑八个月,并责令其自判决生效之日起十日内通过国内主要门户网站及全国性媒体公开赔礼道歉,消除影响。该案成为《刑法修正案(十一)》增设侵害英雄烈士名誉、荣誉罪后的第一案。

2021年3月

公安部推出反诈App

2021年3月,公安部刑事侦查局精心研发了一款防诈骗手机应用——国家反诈中心App。这款App集成了线索举报、诈骗预警提示、反诈宣传等多项实用功能,能够有效帮助用户识别和预警诈骗信息,快速方便地举报诈骗内容,并能高效提取电子证据,让用户更深入了解防骗技巧,增强自我保护意识。各地公安部门与各大媒体平台携手合作,开展App宣传活动,这些举措成效显著,对电信网络诈骗案件的发生起到了显著的遏制作用。

2021年5月

2021年"清朗"系列专项行动重点整治饭圈乱

2021年5月，"为明星打投倒牛奶"的视频曝光。粉丝买奶、打投、倒奶、再买奶打投的现象，迅速引发社会关注，"饭圈乱象"也在无数次声讨中再次浮出水面。几天后，与之相关联的养成综艺宣布暂停录制。

5月8日，在国新办举行的2021年"清朗"系列专项行动发布会上，"饭圈乱象"正式列入2021年"清朗"系列专项行动的治理重点。

2021年7月

各部门联合进驻滴滴开展网络安全审查

2021年6月30日，滴滴在纽交所挂牌上市，以发行价计算，IPO估值超过670亿美元。7月4日，国家网信办通报，滴滴出行App存在严重违法违规收集使用个人信息问题。

7月16日，国家网信办会同公安部、安全部、自然资源部、交通运输部、国家税务总局、国家市场监管总局等部门联合进驻滴滴，开展网络安全审查。

2021年7月

腾讯被处罚 独家音乐版权时代终结

7月24日，国家市场监督管理总局对腾讯及其关联公司发布了处罚书，明确要求其在一个月内解除独家版权协议，并禁止无正当理由要求上游版权方提供优于竞争对手的条件，以恢复市场竞争的公平性。腾讯及其关联公司被罚款50万元。面对监管部门的严正要求，腾讯于8月31日宣布解除独家音乐版权协议，以响应并遵守相关法规。

2021年9月

腾讯等游戏平台被约谈

有关部门加大未成年人保护力度

2021年9月，中央宣传部、国家新闻出版署有关负责人会同中央网信办、文旅部等，对腾讯、网易等重点网络游戏企业和游戏账号租售平台、游戏直播平台进行约谈，要求其严格执行向未成年人提供网络游戏的时段时长限制，不得以任何形式向未成年人提供网络游戏账号租售交易服务。

2021年9月

"郭老师"被全平台封禁

2019年年末，"郭老师"（河北沧州人郭蓓蓓）凭借快手平台直播吃猕猴桃的视频突然爆火。在她的直播中，猎奇、审丑、奇葩、荒诞成为了个性标签，举止不修边幅、言语中满是脏话更是成为她的特色。不少自媒体也借用"郭老师"的素材恶搞、炒作，"郭言郭语"风靡一时。2021年9月2日，"郭老师"因多个平台账号存在低俗审丑行为被全平台永久封禁。

2021年12月

网信办约谈处罚新浪微博

2021年12月，因新浪微博及其账号多次出现严重违反法律法规的信息发布行为，国家互联网信息办公室负责人对新浪微博主要负责人进行了严肃约谈。约谈中强调了问题的严重性，责令新浪微博立即采取整改措施，并对相关责任人进行严肃处理，以确保平台内容合规。

北京市互联网信息办公室对新浪微博运营主体北京微梦创科网络技术有限公司依法予以300万元罚款的行政处罚。2021年1—11月，国家互联网信息办公室指导北京市互联网信息办公室对新浪微博实施44次处置处罚，累计罚款1430万元。

2021年12月

税务局大数据监察

薇娅因偷逃税领13亿罚单

2022年2月

版权服务平台赋能春晚、冬奥版权保护

"中国版权链版权服务平台"是中国版权协会秉持权威、安全、中立、开放的原则，整合社会优质资源打造的全国性版权保护平台。在2022年北京冬奥会和央视春晚等项目中，该平台为中央广播电视总台提供全程赛事侵权监测和区块链固证服务，取得了良好的版权保护效果。

2021年末，直播带货一姐薇娅（真名黄薇）因涉及逃税漏税遭受处罚，杭州市税务局稽查局经税收大数据分析评估发现，薇娅在2019—2020年，通过隐匿个人收入、虚构业务转换收入性质虚假申报等方式偷逃税款6.43亿元，其他少缴税款0.6亿元，依法对黄薇作出税务行政处理处罚决定，追缴税款、加收滞纳金并处罚款共计13.41亿元。

12月20日，薇娅因偷逃税致歉后，其在淘宝、抖音、微博等多个平台的账号被封。12月21日，中央纪委国家监委网站刊文表示，直播不是法外之地。

更早以前的11月22日，杭州市税务部门通报，网络主播雪梨、林珊珊因偷逃税款，将被依法追缴税款、加收滞纳金并处罚款分别计6555.31万元和2767.25万元。

2022年3月

网信部门派出工作督导组进驻豆瓣

豆瓣平台因网络乱象问题饱受争议，遭到央视批评，还多次受到相关部门的处罚。3月15日，国家互联网信息办公室特地指导北京市互联网信息办公室，派遣工作督导组进驻豆瓣网，全面督促其进行整改工作。在督导组的严格监督下，豆瓣网积极行动，于3月22日解散了包括古玩杂货摊、豆瓣韩式泡菜小组等在内的15个问题小组。

2022年3月

2022年"清朗"系列专项行动着力整治网络暴力

3月17日，国务院新闻办公室举行2022年"清朗"系列专项行动新闻发布会。国家网信办副主任盛荣华出席发布会，介绍2022年"清朗"系列专项行动情况，并回答记者提问。盛荣华介绍，2022年"清朗"系列专项行动聚焦影响面广、危害性大的问题开展整治，具体包括网络直播、信息内容乱象、网络谣言、未成年网络环境、信息服务乱象、网络传播秩序、算法综合治理、春节网络环境、流量造假、账号造假10个方面。

2022年5月

微博、抖音等多家互联网平台显示IP属地

2022年5月，微博、微信、抖音等互联网平台，陆续上线显示IP属地功能。根据运营商提供的信息，用户在发言和分享时会显示所在地，且无法主动关闭相关展示。

网络平台显示IP属地，是网络平台加强内容生态治理的有力举措，旨在减少冒充热点事件当事人、恶意造谣、网络暴力、蹭流量等不良行为，帮助网民有效辨别网络信息真伪。功能一经推出，名字、身份、传播内容和IP属地不相符的情况露出马脚，只管接单刷评不顾责任后果的"网络水军"也现出原形。

三、网络综合治理政策法规

1996 年 2 月 1 日,国务院发布第 195 号令《中华人民共和国计算机信息网络国际联网管理暂行规定》,标志着我国在互联网接入方面首次有了法律层面的规范,为互联网产业的健康发展奠定了基石。此后,国家各相关部门结合实际情况,陆续推出了一系列富有中国特色的网络综合治理政策法规,这些法规构成了我国网络治理实践的稳固支撑。

随着时间的推移,政策法规不断更新与完善,见证了中国互联网治理体制的持续创新与发展。以下将按时间顺序,系统梳理 1996 年以来的网络综合治理法规政策,从顶层设计的视角回顾与审视中国互联网二十多年来的治理历程。

1996年2月

《中华人民共和国计算机信息网络

国际联网管理暂行规定》

1996年2月1日，国务院第195号令发布了《中华人民共和国计算机信息网络国际联网管理暂行规定》。该规定是首次在法律层面对接入国际互联网加以规范，从而进一步夯实了互联网产业良性发展的基础，并在客观上鼓励了国内创业者大胆创新，营造了较好的社会舆论环境。

1996年4月

《国务院办公厅关于成立国务院信息化

工作领导小组的通知》

1996年4月6日，为更好地领导和推进全国信息化工作，国务院办公厅郑重宣布成立国务院信息化工作领导小组。通过成立专门领导小组，我国将进一步加强对信息化工作的统筹规划和组织协调，为信息产业的快速发展和社会的全面进步提供有力保障。

1999年4月

《中国新闻界网络媒体公约》

1999年4月15日，《中国新闻界网络媒体公约》正式问世，旨在深化中国新兴网络媒体间的交流与合作，为其营造公平竞争的环境，进而推动中国网络媒体的稳健发展。公约的发布不仅为网络媒体行业树立了行为准则，也为行业的健康有序发展提供了有力保障。

1999年10月

《中央宣传部、中央对外宣传办公室关于加强

国际互联网络新闻宣传工作的意见》

1999年10月16日，《中央宣传部、中央对外宣传办公室关于加强国际互联网络新闻宣传工作的意见》发布，明确了今后网络新闻宣传工作发展的方向，并对网上新闻信息发布提出了一系列的规范原则，这是中央关于网络新闻宣传工作的第一个指导性原则。

2000年9月

《互联网信息服务管理办法》

2000年9月25日，我国公布《互联网信息服务管理办法》，旨在加强对互联网信息服务的监督管理，防止有害信息对社会，特别是国家安全、社会稳定和公共秩序造成危害。该办法为互联网信息服务提供了明确的规范，确保了互联网信息的健康、有序传播，有力地维护了广大网民的合法权益和社会公共利益。

2000年10月

《互联网电子公告服务管理规定》

为强化对互联网电子公告服务的监管，规范相关信息的发布行为，以维护国家安全、社会稳定及保障公民、法人等合法权益，2000年10月8日，我国正式颁布《互联网电子公告服务管理规定》。该规定的实施为互联网电子公告服务提供了明确的法律指引。

2000年11月

《互联网站从事登载新闻业务管理暂行规定》

为推动我国互联网新闻传播事业的繁荣发展，确保互联网站登载的新闻内容真实、准确、合法，2000年11月6日，国家颁布《互联网站从事登载新闻业务管理暂行规定》。这一规定的实施不仅规范了互联网站的新闻登载行为，维护了新闻的真实性和准确性，还保障了公众的知情权和合法权益。

2000年12月

《全国人民代表大会常务委员会关于维护互联网安全的决定》

2000年12月28日，第九届全国人民代表大会常务委员会第十九次会议通过《全国人民代表大会常务委员会关于维护互联网安全的决定》，旨在促进互联网的健康发展，保障互联网的安全，维护国家安全和社会公众利益，保护个人、法人和其他组织的合法权益。这是我国第一部全国人大通过的网络监管方面的准法律文件。

2002年6月

《互联网出版管理暂行规定》

为加强对互联网出版活动的监管，确保互联网出版机构的合法权益，并推动我国互联网出版事业健康、有序发展，2002年6月27日，我国正式颁布《互联网出版管理暂行规定》。

2002年9月

《互联网上网服务营业场所管理条例》

为强化对互联网上网服务营业场所的监管，确保经营者行为规范，同时维护公众及经营者的合法权益，保障互联网上网服务经营活动的健康、有序发展，并为社会主义精神文明建设贡献力量，2002年9月29日，我国正式发布了《互联网上网服务营业场所管理条例》。

2003年5月

《互联网文化管理暂行规定》

为了加强对互联网文化的管理，保障互联网文化单位的合法权益，促进我国互联网文化健康、有序地发展，2003年5月10日，《互联网文化管理暂行规定》发布。

2004年6月

《中国互联网行业自律公约》

　　2004年6月18日，《中国互联网行业自律公约》发布。遵照"积极发展、加强管理、趋利避害、为我所用"的基本方针，为建立我国互联网行业自律机制，规范从业者行为，依法促进和保障互联网行业健康发展。

2004年6月

《互联网等信息网络传播视听节目管理办法》

　　为建立规范的互联网等信息网络传播视听节目秩序，并强化相关监督管理，以助力社会主义精神文明建设的持续推进，我国于2004年6月15日在国家广播电影电视总局局务会议上通过了《互联网等信息网络传播视听节目管理办法》，自2004年10月11日起正式生效。

2005年9月

《互联网新闻信息服务管理规定》

　　2005年9月25日，为进一步规范互联网新闻信息服务，保障其健康、有序发展，国务院新闻办公室与信息产业部联手颁布了《互联网新闻信息服务管理规定》。这一规定的出台，标志着我国在互联网新闻信息服务领域迈出了重要一步，为行业的规范运作和持续发展奠定了坚实基础。

2007年2月

《关于进一步加强网吧及网络游戏管理工作的通知》

　　2007年2月15日，文化部等14部委联合下发了《关于进一步加强网吧及网络游戏管理工作的通知》，首次对网络游戏中的虚拟货币交易进行规范。

2007年8月
《关于开展2007年打击
网络侵权盗版专项行动的通知》

2007年8月1日，国家版权局、公安部、信息产业部联合发出《关于开展2007年打击网络侵权盗版专项行动的通知》，在全国范围内开展了第三次打击网络侵权盗版专项行动，进一步加大对网络侵权盗版行为的打击力度，维护良好的互联网著作权保护环境。

2007年8月
《博客服务自律公约》

2007年8月21日，中国互联网协会发布《博客服务自律公约》。

该公约要求，博客服务提供者应当自觉遵守国家有关法律法规和政策，维护博客用户及公众的合法权益；鼓励博客服务提供者积极探索博客服务模式，为博客提供良好的创作环境，引导博客用户创作和传播优秀网络文化作品。这是我国第一部有关博客服务的行业规范，对促进博客服务健康发展具有重要意义。

2007年12月
《关于彩票机构利用互联网销售彩票
有关问题的通知》

2007年12月24日，为规范彩票市场，保障其健康有序发展，财政部、民政部以及国家体育总局联合发布了《关于彩票机构利用互联网销售彩票有关问题的通知》。

该通知明确禁止了利用互联网进行彩票的发行与销售，这一举措紧急叫停了当时正处于快速增长阶段的彩票网络销售，以维护彩票市场的稳定与公平。

2007年12月
《广电总局关于加强互联网传播
影视剧管理的通知》

2007年12月28日，广电总局向各省、自治区、直辖市广播电视局，新疆生产建设兵团广播电视局发出《广电总局关于加强互联网传播影视剧管理的通知》。对于涉嫌侵权盗版，含有有违社会道德、色情淫秽甚至危害国家安全内容的影视剧，应加强管理。

2007年12月

《互联网视听节目服务管理规定》

2007年12月20日，国家广播电影电视总局、信息产业部联合发布《互联网视听节目服务管理规定》。

2008年2月

《关于加强互联网地图和地理信息服务网站监管的意见》

2008年2月25日，八部委联合印发《关于加强互联网地图和地理信息服务网站监管的意见》，要求加强对互联网地图和地理信息服务网站的监管。

2009年3月

《广电总局关于加强互联网视听节目内容管理的通知》

2009年3月30日，国家广电总局向全国各省、自治区、直辖市及新疆生产建设兵团的广播电视局发布了《广电总局关于加强互联网视听节目内容管理的通知》。该通知旨在加强网络文化的建设与管理，积极传播社会主义先进文化，坚决抵制互联网视听节目中的低俗内容，确保互联网视听节目的健康发展，为公众提供健康、积极、向上的网络视听环境。

2009年6月

《关于加强网络游戏虚拟货币交易管理工作的通知》

2009年6月4日，文化部、商务部联合下发《关于加强网络游戏虚拟货币交易管理工作的通知》，规定同一企业不能同时经营虚拟货币的发行与交易，并且虚拟货币不得用于购买实物。

2009年8月

《关于加强和改进网络音乐内容审查工作的通知》

2009年8月26日，文化部下发《关于加强和改进网络音乐内容审查工作的通知》，规定"经营单位经营网络音乐产品，须报文化部进行内容审查或备案"。

2009年12月

《中华人民共和国侵权责任法》

2009年12月26日，第十一届全国人大常委会第十二次会议表决通过了《中华人民共和国侵权责任法》（2010年7月1日起施行）。该法首次规定了网络侵权问题及其处理原则。

2010年5月

《网络商品交易及有关服务行为管理暂行办法》

2010年5月31日，国家工商行政管理总局正式公布《网络商品交易及有关服务行为管理暂行办法》。

2010年6月

《网络游戏管理暂行办法》

2010年6月3日，文化部公布《网络游戏管理暂行办法》，这是我国第一部针对网络游戏进行管理的部门规章。

2010年6月

《中国互联网状况》白皮书

2010年6月8日，国务院新闻办公室首次公开发布《中国互联网状况》白皮书，全面阐述了中国政府在互联网领域的基本政策原则，即"积极利用、科学发展、依法管理、确保安全"。这一政策的提出，展示了中国政府对互联网发展的高度重视和全面规划。

2010年8月

《关于加强和改进互联网管理工作的意见》

2010年8月，党中央针对新特点、新情况，下发了具有重要历史性意义的《关于加强和改进互联网管理工作的意见》（中办发〔2010〕24号文），要求走出一条具有中国特色的网络文化建设与管理道路。

2010年12月

《关于促进出版物网络发行健康发展的通知》

为促进出版物网络发行的持续健康发展、保护消费者和经营者的合法权益、规范出版物网络发行行为，2010年12月7日，国家新闻出版总署发布《关于促进出版物网络发行健康发展的通知》。

2011年1月

《互联网信息服务市场秩序监督管理暂行办法（征求意见稿）》

为促进我国互联网发展、规范互联网信息服务市场秩序、维护用户合法权益，2011年1月14日，工信部发布《互联网信息服务市场秩序监督管理暂行办法（征求意见稿）》。

2011年2月

《互联网文化管理暂行规定》

为了更好地管理互联网文化、切实保障互联网文化单位的权益，并推动我国互联网文化朝着健康、有序的方向发展，2011年2月17日，文化部正式发布了《互联网文化管理暂行规定》。这一规定的出台为互联网文化领域提供了明确的指导原则和管理规范，有助于为广大网民提供更加丰富、优质的网络文化产品和服务。

2012年12月

《关于加强网络信息保护的决定》

2012年12月28日，为贯彻落实党的十八大关于加强网络社会管理，推进网络依法规范有序运行的重要举措，第十一届全国人大常委会第三十次会议审议通过了《关于加强网络信息保护的决定》，旨在以法律形式保护公民个人及法人信息安全，确立网络身份管理制度，明确网络服务提供者的义务和责任，并赋予政府主管部门必要的监管手段。

2013年9月

《关于办理利用信息网络实施
诽谤等刑事案件适用法律若干问题的解释》

2013年9月6日，最高人民法院、最高人民检察院颁布《关于办理利用信息网络实施诽谤等刑事案件适用法律若干问题的解释》，对办理利用信息网络实施诽谤、寻衅滋事、敲诈勒索、非法经营等刑事案件作出相关司法解释，自2013年9月10日起施行。

2014年8月

《即时通信工具公众信息服务
发展管理暂行规定》

2014年8月7日，国家网信办制定出台《即时通信工具公众信息服务发展管理暂行规定》，明确以下几个问题：服务提供者从事公众信息服务需取得资质；强调保护隐私；实名注册，遵守"七条底线"；公众号需审核备案；时政新闻发布设限；明确违规如何处罚。

2015年4月

《中华人民共和国广告法》

2015年4月，《中华人民共和国广告法》修订通过，其中对相关网络服务作出了明确规范。新法规定了网络广告的定义、发布标准、审查制度等内容，为网络广告行业提供了更加清晰、明确的法律指引。

2015年4月

《互联网新闻信息服务单位约谈工作规定》

2015年4月28日，国家互联网信息办公室正式发布《互联网新闻信息服务单位约谈工作规定》，该规定共计10条，并明确规定由国家互联网信息办公室负责其解释工作。此举旨在进一步推进网络空间的法治化管理，确保互联网新闻信息服务单位依法、文明地提供新闻服务，全面规范互联网新闻信息服务行为，切实保护公民、法人及其他组织的合法权益，为广大网民营造一个清朗、健康的网络空间。该规定自2015年6月1日起正式生效实施。

2015年7月

《中华人民共和国国家安全法》

　　2015年7月1日，第十二届全国人民代表大会常务委员会第十五次会议通过新的国家安全法。"维护网络空间主权"是我国《国家安全法》首次确立的网络空间主权原则，《国家安全法》第二十五条规定，加强网络管理，防范、制止和依法惩治网络攻击、网络入侵、网络窃密、散布违法有害信息等网络违法犯罪行为，维护国家网络空间主权、安全和发展利益。

2016年7月

《国家信息化发展战略纲要》

　　2016年7月，中办、国办印发《国家信息化发展战略纲要》，强调建立法律规范、行政监管、行业自律、技术保障、公众监督、社会教育相结合的网络治理体系。

2016年12月

《国家网络空间安全战略》

　　2016年12月27日，经中央网络安全和信息化领导小组批准，国家互联网信息办公室发布《国家网络空间安全战略》，阐明中国关于网络空间发展和安全的重大立场，指导中国网络安全工作，维护国家在网络空间的主权、安全、发展利益。

2017年9月

《互联网用户公众账号信息服务管理规定》

　　2017年9月，国家网信办发布《互联网用户公众账号信息服务管理规定》，自2017年10月8日起施行。该规定提出，互联网用户公众账号服务提供者应落实信息内容安全管理主体责任，加强对本平台公众账号发布内容的监测管理，发现有传播违法违规信息的，应立即采取相应处置措施等。

2017年10月

《互联网新闻信息服务单位内容管理从业人员管理办法》

2017年10月，国家网信办公布了《互联网新闻信息服务单位内容管理从业人员管理办法》和《互联网新闻信息服务新技术新应用安全评估管理规定》。这是中国对互联网新闻信息管理的新举措，也是中国持续加强互联网管理和网络空间治理的缩影。

2018年2月

《微博客信息服务管理规定》

2018年2月2日，国家互联网信息办公室公布《微博客信息服务管理规定》，自2018年3月20日起施行。

2018年3月

《科学数据管理办法》

2018年3月17日，《科学数据管理办法》经国务院同意，由国务院办公厅印发实施。

2018年4月

《公安机关互联网安全监督检查规定（征求意见稿）》

2018年4月4日，公安部公开发布了《公安机关互联网安全监督检查规定（征求意见稿）》，以征求公众意见和建议，进一步完善互联网安全监督检查工作。此举体现了公安部对互联网安全的高度重视。

2019年1月

《区块链信息服务管理规定》

国家互联网信息办公室室务会议经过审议，通过了《区块链信息服务管理规定》。该规定于2019年1月10日对外公布，并定于2019年2月15日正式实施。此项规定的出台，旨在明确区块链信息服务提供者的信息安全管理责任，促进区块链技术和相关服务的健康有序发展，有效规避安全风险，为区块链信息服务的整个生命周期提供有力的法律支撑和监管依据。

2019年7月

《云计算服务安全评估办法》

2019年7月2日，国家互联网信息办公室、国家发展和改革委员会、工业和信息化部、财政部发布《云计算服务安全评估办法》。

2019年7月

《加强工业互联网安全工作的指导意见》

2019年7月26日，工业和信息化部联合十部门发布《加强工业互联网安全工作的指导意见》。

2019年8月

《儿童个人信息网络保护规定》

《儿童个人信息网络保护规定》经国家互联网信息办公室室务会议审议通过，于2019年8月22日公布，自2019年10月1日起施行。

2019年9月

《关于促进网络安全产业发展的指导意见（征求意见稿）》

2019年9月27日工业和信息化部会同有关部门起草发布了《关于促进网络安全产业发展的指导意见（征求意见稿）》。

2019年11月

《App违法违规收集使用个人信息行为认定方法》

2019年11月28日，国家互联网信息办公室、工业和信息化部、公安部、市场监管总局联合制定了《App违法违规收集使用个人信息行为认定方法》，自印发之日起实施。

2019年12月

《网络信息内容生态治理规定》

《网络信息内容生态治理规定》已经国家互联网信息办公室室务会议审议通过，2019年12月15日公布，自2020年3月1日起施行。

2020年4月

《网络安全审查办法》

2020年4月13日，国家互联网信息办公室、国家发展和改革委员会、工业和信息化部、公安部、国家安全部、财政部、商务部、中国人民银行、国家市场监督管理总局、国家广播电视总局、国家保密局、国家密码管理局联合制定了《网络安全审查办法》。

2020年12月

《法治社会建设实施纲要（2020—2025年）》

2020年12月，中共中央印发《法治社会建设实施纲要（2020—2025年）》，将"依法治理网络空间"作为法治社会建设的重要内容，从"完善网络法律制度""培育良好的网络法治意识""保障公民依法安全用网"三个方面，全面推进网络空间法治化。

2021年2月

《关于加强网络直播规范管理工作的指导意见》

2021年2月9日，国家互联网信息办公室、全国"扫黄打非"工作小组办公室、工业和信息化部、公安部、文化和旅游部、国家市场监督管理总局、国家广播电视总局等七部委联合发布《关于加强网络直播规范管理工作的指导意见》。

2021年2月

《互联网用户公众账号信息服务管理规定》

　　为规范互联网用户公众账号信息服务，维护国家安全和公共利益，保护公民、法人和其他组织的合法权益，国家互联网信息办公室修订《互联网用户公众账号信息服务管理规定》，于2021年2月22日起施行。

2021年3月

《网络交易监督管理办法》

　　为了规范网络交易活动，维护网络交易秩序，保障网络交易各方主体合法权益，促进数字经济持续健康发展，国家市场监督管理总局于2021年3月15日出台《网络交易监督管理办法》。

2021年4月

《关键信息基础设施安全保护条例》

　　2021年4月27日，国务院第133次常务会议通过，2021年7月30日中华人民共和国国务院令第745号公布《关键信息基础设施安全保护条例》，自2021年9月1日起施行。

2021年5月

《网络直播营销管理办法（试行）》

　　为加强网络直播营销管理，维护国家安全和公共利益，保护公民、法人和其他组织的合法权益，促进网络直播营销健康有序发展，七部门联合发布《网络直播营销管理办法（试行）》，于2021年5月25日起施行。

2021年6月

《中华人民共和国著作权法》

为保护文学、艺术和科学作品作者的著作权，以及与著作权有关的权益，鼓励有益于社会主义精神文明、物质文明建设的作品的创作和传播，促进社会主义文化和科学事业的发展与繁荣，2021年6月1日，新修订的《中华人民共和国著作权法》开始实施。

2021年6月

《中华人民共和国数据安全法》

2021年6月10日，《中华人民共和国数据安全法》经中华人民共和国第十三届全国人民代表大会常务委员会第二十九次会议通过，自2021年9月1日起施行。

2021年6月

《最高人民法院关于审理使用人脸识别技术处理个人信息相关民事案件适用法律若干问题的规定》

为正确审理使用人脸识别技术处理个人信息相关民事案件，保护当事人合法权益，促进数字经济健康发展，根据法律规定，结合审判实践，《最高人民法院关于审理使用人脸识别技术处理个人信息相关民事案件适用法律若干问题的规定》自2021年8月1日起施行。

2021年7月

《网络产品安全漏洞管理规定》

2021年7月12日，工业和信息化部、国家互联网信息办公室、公安部发布《网络产品安全漏洞管理规定》。

2021年8月

《中华人民共和国个人信息保护法》

2021年8月20日，第十三届全国人民代表大会常务委员会第三十次会议通过《中华人民共和国个人信息保护法》。

2021年8月

《关于进一步严格管理切实

防止未成年人沉迷网络游戏的通知》

　　为进一步严格管理措施，坚决防止未成年人沉迷网络游戏，切实保护未成年人身心健康，国家新闻出版署下发《关于进一步严格管理切实防止未成年人沉迷网络游戏的通知》，该通知自2021年9月1日起施行。

2021年9月

《关于加强互联网信息服务算法

综合治理的指导意见》

　　为加强互联网信息服务算法综合治理，促进行业健康有序繁荣发展，国家互联网信息办公室、中央宣传部、教育部、科学技术部、工业和信息化部、公安部、文化和旅游部、国家市场监督管理总局、国家广播电视总局等九部委制定了《关于加强互联网信息服务算法综合治理的指导意见》。

2021年10月

《马拉喀什条约》

　　《马拉喀什条约》是一部具有历史意义的国际著作权体系条约，其全称为《关于为盲人、视力障碍者或其他印刷品阅读障碍者获得已出版作品提供便利的马拉喀什条约》。2021年10月23日，全国人大常委会正式批准了这一条约，彰显了我国对保障阅读障碍者权益的坚定承诺。

2021年11月

《网络安全审查办法》

　　《网络安全审查办法》于2021年11月16日经国家互联网信息办公室第20次室务会议审议通过，并得到国家发展和改革委员会、工业和信息化部、公安部、国家安全部、财政部、商务部、中国人民银行、国家市场监督管理总局、国家广播电视总局、中国证券监督管理委员会、国家保密局、国家密码管理局的共同认可，该办法自2022年2月15日起正式实施。

2021年12月

《网络安全审查办法》

为了确保关键信息基础设施供应链安全、保障网络安全和数据安全，维护国家安全，国家互联网信息办公室、国家发展和改革委员会、工业和信息化部等十三部门联合修订发布《网络安全审查办法》，自2022年2月15日起施行。

2022年1月

《互联网信息服务算法推荐管理规定》

国家互联网信息办公室、工业和信息化部、公安部、国家市场监督管理总局通过《互联网信息服务算法推荐管理规定》，于2022年1月4日发布，自2022年3月1日起施行。

2022年3月

《关于进一步规范网络直播营利行为促进行业健康发展的意见》

2022年3月，为加强对网络直播营利行为的监管，促进网络直播行业健康有序发展，国家互联网信息办公室、国家税务总局、国家市场监督管理总局三大部门联合发布了《关于进一步规范网络直播营利行为促进行业健康发展的意见》。该意见旨在建立跨部门协同监管的长效机制，规范网络直播营利行为，鼓励并支持网络直播依法合规经营。

2022年5月

《关于规范网络直播打赏加强未成年人保护的意见》

为切实加强网络直播行业规范，营造未成年人健康成长的良好环境，中央文明办、文化和旅游部、国家广播电视总局、国家互联网信息办公室于2022年5月出台《关于规范网络直播打赏加强未成年人保护的意见》。

四、网络综合治理相关讲话

在中国互联网蓬勃发展、普及深入的二十余年里,网络世界日新月异,已成为国家治理体系中不可或缺的新疆域、新领域和新战场。由此,网络空间治理的迫切性愈加凸显。

党和国家领导人对网络安全问题给予了极大关注,积极制定并实施网络空间治理策略,努力提升网络治理的整体水平,在多次讲话中深刻阐述了网络综合治理的重要性,为我国在此领域的实践指明了方向,也为打造一个清朗的网络空间提供了有力支撑。

2000年3月3日
江泽民在九届全国人大三次会议、
全国政协九届三次会议的党员负责
同志会议上的讲话

"我们要抓住信息网络化发展带来的机遇，加快发展我国的信息技术和网络技术，并在经济、社会、科技、国防、教育、文化、法律等方面积极加以运用。同时，我们也应该高度重视信息网络化带来的严峻挑战。

"因此，各地各部门的领导干部，必须加紧学习网络化知识，高度重视网上斗争问题。我们的党建工作、思想政治工作、组织工作、宣传工作、群众工作，都应适应信息网络化的特点。"

"总之，对信息网络化问题，我们的基本方针是积极发展，加强管理，趋利避害，为我所用，努力在全球信息网络化的发展中占据主动地位。"

2001年7月11日
江泽民在中央法制讲座上的讲话

"对信息网络化问题，我们的基本方针是：积极发展，加强管理，趋利避害，为我所用，努力在全球信息网络化的发展中占据主动地位。我们要抓住机遇，加快发展我国的信息技术和网络技术，并在经济、社会、科技、教育、文化、国防、法律等方面积极加以运用。同时，要高度重视信息网络化带来的严峻挑战。"

"既要积极推进信息网络基础设施方面的建设，又要大力加强信息网络管理方面的建设。把这两方面工作都搞好了，就可以迅速而又健康地推进我国信息网络化。"

2007年1月23日
胡锦涛在中共中央政治局第三十八次
集体学习时的讲话

　　"能否积极利用和有效管理互联网，能否真正使互联网成为传播社会主义先进文化的新途径、公共文化服务的新平台、人们健康精神文化生活的新空间，关系到社会主义文化事业和文化产业的健康发展，关系到国家文化信息安全和国家长治久安，关系到中国特色社会主义事业的全局。"

　　"我们必须以积极的态度、创新的精神，大力发展和传播健康向上的网络文化，切实把互联网建设好、利用好、管理好。"

2007年10月15日
胡锦涛在中国共产党
第十七次全国代表大会上的讲话

　　2007年10月15日，胡锦涛总书记在中国共产党第十七次全国代表大会报告中指出，"全面认识工业化、信息化、城镇化、市场化、国际化深入发展的新形势新任务"，"大力推进信息化与工业化融合"，"加强网络文化建设和管理，营造良好网络环境"，对信息化和互联网的发展提出明确要求。

2008年6月20日
胡锦涛在人民日报社考察工作时的讲话

　　2008年6月20日，胡锦涛总书记在人民日报社考察工作时，提出要正视舆论"新格局"，即在党报、国家电视台之外，关注都市报纸和网络新媒体的兴起。在人民网，胡锦涛与"强国论坛"网友聊了二十多分钟。党和国家最高领导人与网民在线对话，开启了国家最高领导人"直通网民"的先河。胡锦涛强调，互联网已成为思想文化信息的集散地和社会舆论的放大器，我们要充分认识以互联网为代表的新兴媒体的社会影响力。

2011年2月19日

胡锦涛在省部级主要领导干部社会管理及其创新专题研讨班开班式上的讲话

2011年2月,省部级主要领导干部社会管理及其创新专题研讨班开班式19日上午在中央党校举行。中共中央总书记、国家主席、中央军委主席胡锦涛发表重要讲话。胡锦涛对当前的社会管理工作提出了八点意见,在第七点中指出,要"进一步加强和完善信息网络管理,提高对虚拟社会的管理水平,健全网上舆论引导机制"。

2013年8月

习近平在全国宣传思想工作会议上的讲话

"宣传思想工作就是要巩固马克思主义在意识形态领域的指导地位,巩固全党全国人民团结奋斗的共同思想基础。"

"宣传思想工作一定要把围绕中心、服务大局作为基本职责,胸怀大局、把握大势、着眼大事,找准工作切入点和着力点,做到因势而谋、应势而动、顺势而为。"

2013年11月9—12日

习近平在中国共产党第十八届中央委员会第三次全体会议上关于《中共中央关于全面深化改革若干重大问题的决定》的说明

全会决定提出坚持积极利用、科学发展、依法管理、确保安全的方针,加大依法管理网络力度,加快完善互联网管理领导体制。目的是整合相关机构职能,形成从技术到内容、从日常安全到打击犯罪的互联网管理合力,确保网络正确运用和安全。

2014年1月7日
习近平在中央政法工作会议上的讲话

"现在，人人都有摄像机，人人都是麦克风，人人都可发消息，执法司法活动时刻处在公众视野里、媒体聚光灯下。一个时期以来，网上负面的政法舆情比较多，这其中既有执法司法工作本身的问题，也有一些媒体和当事人为了影响案件判决、炒作个案的问题。政法机关要自觉接受媒体监督，以正确方式及时告知公众执法司法工作情况，有针对性地加强舆论引导。新闻媒体要加强对执法司法工作的监督，但对执法司法部门的正确行动，要予以支持，加强解疑释惑，进行理性引导，不要人云亦云，更不要在不明就里的情况下横挑鼻子竖挑眼。要处理好监督和干预的关系，坚持社会效果第一，避免炒作渲染，防止在社会上造成恐慌，特别是要防止为不法分子提供效仿样本。"

2014年2月27日
习近平在中央网络安全和信息化领导小组第一次会议上的讲话

"没有网络安全就没有国家安全，没有信息化就没有现代化。建设网络强国，要有自己的技术，有过硬的技术；要有丰富全面的信息服务，繁荣发展的网络文化；要有良好的信息基础设施，形成实力雄厚的信息经济；要有高素质的网络安全和信息化人才队伍；要积极开展双边、多边的互联网国际交流合作。"

"要抓紧制定立法规划，完善互联网信息内容管理、关键信息基础设施保护等法律法规，依法治理网络空间，维护公民合法权益。"

2014年10月23日

习近平在党的十八届四中全会

第二次全体会议上的讲话

"解决促进社会公平正义、完善互联网管理、加强安全生产、保障食品药品安全、改革信访工作制度、创新社会治理体制、维护社会和谐稳定等方面的难题，克服公器私用、以权谋私、贪赃枉法等现象，克服形式主义、官僚主义、享乐主义和奢靡之风，反对特权现象、惩治消极腐败现象等，都需要密织法律之网、强化法治之力。"

2015年9月23日

习近平会见出席中美互联网论坛

双方主要代表时的讲话

"从老百姓衣食住行到国家重要基础设施安全，互联网无处不在。一个安全、稳定、繁荣的网络空间，对一国乃至世界和平与发展越来越具有重大意义。如何治理互联网、用好互联网是各国都关注、研究、投入的大问题。没有人能置身事外。"

2015年12月16日

习近平在第二届世界互联网大会

开幕式上的讲话

"网络空间同现实社会一样，既要提倡自由，也要保持秩序。自由是秩序的目的，秩序是自由的保障。我们既要尊重网民交流思想、表达意愿的权利，也要依法构建良好网络秩序，这有利于保障广大网民合法权益。网络空间不是'法外之地'。网络空间是虚拟的，但运用网络空间的主体是现实的，大家都应该遵守法律，明确各方权利义务。要坚持依法治网、依法办网、依法上网，让互联网在法治轨道上健康运行。"

2016年2月19日

习近平在党的新闻舆论工作

座谈会上的讲话

"管好用好互联网，是新形势下掌控新闻舆论阵地的关键，重点要解决好谁来管、怎么管的问题。"

2016年4月19日

习近平在网络安全和信息化工作

座谈会上的讲话

"网络空间是亿万民众共同的精神家园。网络空间天朗气清、生态良好，符合人民利益。网络空间乌烟瘴气、生态恶化，不符合人民利益。谁都不愿生活在一个充斥着虚假、诈骗、攻击、谩骂、恐怖、色情、暴力的空间。互联网不是法外之地。利用网络鼓吹推翻国家政权，煽动宗教极端主义，宣扬民族分裂思想，教唆暴力恐怖活动，等等，这样的行为要坚决制止和打击，决不能任其大行其道。利用网络进行欺诈活动，散布色情材料，进行人身攻击，兜售非法物品，等等，这样的言行也要坚决管控，决不能任其大行其道。没有哪个国家会允许这样的行为泛滥开来。我们要本着对社会负责、对人民负责的态度，依法加强网络空间治理，加强网络内容建设，做强网上正面宣传，培育积极健康、向上向善的网络文化，用社会主义核心价值观和人类优秀文明成果滋养人心、滋养社会，做到正能量充沛、主旋律高昂，为广大网民特别是青少年营造一个风清气正的网络空间。"

2016年10月9日

习近平在主持中共中央政治局

第三十六次集体学习时的讲话

"随着互联网特别是移动互联网发展，社会治理模式正在从单向管理转向双向互动，从线下转向线上线下融合，从单纯的政府监管向更加注重社会协同治理转变。"

"加快推进网络信息技术自主创新，加快数字经济对经济发展的推动，加快提高网络管理水平，加快增强网络空间安全防御能力，加快用网络信息技术推进社会治理，加快提升我国对网络空间的国际话语权和规则制定权，朝着建设网络强国目标不懈努力。"

2017年2月17日

习近平在国家安全工作座谈会上的讲话

"要筑牢网络安全防线，提高网络安全保障水平，强化关键信息基础设施防护，加大核心技术研发力度和市场化引导，加强网络安全预警监测，确保大数据安全，实现全天候全方位感知和有效防护。"

2018年4月20日

习近平在全国网络安全和信息化工作会议上的讲话

"要提高网络综合治理能力，形成党委领导、政府管理、企业履责、社会监督、网民自律等多主体参与，经济、法律、技术等多种手段相结合的综合治网格局。"

"没有网络安全就没有国家安全，就没有经济社会稳定运行，广大人民群众利益也难以得到保障。要树立正确的网络安全观，加强信息基础设施网络安全防护，加强网络安全信息统筹机制、手段、平台建设，加强网络安全事件应急指挥能力建设，积极发展网络安全产业，做到关口前移，防患于未然。要落实关键信息基础设施防护责任，行业、企业作为关键信息基础设施运营者承担主体防护责任，主管部门履行好监管责任。要依法严厉打击网络黑客、电信网络诈骗、侵犯公民个人隐私等违法犯罪行为，切断网络犯罪利益链条，持续形成高压态势，维护人民群众合法权益。要深入开展网络安全知识技能宣传普及，提高广大人民群众网络安全意识和防护技能。"

2018年8月21日

习近平在全国宣传思想工作会议上的讲话

"完成新形势下宣传思想工作的使命任务，必须以新时代中国特色社会主义思想和党的十九大精神为指导，增强'四个意识'、坚定'四个自信'，自觉承担起举旗帜、聚民心、育新人、兴文化、展形象的使命任务，坚持正确政治方向，在基础性、战略性工作上下功夫，在关键处、要害处下功夫，在工作质量和水平上下功夫，推动宣传思想工作不断强起来，促进全体人民在理想信念、价值理念、道德观念上紧紧团结在一起，为服务党和国家事业全局作出更大贡献。"

2019年1月21日

习近平在省部级主要领导干部坚持底线思维着力防范化解重大风险专题研讨班开班式上的讲话

"要持续巩固壮大主流舆论强势，加大舆论引导力度，加快建立网络综合治理体系，推进依法治网。"

2019年1月25日
习近平在十九届中央政治局
第十二次集体学习时的讲话

"要从维护国家政治安全、文化安全、意识形态安全的高度，加强网络内容建设，使全媒体传播在法治轨道上运行。"

"没有规矩不成方圆。无论什么形式的媒体，无论网上还是网下，无论大屏还是小屏，都没有法外之地、舆论飞地。主管部门要履行好监管责任，依法加强新兴媒体管理，使我们的网络空间更加清朗。"

"要使全媒体传播在法治轨道上运行，对传统媒体和新兴媒体实行一个标准、一体管理。主流媒体要准确及时发布新闻消息，为其他合规的媒体提供新闻信息来源。要全面提升技术治网能力和水平，规范数据资源利用，防范大数据等新技术带来的风险。"

2019年9月
习近平对国家网络安全宣传周
作出的重要指示

"举办网络安全宣传周、提升全民网络安全意识和技能，是国家网络安全工作的重要内容。国家网络安全工作要坚持网络安全为人民、网络安全靠人民，保障个人信息安全，维护公民在网络空间的合法权益。要坚持网络安全教育、技术、产业融合发展，形成人才培养、技术创新、产业发展的良性生态。要坚持促进发展和依法管理相统一，既大力培育人工智能、物联网、下一代通信网络等新技术新应用，又积极利用法律法规和标准规范引导新技术应用。"

2019年10月24日
习近平在主持中央政治局
第十八次集体学习时的讲话

"要把依法治网落实到区块链管理中，推动区块链安全有序发展。"

2020年2月3日

习近平在中央政治局常务委员会会议研究应对新型冠状病毒肺炎疫情工作时的讲话

"当前疫情防控形势严峻复杂，一些群众存在焦虑、恐惧心理，宣传舆论工作要加大力度，统筹网上网下、国内国际、大事小事，更好强信心、暖人心、聚民心，更好维护社会大局稳定。"

2020年11月16日

习近平在中央全面依法治国工作会议上的讲话

"要积极推进国家安全、科技创新、公共卫生、生物安全、生态文明、防范风险、涉外法治等重要领域立法，健全国家治理急需的法律制度、满足人民日益增长的美好生活需要必备的法律制度，填补空白点、补强薄弱点。数字经济、互联网金融、人工智能、大数据、云计算等新技术新应用快速发展，催生一系列新业态新模式，但相关法律制度还存在时间差、空白区。网络犯罪已成为危害我国国家政治安全、网络安全、社会安全、经济安全等的重要风险之一。"

2021年4月9日

习近平对打击治理电信网络诈骗犯罪工作作出的重要指示

"要坚持以人民为中心，统筹发展和安全，强化系统观念、法治思维，注重源头治理、综合治理，坚持齐抓共管、群防群治，全面落实打防管控各项措施和金融、通信、互联网等行业监管主体责任，加强法律制度建设，加强社会宣传教育防范，推进国际执法合作，坚决遏制此类犯罪多发高发态势，为建设更高水平的平安中国、法治中国作出新的更大的贡献。"

2021年10月18日
习近平在十九届中央政治局
第三十四次集体学习时的讲话

"党的十八届五中全会提出，实施网络强国战略和国家大数据战略，拓展网络经济空间，促进互联网和经济社会融合发展，支持基于互联网的各类创新。党的十九大提出，推动互联网、大数据、人工智能和实体经济深度融合，建设数字中国、智慧社会。党的十九届五中全会提出，发展数字经济，推进数字产业化和产业数字化，推动数字经济和实体经济深度融合，打造具有国际竞争力的数字产业集群。我们出台了《网络强国战略实施纲要》《数字经济发展战略纲要》，从国家层面部署推动数字经济发展。这些年来，我国数字经济发展较快、成就显著。根据2021全球数字经济大会的数据，我国数字经济规模已经连续多年位居世界第二。特别是新冠肺炎疫情暴发以来，数字技术、数字经济在支持抗击新冠肺炎疫情、恢复生产生活方面发挥了重要作用。"

"同时，我们要看到，同世界数字经济大国、强国相比，我国数字经济大而不强、快而不优。还要看到，我国数字经济在快速发展中也出现了一些不健康、不规范的苗头和趋势，这些问题不仅影响数字经济健康发展，而且违反法律法规、对国家经济金融安全构成威胁，必须坚决纠正和治理。"

"要纠正和规范发展过程中损害群众利益、妨碍公平竞争的行为和做法，防止平台垄断和资本无序扩张，依法查处垄断和不正当竞争行为。要保护平台从业人员和消费者合法权益。要加强税收监管和税务稽查。"

"要健全法律法规和政策制度，完善体制机制，提高我国数字经济治理体系和治理能力现代化水平。"

参考文献

安涛.人的发展理论视野下的网络素养本质探析[J].终身教育研究,2022,33(2):39-46.

包国强,黄诚,万震安."网络失智":智能传播时代网络舆论监督的"智效"反思[J].湖北社会科学,2020(8):161-168.

本报评论员.办好这件治国理政定国安邦的大事[N].光明日报,2019-02-19(01).

本书编写组.《中共中央关于坚持和完善中国特色社会主义制度、推进国家治理体系和治理能力现代化若干重大问题的决定》辅导读本[M].北京:人民出版社,2019.

毕秋灵.社交媒体环境下的网络舆情治理[J].管理观察,2016(23):51-53.

曹晚红,卢海燕.移动互联时代社交媒体舆情的形成与引导:以"山东疫苗事件"的微信传播为例[J].东南传播,2016(6):56-58.

曹渝.技术·颠覆·地位:技术未来学派的互联网信息技术专业人员地位获得观评价[J].中国管理信息化,2016(22):94-97.

曾振华,邵歆晨,汤晓芳.主流媒体网络空间社会共识话语的建构[J].江西社会科学,2021,41(9):229-237.

车满.国家网信办对手机浏览器乱象进行专项整治[J].计算机与网络,2020,46(22):13.

陈界亭.网络监督在反腐倡廉建设中的作用及其局限性[J].岭南学刊,

2009(5):38-40.

陈璐颖.互联网内容治理中的平台责任研究[J].出版发行研究,2020 (6):12-18.

陈朋.社会治理重在"社会"[EB/OL].(2019-04-10)[2020-12-06]. http://www.qstheory.cn/zhuanqu/bkjx/2019-04/10/c_1124348357.html.

陈廷.中国特色的网络综合治理体系研究:建构逻辑与完善进路[J].国家治理现代化研究,2019(2):39-60,243-244.

陈尧.网络民粹主义的政治危害[J].人民论坛,2016(13):37-38.

陈一新.加快推进社会治理现代化[EB/OL].(2019-05-21)[2020-12-06].http://theory.people.com.cn/n1/2019/0521/c40531-31094681.html.

陈喆,祝华新.网络舆论的发展态势和社会影响[J].国际新闻界,2009 (10):17-21.

崔林,尤可可.支撑、协同与善治:新时代国家治理体系中技术要素的功能研究[J].新闻与写作,2021(4):26-31.

崔晓琴.新时代网络监督机制建设研究[J].人民论坛·学术前沿,2020 (13):88-91.

崔岩.当前我国不同阶层公众的政治社会参与研究[J].华中科技大学学报(社会科学版),2020,34(6):9-17,29.

翟岩.网络化时代社会权力结构的变迁与重构[J].福建师范大学学报(哲学社会科学版),2020(3):111-116.

翟岩.正确认识和应对网络社会变迁中的不确定性[J].学习与探索,2021(10):45-50.

戴克.互联文化:社交媒体批判史[M].赵文丹,译.北京:中国传媒大学出版社,2018.

丁骋,郑保卫.论新民主主义革命时期中国共产党新闻政策的变迁发展及其价值意义[J].中国出版,2021(15):5-9.

丁大晴.公民网络监督法律机制研究[M].南京:南京大学出版社,2013.

丁贺.加快网络综合治理体系建设[EB/OL].(2019-08-08)[2022-03-01].http://ex.cssn.cn/zx/bwyc/201908/t20190808_4954552.shtml.

丁继南,韩鸿.基于建设性新闻思想的媒介社会治理功能[J].青年记者,2019(12):25-26.

董青岭.多元合作主义与网络安全治理[J].世界经济与政治,2014(11):52-72,156-157.

杜尚泽.坚持正确方向创新方法手段 提高新闻舆论传播力引导力[N].人民日报,2016-02-20(001).

杜治洲.基于惩治腐败有效性模型的网络监督研究[J].中国行政管理,2010(7):15-17.

范维.自媒体时代网络监督与新闻侵权的界限研究[J].赤峰学院学报(汉文哲学社会科学版),2015,36(10):86-89.

高宏存.网络文化内容监管的价值冲突与秩序治理[J].学术论坛,2020,43(4):82-88.

葛百潞.网络环境下政府应急管理的信息公开研究[J].新经济,2020(6):81-84.

顾理平.网络舆论监督中的权利义务平衡[J].社会科学战线,2016(3):152-157.

管洪,田宏明.新闻舆论工作守正创新是国家治理体系和治理能力现代化的重大课题[N].重庆日报,2020-01-13(13).

郭美蓉.网络空间安全治理的法治化研究[J].人民法治,2019(3):7-10.

郭子辉,谢安琪.信息"疫情"的扩散特点与网络治理研究[J].传媒观察,2020(8):30-34.

韩玥.全方位提升网络综合治理能力[EB/OL].(2019-10-25)[2020-12-06].http://www.qstheory.cn/llwx/2019-10/25/c_1125149559.html.

韩志明,刘文龙.从分散到综合:网络综合治理的机制及其限度[J].理论探讨,2019(6):30-38.

何明升,白淑英.论"在线"与"在世"的关系[J].哲学研究,2005(12):95-99.

何扬鸣,郝文琦.新媒体视域下网络空间治理新维度[J].出版广角,2017(23):16-18.

侯凤芝.政务新媒体服务功能的提升方略[J].青年记者,2021(2):47-48.

胡锦涛主持中共中央政治局会议研究加强和创新社会管理问题[N].人民日报,2011-05-31.

湖南省"互联网+监督"平台正式上线运行[EB/OL].(2017-11-16)[2023-11-22].http://www.cac.gov.cn/2017-11/16/c_1121960496.htm.

黄旦,郭丽华.媒介教育教什么?——20世纪西方媒介素养理念的变迁[J].现代传播(中国传媒大学学报),2008(3):120-123,138.

黄群慧,钟宏武,张蒽.中国企业社会责任研究报告(2019)[M].北京:社会科学文献出版社,2019.

黄旭.十八大以来我国网络综合治理体系构建的逻辑起点、实践目标和路径选择[J].电子政务,2019(1):48-57.

黄滢,王刚.网络社会治理中的政府能力重塑[J].人民论坛,2018(16):50-51.

江泽民.论中国信息技术产业发展[M].上海:上海交通大学出版社,北京:中央文献出版社,2009.

姜岭君.对完善网络舆论监督的理性探讨[J].青年记者,2008(23):58-59.

姜晓萍.社会治理须坚持共建共治共享[EB/OL].(2020-09-16)[2020-12-20].http://yuqing.people.com.cn/n1/2020/0916/c209043-31863065.html.

坚定"四个意识"坚持守正创新:学习习近平总书记"8·21"重要讲话[EB/OL].(2019-06-26)[2024-01-22].http://www.xinhuanet.com/politics/

2019-06/26/c_1210170184.htm.

科塞.社会冲突的功能[M].孙立平,等译.北京:华夏出版社,1989.

李克强总理作政府工作报告(文字摘要)[EB/OL].(2021-03-05)[2023-11-22].http://www.gov.cn/premier/2021-03/05/ content_5590492.htm.

李超民.新时代网络综合治理体系与治理能力建设探索[J].人民论坛·学术前沿,2018(18):86-89.

李剑.中国行政垄断的治理逻辑与现实:从法律治理到行政性治理[J].华东政法大学学报,2020,23(6):106-122.

李金宝,顾理平.技术赋能:5G时代媒介传播场景与应对方略[J].传媒观察,2020(9):5-14.

李岭涛,张祎.数字时代媒介素养的演进与升维[J].当代传播,2022(2):107-109.

李沁,刘入豪,塔娜.中国主流媒体网络舆论监督的观念嬗变与机制重构[J].当代传播,2021(6):47-50.

李爽,何歆怡.大学生网络素养现状调查与思考[J].开放教育研究,2022,28(1):62-74.

林楚方,赵凌.网上舆论的光荣与梦想[N/OL].南方周末,2003-06-07[2021-05-23].https://tech.sina.com.cn/me/2003-06-07/1513195628.shtml.

刘波,王力立.关于构建新时代网络综合治理体系的几点思考[EB/OL].(2018-11-01)[2020-12-06].http://www.rmlt.com.cn/2018/1101/531835.shtml.

刘彩娥,李永芳.新媒体环境下公众信息素养教育思考[J].北京工业大学学报(社会科学版),2021,21(1):97-105.

刘国元,徐凤琴.一种新的舆论监督模式:"云监工"——基于武汉火神山、雷神山医院建设的慢直播研究[J].前沿,2020(2):86-93.

刘红岩.国内外社会参与程度与参与形式研究述评[J].中国行政管理,

2012(7):121-125.

刘璐,潘玉.中国互联网二十年发展历程回顾[J].新媒体与社会,2015(2):13-26.

刘美萍.演化博弈视角下网络社会组织参与网络舆情治理研究[J].南通大学学报(社会科学版),2021,37(6):71-80.

刘鹏飞,唐钊.媒体开展舆情业务的优势与探索[J].青年记者,2019(19):15-17.

刘鹏飞.网络舆情应对三大痛点及解决方案[J].网络传播,2019(6):66-67.

刘晓娟,王晨琳.基于政务微博的信息公开与舆情演化研究:以新冠肺炎病例信息为例[J].情报理论与实践,2021,44(2):57-63.

刘艳.新时代中国网络意识形态话语权建构的三维审思[J].理论月刊,2021(6):46-53.

刘振磊,张维克.网络舆论监督的行为边界与法律规范[J].山西师大学报(社会科学版),2014,41(5):70-74.

卢芳霞."枫桥经验":成效、困惑与转型——基于社会管理现代化的分析视角[J].浙江社会科学,2013(11):86-91,157-158.

陆峰.构建网络综合治理新格局[EB/OL].(2018-08-08)[2022-04-05].http://www.qstheory.cn/zdwz/2018-08/08/c_1123237677.htm.

陆峰.构建网络综合治理新格局[N].学习时报,2018-08-08(06).

吕静锋.从权力监督走向权利监督:网络空间下的民主监督刍议[J].深圳大学学报(人文社会科学版),2010,27(5):53-57.

罗亮,朱佳彬.网络虚拟社会治理机制创新:现实挑战与应对策略[J].行政与法,2016(12):61-68.

"蚂蚁315"新动作:加强合作伙伴数据安全管理,周期性进行安全评估[EB/OL].(2022-05-24)[2022-06-28].https://economy.gmw.cn/2022-05/24/content_35760585.htm.

麦克卢汉.理解媒介：论人的延伸[M].何道宽,译.北京：商务印书馆,2000：129.

卡斯特.网络社会的崛起[M].夏铸九,王志弘,等译.北京：社会科学文献出版社,2003.

毛寿龙.中国政府体制改革的过去与未来[C]//中国未来研究会,中国管理科学研究院.第四届中国杰出管理者年会论文集,2008.

孟天广.政治科学视角下的大数据方法与因果推论[J].政治学研究,2018(3)：29-38,126.

孟威.公众心理视阈下涉检网络舆情与传播疏导[J].现代传播(中国传媒大学学报),2020,42(3)：71-75.

平台自律与政府监管：网络综合治理体系下的平台监管——《研究生法学》青年学苑第三期研讨会录音整理稿[J].研究生法学2018,33(3)：1-16.

彭慧敏,胡屏华.新时代青年网络政治参与问题研究[J].华北水利水电大学学报(社会科学版),2022,38(2)：109-114.

彭兰."连接"的演进：互联网进化的基本逻辑[J].国际新闻界,2013,35(12)：6-19.

漆亚林,王俞丰.移动传播场域的话语冲突与秩序重构[J].中州学刊,2019(2)：160-166.

秦晖.传统十论[M].北京：东方出版社,2014.

全球治理委员会.我们的全球伙伴关系[M].伦敦：牛津大学出版社,1995.

汪玉凯.中央网络安全与信息化领导小组的由来及其影响[EB/OL].(2014-03-03)[2022-06-01].http://theory.people.com.cn/n/2014/0303/c40531-24510897.html.

任建明,王璞.党和国家监督体系：对象、目标及其实现路径[J].学术界,2021(7)：61-71.

任贤良.扎实推动网络空间治理体系和治理能力现代化[J].中国发展观

察,2019(24):8-11.

舍基.人人时代:无组织的组织力量[M].胡泳,沈满琳,译.杭州:浙江人民出版社,2015.

沈荣华.推进政府层级管理体制改革的重点和思路[J].北京行政学院学报,2007(5):1-5.

石国亮,徐媛.国内网络舆论监督研究综述[J].广东青年干部学院学报,2009,23(3):3-9.

史安斌,刘长宇.全球数字素养:理念升维与实践培育[J].青年记者,2021(19):89-92.

宋建武,黄淼,陈璐颖.平台化:主流媒体深度融合的基石[J].新闻与写作,2017(10):5-14.

苏岚岚,彭艳玲.农民数字素养、乡村精英身份与乡村数字治理参与[J].农业技术经济,2022(1):34-50.

苏长枫.从"管控"到"治理":社会治理研究回顾与前瞻[J].党政干部学刊,2019(3):31-36.

隋岩.群体传播时代:信息生产方式的变革与影响[J].中国社会科学,2018(11):114-134,204-205.

孙宗锋,赵兴华.网络情境下地方政府政民互动研究:基于青岛市市长信箱的大数据分析[J].电子政务,2019(5):12-26.

桑斯坦.极端的人群:群体行为的心理学[M].尹宏毅,郭彬彬,译.北京:新华出版社,2010.

汤啸天.媒体应当敢于对公众人物实施监督[J].青年记者,2011(4):41-43.

田丽,方菲.试论互联网企业社会责任的三维模型构建[J].信息安全与通信保密,2017(8):42-52.

涂雨秋."两个舆论场"的博弈与融合:对"疫苗恐慌"事件的传播思考[J].贵州师范学院学报,2016,32(7):10-13.

王丛虎.中国"综合治理"的演进与创新[J].北京行政学院学报,2015(2):42-46.

王大广.公众参与基层社会治理的实践问题、机理分析与创新展望[J].教学与研究,2022(4):45-55.

王芳.论政府主导下的网络社会治理[J].人民论坛·学术前沿,2017(7):42-53,95.

王昊宇.信息时代公民网络监督权的法治化路径[J].公民与法(法学版),2016(7):50-52,56.

王雷鸣.网络文化治理研究[D].武汉:武汉大学,2013.

王丽娜.互联网运动式治理的法治化转型研究[D].长沙:湖南师范大学,2020.

王灵桂.遵循新媒体传播规律 提高舆论引导能力[J].传媒,2021(14):9-11.

王琪.网络社群:特征、构成要素及类型[J].前沿,2011(1):166-169.

王润,南子健.嵌入式认同:智媒时代主流价值传播的新机制与未来展望[J].中国编辑,2022(4):46-50,56.

王曙琦.网络舆情的引导管控策略探究[J].新闻研究导刊,2017,8(3):44-45.

王四新.网络空间命运共同体理念的价值分析[J].人民论坛,2022(4):38-40.

王崟屾.网络综合治理的中国实践[N].光明日报,2021-09-28(15).

王喆,韩广富.新媒体时代公民网络参与的引导理路分析[J].行政论坛,2019,26(6):129-132.

温志彦,谢婷.中国特色网络治理体系的发展脉络:从理念到实践[J].中共四川省委党校学报,2021(1):75-80.

吴文汐.网络交往空间形态的演变逻辑及趋势展望[J].现代传播(中国传媒大学学报),2012,34(5):115-119.

习近平:在网络安全和信息化工作座谈会上的讲话[EB/OL].(2016-04-19)[2022-04-15].http://jhsjk.people.cn/article/28303771.

习近平.决胜全面建成小康社会夺取新时代中国特色社会主义伟大胜利:在中国共产党第十九次全国代表大会上的报告[M].北京:人民出版社,2017.

习近平:社会治理的重心必须落实到城乡、社区[EB/OL].(2016-03-05)[2023-11-22].http://politics.people.com.cn/n1/2016/0305/c1024-28174494.html.

习近平.习近平谈治国理政:第三卷[M].北京:外文出版社,2020.

习近平.在第二届世界互联网大会开幕式上的讲话[N].人民日报,2015-12-17(02).

习近平.在网络安全和信息化工作座谈会上的讲话[M].北京:人民出版社,2016.

习近平:总体布局统筹各方创新发展 努力把我国建设成为网络强国[EB/OL].(2014-02-28)[2023-11-22].http://scitech.people.cn/n/2014/0228/c1057-24487187.html.

习近平总书记在中共十九届五中全会上的重要讲话[N].人民日报,2020-10-30(01).

习近平:把我国从网络大国建设成为网络强国[EB/OL].(2014-02-27)[2022-06-01].http://www.xinhuanet.com//politics/2014-02/27/c_119538788.htm.

习近平在第二届世界互联网大会开幕式上的讲话(全文)[EB/OL].(2015-12-16)[2018-10-09].http://www.xinhuanet.com/politics/2015-12/16/c_1117481089.htm.

习近平在党的新闻舆论工作座谈会上强调:坚持正确方向创新方法手段 提高新闻舆论传播力引导力[EB/OL].(2016-02-20)[2022-05-29].http://cpc.people.com.cn/n1/2016/0220/c64094-28136289.html.

习近平：决胜全面建成小康社会 夺取新时代中国特色社会主义伟大胜利——在中国共产党第十九次全国代表大会上的报告[EB/OL].(2017-10-27)[2021-06-28].http://www.gov.cn/zhuanti/2017-10/27/content_5234876.htm.

习近平主持召开中央全面深化改革委员会第九次会议[EB/OL].(2019-07-24)[2021-06-28].http://www.gov.cn/xinwen/2019-07-24/content_5414669.htm.

新华社评论员：胸怀大局 把握大势 着眼大事——学习贯彻习近平总书记在全国宣传思想工作会议重要讲话之二[EB/OL].(2013-08-23)[2023-12-11].http://theory.peopl e.com.cn/big5/n/2013/0823/c368342-22672279.html.

最根本的是坚持党对新闻舆论工作的领导：学习习近平总书记在党的新闻舆论工作座谈会上的重要讲话[EB/OL].(2016-03-17)[2023-11-29].http://dangjian.people.com.cn/GB/n1/2016/0317/c117092-28206793.html.

肖传龙,张郑武文.空间与效能：乡村治理中的农民政治参与影响因素探析——基于福建D村与四川X村的对比研究[J].湖北理工学院学报(人文社会科学版),2022,39(1):69-74,86.

肖红军,阳镇.平台企业社会责任：逻辑起点与实践范式[J].经济管理,2020(4):37-53.

谢炜,桂寅.城市规划建设类政府信息公开的基本特点、实践问题与推进策略：基于上海市J区的实证研究[J].华东师范大学学报(哲学社会科学版),2018,50(1):128-135,180.

谢新洲.新媒体将带来六大变革(大势所趋)[N].人民日报,2015-04-19(05).

谢新洲.以创新理念提高网络综合治理能力[EB/OL].(2020-03-11)[2022-03-03].http://www.qstheory.cn/llwx/2020-03/11/c_1125694 660.htm.

中共中央关于坚持和完善中国特色社会主义制度 推进国家治理体系和治理能力现代化若干重大问题的决定［EB/OL］.（2019-11-05）［2022-04-16］.https://www.gov.cn/zhengce/2019/11/05/content_5449023.htm.

熊光清.推进中国网络社会治理能力建设［J］.社会治理,2015(2):65-72.

徐坚,凌胜利.全球网络空间治理的中国作为［J］.中国网信,2022(1):44-47.

徐世甫.新时代网络舆论引导缺场生成的意识形态安全问题［J］.毛泽东邓小平理论研究,2018(11):30-37,107.

徐顽强,王文彬.以主体激励兼容推进新时代网络综合治理［EB/OL］.（2018-11-01）［2020-12-06］.http://www.rmlt.com.cn/2018/1101/531838.shtml.

许科龙波,郭明飞.价值认同视角下网络舆论场中的共识再造［J］.学校党建与思想教育,2021(1):75-78.

阎国华,宋京姝.青年网络话语创新的样态透视与竞合思考［J］.中国青年研究,2021(11):105-112,104.

杨威,张秋波,兰月新,等.网民规模和结构对网络舆情的驱动影响［J］.现代情报,2015,35(4):145-149,158.

杨秀国,刘洪亮.基于社交媒体的网络舆论生成与引导［J］.传媒,2021(11):92-94.

杨子强,林泽玮.青年网络亚文化的变迁与治理［J］.思想教育研究,2022(2):87-91.

叶强.论新时代网络综合治理法律体系的建立［J］.情报杂志,2018,37(5):134-140.

以创新的精神加强网络文化建设和管理满足人民群众日益增长的精神文化需要［N］.人民日报,2007-01-25(001).

尹俊.政府治理现代化视角下社会网络舆情应对的策略研究［J］.中共银

川市委党校学报,2017,19(1):76-80.

俞可平.推进国家治理体系和治理能力现代化[J].前线,2014(1):5-8,13.

俞文.完善坚持正确导向的舆论引导工作机制[N].光明日报,2019-12-11(03).

喻国明,赵睿.网络素养:概念演进、基本内涵及养成的操作性逻辑——试论习总书记关于"培育中国好网民"的理论基础[J].新闻战线,2017(3):43-46.

喻国明.有的放矢:论未来媒体的核心价值逻辑——以内容服务为"本",以关系构建为"矢",以社会的媒介化为"的"[J].新闻界,2021(4):13-17,36.

喻国明.重拾信任:后疫情时代传播治理的难点、构建与关键[J].新闻界,2020(5):13-18,43.

岳爱武,苑芳江.从权威管理到共同治理:中国互联网管理体制的演变及趋向——学习习近平关于互联网治理思想的重要论述[J].行政论坛,2017,24(5):61-66.

"朝阳群众""西城大妈"探秘[J].领导决策信息,2015(35):8-9.

张帆."媒体监督"概念使用的可行性分析[J].青年记者,2021(14):24-25.

张丽曼.论中国政府管理模式的转型[J].社会科学研究,2004(6):1-5.

张世飞,江烜.中国共产党领导新闻工作的百年进程及其经验[J].中共南京市委党校学报,2022(3):5-11.

张旺.智能化与生态化:网络综合治理体系发展方向与建构路径[J].情报理论与实践,2019,42(1):53-57,64.

张贤明.政府治理现代化的责任逻辑与结构体系[EB/OL].(2020-01-21)[2020-12-06].https://news.gmw.cn/2020-01/21/content_33498535.htm.

张燮,张润泽.论网络监督的逻辑及其民主意蕴[J].深圳大学学报(人文社会科学版),2014,31(4):63-68.

张玉强,韩建华.网络监督的兴起与政府行为模式创新研究[C]//中国行政管理学会2010年会暨"政府管理创新"研讨会论文集,2010:180-186.

张卓.网络综合治理的"五大主体"与"三种手段":新时代网络治理综合格局的意义阐释[J].人民论坛,2018(13):34-35.

赵丽涛.网络复杂性视域下的道德共识凝聚与道德建设[J].思想理论教育,2021(1):15-20.

郑言,李猛.推进国家治理体系与国家治理能力现代化[J].吉林大学社会科学学报,2014,54(2):5-12,171.

支振锋.网络空间命运共同体的全球共识与中国智慧[N].光明日报,2019-10-25(11).

中国共产党第十九届中央委员会第四次全体会议文件汇编[M].北京:人民出版社,2019.

中共中央关于构建社会主义和谐社会若干重大问题的决定[N].人民日报,2006-10-19(001).

中央网络安全和信息化委员会办公室.习近平:自主创新推进网络强国建设[EB/OL].(2018-04-21)[2022-05-07].http://www.cac.gov.cn/2018-04/21/c_1122719824.htm.

中共中央文件选集:第1册[M].北京:中共中央党校出版社,1989.

中国共产党中央文献研究室.十八大以来重要文献选编:上[M].北京:中央文献出版社,2014.

中国互联网络信息中心.第49次《中国互联网络发展状况统计报告》[EB/OL].(2022-02-25)[2022-04-16].https://www.cnnic.net.cn/n4/2022/0401/c88-1131.html.

中国网络空间研究院.中国互联网20年发展报告[M].北京:人民出版社,2017.

中华人民共和国国家互联网信息办公室.习近平总书记在网络安全和信息化工作座谈会上的讲话[EB/OL].(2016-04-19)[2022-05-14].http://www.cac.gov.cn/2016-04/25/c_1118731366.htm.

中华人民共和国国家互联网信息办公室.习近平:举旗帜聚民心育新人兴文化展形象 更好完成新形势下宣传思想工作使命任务[EB/OL].(2018-08-22)[2023-11-29].https://www.cac.gov.cn/ 2018-08/22/c_1123311137.htm.

中华人民共和国国家互联网信息办公室.压实互联网企业的主体责任[EB/OL].(2018-11-06)[2023-11-29].https://www.cac.gov.cn/2018-11/06/c_1123672701.htm.

中华人民共和国最高人民检察院.党的十九大以来网络法治典型案事例[EB/OL].(2021-11-19)[2022-05-21].https://www.spp.gov.cn/spp/zdgz/202111/t20211119_535923.shtml? ivk_sa=1024320u.

在视察解放军报社时强调 习近平:坚持军报姓党坚持强军为本坚持创新为要 为实现中国梦强军梦提供思想舆论支持[EB/OL].(2015-12-27)[2023-11-30].http://cpc.people.com.cn/n1/2015/1227/c64094-27981000.html.

习近平:适应分众化、差异化传播趋势,加快构建舆论引导新格局[EB/OL].(2016-02-20)[2023-11-30].http://www.81.cn/sydbt/2016-02/20/content_6920808_3.htm.

中共中央马克思恩格斯列宁斯大林著作编译局.列宁选集:第三卷[M].北京:人民出版社,1995.

中央社会治安综合治理委员会办公室.社会治安综合治理工作读本[M].北京:中国长安出版社,2009.

钟瑛,张恒山.论互联网的共同责任治理[J].华中科技大学学报(社会科学版),2014,28(6):28-32.

周光辉.从管制转向服务:中国政府的管理革命——中国行政管理改革

30 年[J].吉林大学社会科学学报,2008(3):18-28.

周望."领导小组"如何领导?——对"中央领导小组"的一项整体性分析[J].理论与改革,2015(1):95-99.

周毅. 试论网络信息内容治理主体构成及其行动转型[J]. 电子政务,2020(12):41-51.

朱亚希,肖尧中. 功能维度的拓展式融合:"治理媒介化"视野下县级融媒体中心建设研究[J]. 西南民族大学学报(人文社科版) 2020(9):151-156.

祝黄河,万凯.新知新觉:完善社会治理体系是一项系统工程[EB/OL].(2020-02-13)[2020-12-06].http://theory.people.com.cn/n1/2020/0213/c40531-31584451.html.

总体布局统筹各方创新发展 努力把我国建设成为网络强国[N]. 人民日报,2014-02-28(001).

BARGH J A, MCKENNA K. The internet and social life [J]. Annual review of psychology, 2004, 55(1):573-590.

CONSIDINE D. An introduction to media literacy:the what , why and how to[J]. The journal of medial literacy, 1995(41):34.

MCCLURE R C. Network literacy:a role for libraries? [J].Information technology and libraries,1994(2):115-225.

SALAMON L M , ELLIOTT O V . The tools of government action:a guide to the new governance[M]. Oxford University Press, 2002.

后　记

本书是研究阐释党的十九届四中全会精神——国家社会科学基金重大项目"建立健全中国网络综合治理体系研究"（项目编号：20ZDA061）的成果。

自项目立项以来，研究团队就致力于写作一本以系统论的方法探讨如何构建我国网络综合治理体系的专著，希望能够运用马克思主义新闻观的基本立场、观点与方法，立足中国实际和中国经验，面向媒介变革前沿，对网络综合治理中的一些重要的、基本的问题展开分析和探讨。

本书紧扣党的十九届四中全会"推进国家治理体系和治理能力现代化"的时代命题，以习近平总书记关于互联网的系列重要论述精神为指导，聚焦当下网络治理领域与国家治理现代化转型不相匹配的现实难题，提出完善网络综合治理体系的理论思考、政策建议和决策参考。

本书是中国传媒大学电视学院项目团队集体智慧的结晶。在研究和撰稿过程中，中国传媒大学电视学院院长高晓虹教授作为课题的负责人，总体把握本书的指导思想、研究方向及理论框架；赵淑萍教授负责本书的统筹协调、框架搭建及内容把控工作；崔林、顾洁、叶明睿、涂凌波、曹晚红、刘宏教授以及白晓晴、赵希婧、王婧雯、田香凝副教授参与本书的撰写工作。在写作过程中，电视学院的数十位博士研究生、硕士研究生参与了资料整理、案例分析以及部分内容的撰写。

本书的具体分工如下：

统稿：赵淑萍、崔林。

文稿修订:白晓晴、蔡旻俊、田梦园、涂凌波、曹晚红、梁晓辉。

文稿写作:涂凌波、田香凝(绪论);田香凝、石惟嘉(第一章);赵淑萍、田梦园(第二章);叶明睿、蔡旻俊(第三章);曹晚红、梁晓辉(第四章);崔林、吴昊、李超鹏(第五章、第六章);顾洁、邹佳丽、吴雪、韩峻子(第七章、第八章);赵淑萍、李超鹏(后记);赵希婧、王婧雯、田梦园、赵欢、卫睿杰、朱启新(附录)。

本书的撰写具有一定的挑战性和难度,研究团队专门进行了认真、细致的整体优化和过滤工作。限于水平,本书还存在一定的客观局限性和不足之处,敬请各位读者批评指正。

《理念与经验:中国网络综合治理体系研究》编写组

2024 年 3 月